MARKETING

Herausgegeben von Prof. Dr. Heribert Gierl, Augsburg, und Prof. Dr. Roland Helm, Jena

Band 18
Michaela Satzinger
Aktivierung von Normen durch Werbeappelle – Möglichkeiten der Aufwertung von Fast-Moving-Consumergoods durch die Kommunikation sozialer Zusatznutzen
Lohmar – Köln 2001 • 382 S. • € 49,- (D) • ISBN 3-89012-892-0

Band 19
Boris Bartikowski
Kundenzufriedenheit – Verfahren zur Messung der Indifferenzzone
Lohmar – Köln 2002 • 206 S. • € 39,- (D) • ISBN 3-89012-942-0

Band 20
Claudia Bornemeyer
Erfolgskontrolle im Stadtmarketing
Lohmar – Köln 2002 • 292 S. • € 44,- (D) • ISBN 3-89012-964-1

Band 21
Thorsten Temme
Integrierte Entscheidungsfindung in der Marketingforschung – Ein Multi-Methoden-Ansatz zur Analyse a priori definierter Gruppen
Lohmar – Köln 2002 • 338 S. • € 46,- (D) • ISBN 3-89012-968-4

Band 22
Beatrix Esser
Smart Shopping – Eine theoretische und empirische Analyse des preis-leistungsorientierten Einkaufsverhaltens von Konsumenten
Lohmar – Köln 2002 • 314 S. • € 48,- (D) • ISBN 3-89936-030-3

Band 23
Christian Kleikamp
Performance Contracting auf Industriegütermärkten: Eine Analyse der Eintrittsentscheidung und des Vermarktungsprozesses
Lohmar – Köln 2002 • 256 S. • € 45,- (D) • ISBN 3-89936-035-4

JOSEF EUL VERLAG

Reihe: Marketing · Band 23
Herausgegeben von Prof. Dr. Heribert Gierl, Augsburg, und Prof. Dr. Roland Helm, Jena

Dr. Christian Kleikamp

Performance Contracting auf Industriegütermärkten:

Eine Analyse der Eintrittsentscheidung und des Vermarktungsprozesses

Mit einem Geleitwort von Prof. Dr. Klaus Backhaus, Universität Münster

JOSEF EUL VERLAG
Lohmar · Köln

Bibliographische Information der Deutschen Bibliothek

Die Deutsche Bibliothek verzeichnet diese Publikation in der Deutschen Nationalbibliographie; detaillierte bibliographische Daten sind im Internet über **<http://dnb.ddb.de>** abrufbar.

Dissertation, Universität Münster, 2002
D6 (2002)

ISBN 3-89936-035-4
1. Auflage November 2002

Printed in Germany
Druck: RSP Köln

JOSEF EUL VERLAG GmbH
Brandsberg 6
53797 Lohmar
Tel.: 0 22 05 / 90 10 6-6
Fax: 0 22 05 / 90 10 6-88
http://www.eul-verlag.de
info@eul-verlag.de

Bei der Herstellung unserer Bücher möchten wir die Umwelt schonen. Dieses Buch ist daher auf säurefreiem, 100% chlorfrei gebleichtem, alterungsbeständigem Papier nach DIN 6738 gedruckt.

Geleitwort

Dienstleistungen spielen als Differenzierungsinstrument in der Praxis eine zunehmend wichtigere Rolle. Die Gründe hierfür sind vielfältig. Einer der Gründe ist darin zu sehen, daß die Grenzkosten für eine weitere Produktdifferenzierung häufig überproportional hoch sind. Für Dienstleistungen gilt das nicht im gleichen Ausmaße. Aus diesen Gründen erbringen immer mehr Anbieter auf Industriegütermärkten zusätzliche sogenannte produktbegleitende Dienstleistungen, die zum Teil in Angebotsverbunden ohne eigene Bepreisung angeboten werden, zum Teil aber auch isoliert und einzelbepreist am Markt zur Verfügung gestellt werden. Die konsequente Fortsetzung der Erweiterung des Dienstleistungsangebots besteht darin, gar nicht mehr das Produkt selbst, sondern nur noch den Nutzen aus dem Produkt zu verkaufen. Der Verfasser bezeichnet dies als Performance Contracting. Beim Performance Contracting entwickelt der Anbieter ein neues Geschäftsmodell, welches zu vielfältigen Veränderungen im Anbieter-Nachfrager-Verhältnis führt und deshalb neue Herausforderungen für das Marketing entstehen läßt.

Die Forschung im Bereich des Industriegütermarketings hat sich allerdings im Gegensatz zur Analyse produktbegleitender Dienstleistungen bislang kaum mit dem Performance Contracting-Geschäftsmodell beschäftigt. Vor diesem Hintergrund besteht das Ziel des Verfassers darin, die neuen Dimensionalitäten des Geschäftsmodells Performance Contracting auszuleuchten und die erforderlichen Veränderungen herauszuarbeiten. Basierend auf einer Charakterisierung des neuen Geschäftsmodells Performance Contracting als Ausgangspunkt, diskutiert der Verfasser zunächst potenzielle Anwendungsbereiche dieses Geschäftsmodells. Er zeigt auf, daß Performance Contracting-Modelle überall dort zur Anwendung kommen können, wo das Produkt einen derivativen Nutzen stiftet und der Anteil der Anschaffungskosten an den gesamten Lebenszykluskosten relativ gering ist. Damit wird zum ersten Mal in der Literatur ein Raster zur Verfügung gestellt, das den potenziellen Anwendungsbereich von Performance Contracting-Angeboten deutlich macht.

Da eine Implementierung des Performance Contracting-Konzepts weitreichende Konsequenzen für den Anbieter nach sich zieht, ist eine solche Entscheidung als strategische Grundsatzentscheidung zu begreifen, die eine systematische Prüfung der Entscheidung vor dem Eintritt in das neue Geschäftsmodell erfordert. Der Verfasser trägt dieser Tatsache Rechnung indem er untersucht, welche Kriterien erfüllt sein müssen, damit ein Eintritt in das Performance Contracting-Geschäftsmodell aus Anbieterperspektive attraktiv ist. Die Analyse erfolgt hierbei triadisch: Kundenseite, Anbieterseite und Konkurrenzseite werden gleichermaßen betrachtet. Abschließend verdichtet der Verfasser die abgeleiteten Entscheidungskriterien in einem Entscheidungsmodell.

Aufbauend auf der Grundsatzentscheidung, ob ein Performance Contracting-Angebot unterbreitet wird, analysiert der Verfasser die Vermarktungsanforderungen für den Fall, daß die Entscheidung positiv ausfällt. Er arbeitet heraus, daß es inhaltlich insbesondere um die Vermarktung von Business Plänen geht, aus denen die Vorteilhaftigkeit eines Performance Contracting-Angebots im Vergleich zum Kauf von Produkten und produktbegleitenden Dienstleistungen hervorgeht. Völlig zu Recht wird betont, daß die Vorteilhaftigkeit eines Performance Contracting-Angebots nachweisbar sein muß. An einer Vielzahl von praktischen Beispielen belegt der Verfasser, daß dies auch in der Praxis so gesehen wird.

Insgesamt gelingt es dem Verfasser, die vielfältigen Probleme, die bei der Entscheidung über den Eintritt in das Performance Contracting-Geschäftsmodell und seine anschließende Vermarktung zu beachten sind, abzuleiten und zu verdeutlichen. Er liefert damit einen wichtigen Beitrag zur Literaturdiskussion um das Performance Contracting. Ich wünsche der Arbeit eine weite Verbreitung und daß sie als Ausgangspunkt für weitere Untersuchungen im Bereich der Forschung zum neuen Dienstleistungsgeschäftsmodell Performance Contracting Anerkennung findet.

Münster, im November 2002 Prof. Dr. Klaus Backhaus

Vorwort

An dieser Stelle möchte ich die Gelegenheit nutzen und mich bei allen Personen und Institutionen/Unternehmen, die mir geholfen haben, diese Dissertation verfassen zu können, bedanken. Die vorliegende Arbeit entstand während meiner Tätigkeit als wissenschaftlicher Mitarbeiter am Betriebswirtschaftlichen Institut für Anlagen und Systemtechnologien. Sie wurde im Sommersemester 2002 von der Wirtschaftswissenschaftlichen Fakultät der Westfälischen Wilhelms-Universität als Dissertation angenommen. Die Anregung zur Bearbeitung des Themas Performance Contracting ging von meinem Doktorvater, Herrn Prof. Dr. Klaus Backhaus, aus. Ihm gilt mein herzlicher Dank für die konstruktive Begleitung dieser Arbeit, den mir gewährten Freiraum sowie die wertvollen persönlichen und fachlichen Erfahrungen, die ich als Mitarbeiter seines Instituts gesammelt habe. Dank gebührt ferner Herrn Prof. Dr. Dr. h. c. mult. Heribert Meffert, der das Zweitgutachten zu meiner Arbeit übernommen hat.

Mein herzlicher Dank gilt auch Herrn Dr. Thomas Lueb (BASF Coatings AG), Herrn Gert H. Geywitz (DaimlerChrysler AG), Herrn Dr. Hans-Ulrich Sachenbacher (DaimlerChrysler Services Fleet Management GmbH), Herrn Dr. Wolfgang Schwander sowie Herrn Christian Kopp (Deutsche Leasing AG), Herrn Edmund Michaelsen (Deutsche Auto-Leasing GmbH), Herrn Martin Hommerich (DMG Vertriebs und Service GmbH), Herrn Dr. Hans-Norbert Adams (DOW Europe GmbH), Herrn Mark Sullivan sowie Herrn Matthew Dearman (Lansing Linde LTD), Herrn Bruno Kulick (Linde AG), Herrn Hans Günther Muus (Paul Consulting GmbH & Co. Wirtschaftsberatungs KG), Herrn Dieter Lukowski (SAFECHEM Umwelt Service GmbH) und Herrn Thomas Mertes (STILL GmbH). Ihre Gesprächsbereitschaft und ihr Einsatz haben es ermöglicht, Theorie und Praxis im Rahmen dieser Arbeit miteinander zu verbinden. Danken möchte ich in diesem Zusammenhang auch dem Förderkreis für Industriegütermarketing e.V. für die finanzielle Unterstützung bei der Realisierung dieser Zusammenarbeit.

Darüber hinaus danke ich meinen Kolleginnen und Kollegen am Betriebswirtschaftlichen Institut für Anlagen und Systemtechnologien dafür, daß sie mich während meiner Dissertationsphase umfassend entlastet haben. Mein Dank gilt insbesondere Frau Dipl.-Kffr. Jenny van Doorn. Ihre freundschaftliche Unterstützung, stete Diskussionsbereitschaft sowie konstruktive Kritik haben wesentlich zum Gelingen dieser Arbeit beigetragen. Besonders herzlich danken möchte ich auch Herrn Dr. Thomas Köhl und Herrn Dr. Frank Possmeier für ihre Unterstützung, insbesondere in Fragen des Dissertations-„Managements“, sowie Herrn Prof. Dr. Markus Voeth für die Unterstützung bei der Themensuche.

Ganz besonders danke ich meiner Freundin Kirsten. Sie hat mich während meiner Dissertation bei fachlichen und sprachlichen Fragen unermüdlich unterstützt sowie in den „intensiven“ Dissertationsphasen sehr viel Geduld und Verständnis gezeigt und mich mit ihrem Zuspruch und Rat immer begleitet. Ganz besonders danke ich auch meiner Schwester Stefanie, die mich auf meinem Lebensweg mit großer Herzlichkeit sowie den richtigen Ratschlägen begleitet. Ganz besonderer Dank gebührt schließlich meinen Eltern. Sie haben mich auf meinem Lebensweg und in allen Phasen meiner Ausbildung umfassend gefördert, ermutigt und mich immer in jeder erdenklichen Form unermüdlich unterstützt. Ihnen widme ich diese Arbeit.

Münster, im November 2002 Christian Kleikamp

Inhaltsverzeichnis

Abbildungsverzeichnis

Abkürzungsverzeichnis

Abb.	Abbildung
AG	Aktiengesellschaft
ALE	Auto Leasing Europa
Aufl.	Auflage
BA	Beschaffung Aktuell
Bd.	Band
BGB	Bürgerliches Gesetzbuch
BOT	Build Own Transfer
BOO	Build Own Operate
bzw.	beziehungsweise
ca.	circa
CKW	Chlorkohlenwasserstoffe
CPU	Cost per unit
D	Deutschland
d.h.	das heißt
DBW	Die Betriebswirtschaft
EDV	Elektronische Datenverarbeitung
et al.	et alii
etc.	et cetera
e.V.	eingetragener Verein
EVUs	Energieversorgungsunternehmen
f.	folgende
FAZ	Frankfurter Allgemeine Zeitung
ff.	fortfolgende
FROM	First-run-o.k.-rate
GAIA	GAIA-Ecological Perspectives in Science, Humanities and Economics
GEZ	Gebühreneinzugszentrale
GmbH	Gesellschaft mit beschränkter Haftung
h	Stunde
H.	Heft

HBR	Harvard Business Review
HBM	Harvard Business Manager
Hrsg.	Herausgeber
http	Hypertext Transportation Protocol
i.d.R.	in der Regel
Inc.	Incorporated Company (Aktiengesellschaft)
ISBM	Institute for the Study of Business Markets
IT	Informationstechnologie
KFZ	Kraftfahrzeug
KKV	Komparativer Konkurrenzvorteil
Krp	Kostenrechnungspraxis
LKW	Lastkraftwagen
LTD.	Limited
JbF	Journal für Betriebswirtschaft
Jg.	Jahrgang
NFZ	Nutzfahrzeug
No.	Number
Nr.	Nummer
o.V.	ohne Verfasserangabe
P.C.	Performance Contracting
PKW	Personenkraftwagen
Rn	Randnotiz
RWTH	Rheinisch-Westfälische Technische Hochschule
S.	Seite
sog.	sogenannt
Std.	Stunde
THEXIS	THEXIS-Fachzeitschrift für Marketing
TQM	Total Qualitiy Management
u.a.	unter anderem
USD	US-Dollar
u.U.	unter Umständen
v.	vom
VDI	Verein Deutscher Ingenieure
VDMA	Verband Deutscher Maschinen- und Anlagenbau e.V.

vgl.	vergleiche
Vol.	Volume
www	worldwideweb
W&V	Werben & Verkaufen
z.B.	zum Beispiel
ZFB	Zeitschrift für Betriebswirtschaft
ZfbF	Zeitschrift für betriebswirtschaftliche Forschung
zfo	Zeitschrift Führung und Organisation
ZFP	Zeitschrift für Forschung und Praxis
3 D	dreidimensional

1. Einleitung

1.1 Problemstellung und Zielsetzung der Untersuchung

Betrachtet man die Entwicklung auf Industriegütermärkten, so ist bereits seit längerem eine steigende Bedeutung von Dienstleistungen festzustellen.[1] Dies belegen etwa die zahlreichen Publikationen, die sich dem Thema Dienstleistungen im Industriegüterbereich widmen,[2] oder auch das deutlich erweiterte Dienstleistungsangebot der Industriegüteranbieter.[3] Auch verschiedene empirische Studien bestätigen die zunehmende Bedeutung von Dienstleistungen im Wettbewerb.[4] Bereits in der Studie von *Stauss* aus dem Jahr 1993 zeigte sich am Beispiel der Branchen Maschinenbau/Apparatebau und

---

1 Vgl. z.B. *Simon, H.*, Industrielle Dienstleistungen und Wettbewerbsstrategie, in: *Simon, H.* (Hrsg.), Industrielle Dienstleistungen, Stuttgart 1993, S. 11; *Trachsler, S.*, Verrechenbarkeit industrieller Dienstleistungen, St. Gallen 1996, S. 50f.; *Spekman, R. E.*, A Commentary on Business Marketing: A Twenty Year Review and an Invitation for Continued Dialogue, in: Journal of Business-to-Business Marketing, Vol. 7 (4), 2000, S. 27.

2 Vgl. z.B. *Engelhardt, W. H.*, After-Sales-Services im Investitionsgütermarketing: Trends und Perspektiven, in: Droege, W./Backhaus, K./Weiber, R. (Hrsg.), Strategien für Investitionsgütermärkte, Landsberg am Lech 1993, S. 377-391; *Engelhardt, W. H./Reckenfelderbäumer, M.*, Trägerschaft und organisatorische Gestaltung industrielle Dienstleistungen, in: *Simon, H.* (Hrsg.), Industrielle Dienstleistungen, Stuttgart 1993, S. 263-293; *Fassott, G.*, Dienstleistungspolitik industrieller Unternehmen: Sekundärdienstleistungen als Marketinginstrument bei Gebrauchsgütern, Wiesbaden 1995; *Homburg, C./Garbe, B.*, Gestaltung und Management industrieller Dienstleistungen, in: Belz, C. (Hrsg.), Kompetenz für Marketing-Innovationen (Schrift 2): Leistungs- und Kundensysteme, St. Gallen 1997, S. 40-53; *Homburg,C./Garbe, B.*, Industrielle Dienstleistungen: Bestandsaufnahme und Entwicklungsrichtungen, in: ZfB, Heft 3, 1996, S. 253-282; *Lay, G.,* Dienstleistungen in der Investitionsgüterindustrie – Der weite Weg vom Sachguthersteller zum Problemlöser, in: Mitteilungen aus der Produktionsinnovationserhebung, Nr. 9, 1998, S. 1-12; *Lay, G./Schneider, R.*, Wenn Hersteller zu Serviceleistern werden, in: HBM, Heft 2, 2001, S. 16-24; *Noch, R.*, Dienstleistungen im Investitionsgüter-Marketing: Strategien und Umsetzung, München 1995.

3 Vgl. z.B. *Groothuis, U.*, Dienstleistungen – Grenzen sprengen: Die Industrie setzt zunehmend auf ein umfangreiches Serviceangebot, in: Wirtschaftswoche, Heft 5, 1999, S. 86ff.; *Kriegbaum, H.*, Produktbegleitende Dienstleistungen – Eine Chance für den deutschen Maschinenbau, in: Maschinenbau-Nachrichten, Nr. 5, 1996, S. 10.

4 Neben den im weiteren Verlauf genannten Studien von *Stauss* und *Bullinger et al.* zeigen dies auch die Studien von *Simon* aus dem Jahr 1993 für die Elektro-, Chemie- und Maschinenbauindustrie und des *VDMA* aus dem Jahr 1994 für die Maschinenbauindustrie. Vgl. *Simon, H.*, Industrielle Dienstleistungen und Wettbewerbsstrategie, in: *Simon, H.* (Hrsg.), Industrielle Dienstleistungen, Stuttgart 1993, S. 6ff; *Kriegbaum, H.*, Produktbegleitende Dienstleistungen – Eine Chance für den deutschen Maschinenbau, in: Maschinenbau-Nachrichten, Nr. 5, 1996, S. 10f.

Elektronik/Elektrotechnik, daß eine große Mehrheit der befragten Entscheidungsträger bei den Industriegüteranbietern dem Service eine weiter wachsende Bedeutung einräumt.[5]

Im Rahmen einer Studie aus dem Jahr 1998 für die Bereiche Maschinen- und Anlagenbau, Fahrzeugbau, Elektronik-/Elektrotechnikindustrie und Metallwaren/Metallverarbeitung wurde von *Bullinger et al.*[6] untersucht, welche Kriterien heute und zukünftig wettbewerbsentscheidend sind. Als Ergebnis stellte sich heraus, daß nach Ansicht der befragten Anbieter das Dienstleistungsangebot am stärksten an Bedeutung zunehmen wird (vgl. *Abb. 1-1*).

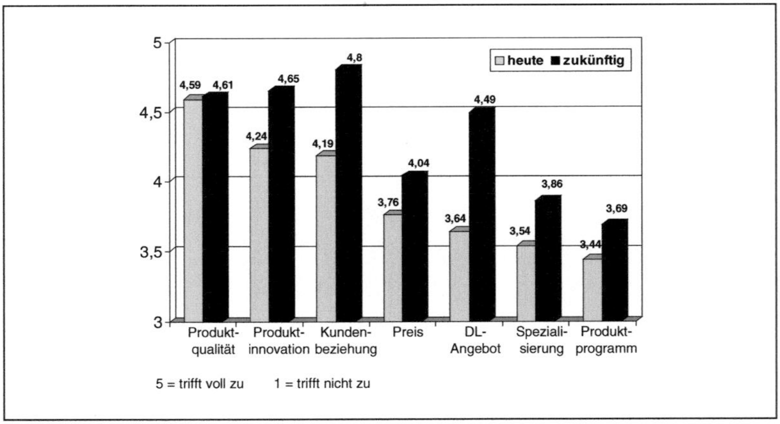

Abb. 1-1: Heutige und zukünftige Bedeutung von wettbewerbsentscheidenden Kriterien[7]

---

[5] Vgl. *Stauss, B.*, TQM im industriellen Service, in: Absatzwirtschaft, Nr. 9, 1993, S. 113. Die Aussage „Für die Profilierung gegenüber Wettbewerbern werden Serviceleistungen immer wichtiger" wurde – auf einer Skala von 1 = „trifft nicht zu" bis 5 = „trifft voll und ganz zu" – mit dem Wert 4,7 bewertet. Die Studie umfaßt die Anworten von 162 Unternehmen aus dem Maschinen- und Apparatebau sowie 90 Unternehmen aus dem Bereich Elektronik/Elektrotechnik. Vgl. *Stauss, B.*, TQM im industriellen Service, in: Absatzwirtschaft, Nr. 9, 1993, S. 112f.

[6] Die Ergebnisse der Studie basieren auf den Aussagen von 81 Unternehmen, die zu 38,3 Prozent dem Maschinen- und Anlagenbau, zu 7,4 Prozent dem Fahrzeugbau, zu 21 Prozent der Elektronik-/ Elektrotechnikindustrie, zu 16 Prozent dem Bereich Metallwaren/Metallverarbeitung und zu 17,3 Prozent sonstigen Branchen angehören. Vgl. *Bullinger, H.-J./Korell, M./Rüger, M./Schloen, T.*, Management industrieller Dienstleistungen – Bausteine, Entwicklungen, Erfolgsfaktoren, Stuttgart 1998, S. 32ff.

[7] Vgl. *Bullinger, H.-J./Korell, M./Rüger, M./Schloen, T.*, Management industrieller Dienstleistungen – Bausteine, Entwicklungen, Erfolgsfaktoren, Stuttgart 1998, S. 35.

Die Gründe für die steigende Fokussierung auf Dienstleistungen im Industriegüterbereich sind vielfältig. So legen die Nachfrager einen deutlich größeren Wert auf Dienstleistungen als dies früher der Fall war.[8] Eine Ursache für diese Entwicklung auf Nachfragerseite ist die immer größere Komplexität der Produkte.[9] Know-how-Defizite auf Seiten der Kunden führen dazu, daß von den Anbietern eine Unterstützung bei der Nutzung dieser Güter durch entsprechende Dienstleistungen – beispielsweise durch Schulungs- oder Beratungsleistungen – erwartet wird.

Die zunehmende Internationalisierung der Wirtschaft führt des weiteren zu einem steigenden Kostendruck. Die Kunden achten daher verstärkt darauf, keine Dienstleistungskapazitäten – z.B. in Form von eigenen Wartungsabteilungen – selbst vorzuhalten, die nur unzureichend genutzt werden können.[10] Auch durch wachsende staatliche Auflagen in Bezug auf die Überwachung und Kontrolle des Einsatzes von Industriegütern und vor allem die Entsorgung dieser Güter werden Dienstleistungen für den Nachfrager immer wichtiger.[11] Vor dem Hintergrund dieser Entwicklungen erwarten die Kunden immer häufiger, daß ihre Probleme umfassend gelöst werden.[12] Die Anbieter müssen daher ihr Sachleistungsangebot häufig um Dienstleistungen erweitern.

Allerdings gibt es auch auf Anbieterseite Gründe, die eine Ausweitung des Dienstleistungsangebots begünstigen. So führt die schnelle Verbreitung technischen Know-hows dazu, daß Konkurrenten neue Produkte oder Produkteigenschaften häufig in relativ kurzer Zeit imitieren können. Die Kernprodukte werden somit zunehmend austauschbar.

---

8 Vgl. *Simon, H.*, Industrielle Dienstleistungen und Wettbewerbsstrategie, in: *Simon, H.* (Hrsg.), Industrielle Dienstleistungen, Stuttgart 1993, S. 11.

9 Vgl. z.B. *Trachsler, S.*, Verrechenbarkeit industrieller Dienstleistungen, St. Gallen 1996, S. 50; *Engelhardt, W. H.*, After-Sales-Services im Investitionsgütermarketing: Trends und Perspektiven, in: *Droege, W./Backhaus, K./Weiber, R.* (Hrsg.), Strategien für Investitionsgütermärkte, Landsberg am Lech 1993, S. 381.

10 Vgl. z.B. *Engelhardt, W. H.*, After-Sales-Services im Investitionsgütermarketing: Trends und Perspektiven, in: *Droege, W./Backhaus, K./Weiber, R.* (Hrsg.), Strategien für Investitionsgütermärkte, Landsberg am Lech 1993, S. 381.

11 Vgl. z.B. *Engelhardt, W. H.*, After-Sales-Services im Investitionsgütermarketing: Trends und Perspektiven, in: *Droege, W./Backhaus, K./Weiber, R.* (Hrsg.), Strategien für Investitionsgütermärkte, Landsberg am Lech 1993, S. 382.

12 Vgl. *Lay, G./Schneider, R.*, Wenn Hersteller zu Serviceleistern werden, in: HBM, Heft 2, 2001, S. 16; *Slywotzky, A. J./Morrison, D. J./Moser, T./Mundt, T. M./Quella, J. A.*, Profit patterns: 30 ways to anticipate and profit from strategic forces reshaping your business, New York et al. 1999, S. 201.

Hersteller können dauerhafte Wettbewerbsvorteile beim Produktkern oft nur noch begrenzt erzielen.[13] Den Industriegüterherstellern bietet sich jedoch die Möglichkeit, durch eine konsequente Dienstleistungsstrategie wieder dauerhaftere Wettbewerbsvorteile zu erzielen, denn Wettberwerbsvorteile im Bereich der Dienstleistungen basieren oftmals auf dem Faktor Personal, etwa bedingt durch eine bessere Qualifikation oder höhere Motivation der Mitarbeiter, und besitzen damit eine größere Dauerhaftigkeit, da sie schwerer zu imitieren sind.[14]

Ein weiteres Problem einer auf die Erzielung von Wettbewerbsvorteilen ausgerichteten Strategie liegt darin begründet, daß die Differenzierungsmöglichkeiten beim eigentlichen Kernprodukt häufig mit steigenden Grenzkosten einher gehen.[15] Die Potenziale bei Dienstleistungen sind hingegen vielfach in geringerem Maße ausgeschöpft, so daß hierüber eine Differenzierung mit geringeren Grenzkosten erreicht werden kann.

Industriegüterhersteller sehen sich zudem häufig mit dem Problem stagnierender Märkte[16] konfrontiert: In vielen traditionellen Industriegüterbranchen sind Wachstumsstrategien innerhalb der angestammten Geschäftsfelder zunehmend enge Grenzen gesetzt. Internes Wachstum läßt sich häufig nur dann realisieren, wenn Unternehmen ihre Position in der Wertschöpfungskette neu definieren. Eine Möglichkeit zur Steigerung des Anteils am Wertschöpfungsprozeß besteht darin, den Kunden umfassendere Problemlösungskonzepte anzubieten, bei denen die bislang angebotene Produktleistung um kundenorientierte Dienstleistungen erweitert wird.

Die Verlagerung des Strategiefokus vom Produkt zu den Dienstleistungen bedeutet eine Bewegung des Unternehmens in der Gesamtwertschöpfungskette einer Industrie hin

---

13 Vgl. *Backhaus, K.*, Die Zahlungsbereitschaft des Kunden für produktbegleitende Dienstleistungen – Ergebnisse einer Kundenbefragung, in: Reihe Entscheidungshilfen Marktkommunikation, Heft 5, 2000, S. 7.

14 Vgl. *Backhaus, K.*, Die Zahlungsbereitschaft des Kunden für produktbegleitende Dienstleistungen – Ergebnisse einer Kundenbefragung, in: Reihe Entscheidungshilfen Marktkommunikation, Heft 5, 2000, S. 7; *Simon, H./Sebastian, K.-H.*, Service-Management, Fragen&Antworten: Was guten Service ausmacht, in: Gablers Magazin, Heft 1, 1995, S. 16ff.

15 Vgl. *Fietzek, P. K. M.*, Vom Nutzfahrzeughersteller zum Systemanbieter: Dienstleistungen im Nutzfahrzeugmarketing, in: *Simon, H.* (Hrsg.), Industrielle Dienstleistungen, Stuttgart 1993, S. 101

16 Vgl. z.B. *Trachsler, S.*, Verrechenbarkeit industrieller Dienstleistungen, St. Gallen 1996, S. 51.

zum Kunden und wird auch als „downstream“-Bewegung bezeichnet. Auf die besondere Bedeutung des downstream-Geschäfts für den Ausbau des Unternehmenserfolgs weisen beispielsweise *Wise/Baumgartner* hin.

> „Downstream markets offer important benefits besides large new sources of revenue. They tend to have higher margins and to require fewer assets than product manufacturing. And because they tend to provide steady service-revenue streams, they´re often countercyclical. Clearly, in manufacturing today, the real money lies downstream, not in the production function.“[17]

Die Vorteile des downstream-Geschäfts liegen also nicht nur in der Erschließung neuer, wirtschaftlich interessanter Umsatz- und Gewinnpotenziale[18], sondern auch in einer „Glättung“ der Ergebnisse der Unternehmen durch die antizyklische Wirkung des Dienstleistungsgeschäfts.

Für Industriegüterhersteller bestehen verschiedene Möglichkeiten, auf die steigende Bedeutung einer Dienstleistungsorientierung zu reagieren. Einerseits können die Hersteller im Rahmen ihres bisherigen Geschäftsmodells das Angebot an produktbegleitenden Dienstleistungen erweitern. **Produktbegleitende Dienstleistungen**[19] stellen dabei immaterielle Leistungen dar, die ein Industriegüterhersteller ergänzend zu seinen Sachleistungen anbietet. Diese Leistungen vervollständigen die angebotenen Problemlösungspakete der Industriegüterhersteller und ermöglichen so vielfach, kundenorientierte Lö-

---

17 *Wise, R./Baumgartner, P.*, Go Downstream – The New Profit Imperative in Manufacturing, in: HBR, No. 5, September-October, 1999, S. 134.

18 Auch die Studien von *Luczak*, des *VDMA* und des *Fraunhofer-Instituts für Systemtechnik und Innovationsforschung* bestätigen, daß von Industriegüterherstellern durch Dienstleistungen erhebliche Umsatz- und Gewinnpotenziale erschlossen werden können. Vgl. *Luczak, H.*, Servicemanagement mit System: erfolgreiche Methoden für die Investitionsgüterindustrie, Berlin et al. 1999, S. 1f.; *Walter, S.*, Global wettbewerbsfähig mit produktbegleitenden Dienstleistungen, Frankfurt am Main 2000, S. 3f., http://www2.vdma.de/VDMA_Root/siteinvoke.cfm?method=display&objectid=7436B 07C-03E7-11D4-AF2300062938529O, v. 12.02.02; *Fleig, J./Schneider, R.*, Den Nutzen hat nicht nur der Kunde – Wie sich Unternehmen mit produktbegleitenden Dienstleistungen vom Wettbewerb abheben, in: Produktion, Heft 26, 1999, S. 3.; *Lay, G.*, Dienstleistungen in der Investitionsgüterindustrie – Konsequenzen für Betriebsorganisation und Personal, in: Arbeit, Heft 4, 1998, S. 321.

19 Neben dem Begriff „produktbegleitende Dienstleistungen“ wird in der wissenschaftlichen Literatur auch der Begriff „industrielle Dienstleistungen“ verwendet. Vgl. *Homburg, C./Garbe, B.*, Industrielle Dienstleistungen: Bestandsaufnahme und Entwicklungsrichtungen, in: ZfB, Heft 3, 1996, S. 255f.

sungen anzubieten. Die Produktion und der Verkauf der Sachleistung stehen jedoch für den Hersteller nach wie vor im Mittelpunkt.

Die Anbieter können sich jedoch auch mit dem Konzept des Performance Contracting für eine besonders weitgehende Umsetzung der Dienstleistungsorientierung entscheiden. Beim **Performance Contracting** erwirbt der Kunde vom Hersteller nicht mehr Produkte und einzelne Dienstleistungen, wie z.B. Wartungs- und Reparaturdienstleistungen, sondern nur noch eine umfassende Dienstleistung. Diese besteht darin, daß der Hersteller dem Kunden nicht mehr das Produkt verkauft, sondern die Leistung zur Nutzung zur Verfügung stellt.

Die Entscheidung für das Performance Contracting-Konzept geht allerdings für den Anbieter mit dem Eintritt in ein neues Geschäftsmodell einher. Durch die Umsetzung dieses Geschäftsmodells wird der Anbieter vor grundlegend neue Probleme gestellt, die eine gänzliche Neuausrichtung des Unternehmens bedingen. Angesichts der weitreichenden Konsequenzen handelt es sich für den Hersteller um eine strategische Entscheidung,[20] die eine vorherige grundsätzliche Analyse des Performance Contracting-Geschäftsmodells voraussetzt.

Die Forschung im Bereich des Industriegütermarketings hat sich im Gegensatz zur Analyse produktbegleitender Dienstleistungen[21] jedoch bislang kaum mit dem Perfor-

---

20 Vgl. *Hungenberg, H.*, Strategisches Management in Unternehmen: Ziel – Prozesse – Verfahren, 2. Aufl., Wiesbaden 2001, S. 6.

21 Vgl. z.B. *Backhaus, K.*, Die Zahlungsbereitschaft des Kunden für produktbegleitende Dienstleistungen – Ergebnisse einer Kundenbefragung, in: *VDMA Verband Deutscher Maschinen- und Anlagenbau* (Hrsg.), Reihe Entscheidungshilfen Marktkommunikation, Heft 5, Frankfurt am Main 1996; *Bogener, M.*, Neue Märkte gewinnen durch Kooperationen im Technischen Kundendienst, in: *Verband Deutscher Maschinen- und* Anlagenbau (Hrsg.),Wettbewerbsfaktor „Service" im Maschinen- und Anlagenbau, Frankfurt am Main 1995, S. 55-64; *Garbe, B.*, Industrielle Dienstleistungen: Einfluß und Erfolgsfaktoren, Wiesbaden 1998; *Gerhardt, A.*, Produktbegleitende Dienstleistungen – eine notwendige Leistungsergänzung des Maschinen- und Anlagenbaus, in: Reihe VDMA-Endscheidungshilfen, Heft „Vom Lieferanten zum Wertschöpfungspartner – Diensteistung im Maschinenbau", 2000, S. 5-11; *Homburg, C./Garbe, B.*, Gestaltung und Management industrieller Dienstleistungen, in: *Belz, C.* (Hrsg.), Kompetenz für Marketing-Innovationen (Schrift 2): Leistungs- und Kundensysteme, St. Gallen 1997, S. 40-53; *Homburg, C./Garbe, B.*, Industrielle Dienstleistungen – lukrativ, aber schwer zu meistern, in: HBM, Nr. 1, 1996, S. 68-76; *Jürgens, H./Lay, G./Rainfurth, C./Schneider, R.*, Wie stelle ich produktbegleitende Dienstleistungen her?, in: *Fraunhofer Institut für Systemtechnik und Innovationsforschung* (Hrsg.), ProService – Den Wettbewerb aktiv gestalten: Ein Leitfaden für Unternehmen zum Ausbau produktbegleitender Dienstleistungen, Karlsruhe 1999, S. 51-67; *Kriegbaum, H.*, Produktbegleitende Dienstleistungen – Eine Chance für

mance Contracting beschäftigt. Eine grundsätzliche Analyse des Performance Contracting, die eine systematische Entscheidung über den Eintritt in dieses Geschäftsmodell ermöglicht und die Konsequenzen für die Vermarktung des Leistungsangebots untersucht, fehlt bisher. Vor diesem Hintergrund ist es das Ziel der Arbeit, durch eine Analyse der Eintrittsentscheidung und des Vermarktungsprozesses das Performance Contracting-Geschäftsmodell als Strategieoption für Industriegüterhersteller zu untersuchen.

1.2 Untersuchungsaufbau

Zur Bearbeitung der Problemstellung wird der in *Abb. 1-2* wiedergegebene Untersuchungsaufbau zugrunde gelegt. Im Anschluß an das einführende Kapitel wird im **zweiten Kapitel** das Performance Contracting als neues Geschäftsmodell auf Industriegütermärkten analysiert. Hierzu wird zuerst der Begriff des Geschäftsmodells im Hinblick auf seine Inhalte untersucht. In diesem Zusammenhang wird ebenfalls analysiert, wann von einem neuen Geschäftsmodell zu sprechen ist. Auf Basis dieser Untersuchung wird das Performance Contracting-Konzept als neues Geschäftsmodell charakterisiert und vom bisherigen Geschäftsmodell des Verkaufs von Produkten und produktbegleitenden Dienstleistungen abgegrenzt.

Das neue Geschäftsmodell Performance Contracting wird in den folgenden Abschnitten des zweiten Kapitels einer vertiefenden Analyse unterzogen. Zu diesem Zweck werden die unterschiedlichen Formen des Performance Contracting abgeleitet und weitergehende Variationsmöglichkeiten der Formen des Performance Contracting betrachtet. Auf dieser Basis werden die Auswirkungen des Geschäftsmodells Performance Contracting sowohl auf Anbieter- und Nachfragerseite als auch auf die Geschäftsbeziehung zwischen den beiden Parteien analysiert. Hieraus ergeben sich Anforderungen, welche von einem potenziellen Performance Contracting-Anbieter im Rahmen seiner Entscheidung

---

den deutschen Maschinenbau, in: Maschinenbau-Nachrichten, Nr. 5, 1996, S. 10-11; *Lay, G./Schneider, R.*, Wenn Hersteller zu Serviceleistern werden, in: HBM, Heft 2, 2001, S. 16-24; *Müller, R.*, Kommerzialisierung industrieller Dienstleistungen – dargestellt am Beispiel der Schweizer Werkzeugmaschinenindustrie, St. Gallen 1998; *Simon, H.*, Preispolitik für industrielle Dienstleistungen, in: DBW, Heft 6, 1994, S. 719-737; *Trachsler, S.*, Verrechenbarkeit industrieller Dienstleistungen, St. Gallen 1996.

über den Eintritt in dieses Geschäftsmodells zu berücksichtigen sind. Ebenso zeigen sich Auswirkungen, die bei der Vermarktung des neuen Geschäftsmodells bedacht werden müssen. Den Abschluß des zweiten Kapitels bildet ein Überblick über die bisherige Diskussion des Geschäftsmodells Performance Contracting in der Literatur.

Im **dritten Kapitel** wird untersucht, unter welchen Bedingungen dem Kunden Performance Contracting-Angebote grundsätzlich unterbreitet werden können. Hierzu werden zuerst Beurteilungskriterien abgeleitet, um anschließend eine Bestimmung der relevanten Anwendungsbereiche vornehmen zu können. Vor diesem Hintergrund soll durch die Betrachtung ausgewählter Branchen überprüft werden, ob im abgeleiteten relevanten Untersuchungsbereich Anwendungsmöglichkeiten für das Geschäftsmodell Performance Contracting sowohl bei Gebrauchsgütern als auch bei Verbrauchsgütern bestehen.

Da eine Implementierung des Performance Contracting-Konzepts weitreichende Konsequenzen für ein Unternehmen nach sich zieht, muß eine solche Entscheidung aus der Perspektive eines Industriegüterherstellers als strategische Grundsatzentscheidung begriffen werden. Zur Ableitung eines solchen strategischen Entscheidungsprozesses wird in **Kapitel vier** zunächst untersucht, welche Dimensionen der Entscheidung zu berücksichtigen sind. Anschließend werden die im Rahmen dieser Entscheidungsdimensionen zu berücksichtigenden Kriterien analysiert.

Das **fünfte Kapitel** befaßt sich mit der Implementierung des Performance Contracting. Dabei steht die Vermarktung von Performance Contracting-Angeboten im Mittelpunkt der Analyse, da diese die Voraussetzung für eine erfolgreiche Realisierung der Strategieoption Performance Contracting ist.

Grundlage der Vermarktung stellt die Gestaltung des Leistungsangebots dar, die zunächst betrachtet wird. Hieran anschließend wird die Struktur des Vermarktungsproblems analysiert. Aufbauend auf diesen Überlegungen erfolgt schließlich eine Untersuchung des Ablaufs des Vermarktungsprozesses. Hierbei fokussiert sich die Analyse insbesondere auf die Vermarktung von Business Plänen als zentralem Charakteristikum des Vermarktungsprozesses beim Performance Contracting-Geschäftsmodell. Der Charakter des Performance Contracting bedingt, daß mit einem Geschäftsabschluß nicht nur eine Transaktion erfolgt, sondern eine längerfristige Geschäftsbeziehung begründet wird.

Dies erfordert einerseits eine Kontrolle der Geschäftsbeziehung, eröffnet andererseits aber auch Möglichkeiten zum Ausbau der Geschäftsbeziehung.

Das **sechste Kapitel** bildet den Abschluß der Arbeit. In diesem Kapitel werden die Ergebnisse der Untersuchung zusammengefaßt und Ansatzpunkte für zukünftige Forschungsprojekte aufgezeigt.

Kapitel 1	• Problemstellung und Zielsetzung • Gang der Untersuchung
Kapitel 2	• Untersuchung des Geschäftsmodells als Analyseeinheit • Charakterisierung des Performance Contracting als neues Geschäftsmodell und Abgrenzung zum bisherigen Geschäftsmodell • Ableitung der Formen des Performance Contracting und weitergehender Variationsmöglichkeiten dieser Formen • Analyse der Auswirkungen des neuen Geschäftsmodells Performance Contracting auf Anbieter- und Nachfragerseite und auf die Geschäftsbeziehung zwischen den Parteien • Stand der Diskussion des Geschäftsmodells Performance Contracting in der Literatur
Kapitel 3	• Ableitung relevanter Anwendungsbereiche für das Geschäftsmodell Performance Contracting • Analyse der Anwendungsmöglichkeiten für das Geschäftsmodell Performance Contracting bei Ge- und Verbrauchsgütern
Kapitel 4	• Ableitung der im Rahmen der Entscheidung über den Eintritt in das Performance Contracting-Geschäftsmodell zu beachtenden Dimensionen der Entscheidung • Analyse der innerhalb der Entscheidungsdimensionen zu berücksichtigenden Kriterien
Kapitel 5	• Gestaltung des Leistungsangebots als Grundlage der Vermarktung • Analyse der Struktur des Vermarktungsproblems • Analyse des Ablaufs des Vermarktungsprozesses und Fokussierung auf die Vermarktung von Business Plänen als zentralem Charakteristikum des Vermarktungsprozesses • Ableitung von Anforderungen in Bezug auf die Kontrolle der Geschäftsbeziehung und Analyse von Möglichkeiten des Ausbaus der Geschäftsbeziehung
Kapitel 6	• Zusammenfassung der Ergebnisse • Ansatzpunkte für zukünftige Forschungsprojekte

Abb. 1-2: Untersuchungsaufbau

2. Performance Contracting als neues Geschäftsmodell auf Industriegütermärkten

2.1 Das Geschäftsmodell als Analyseeinheit

Der Begriff des Geschäftsmodells hat in den vergangenen Jahren im Zusammenhang mit der Entstehung und Diffusion von kommerziellen Aktivitäten im Internet eine zunehmende Verbreitung erfahren.[22] Neue Geschäftsmodelle stehen vielfach im Fokus der Analyse der ökonomischen Aktivitäten im E-Business.[23] Das Geschäftsmodell als Analyseeinheit tritt aber auch in der Old Economy unter dem Gesichtspunkt der Innovation immer mehr in den Vordergrund.[24] Produkt- oder Prozessinnovationen ermöglichen heute vielfach nicht mehr die Erzielung dauerhafter Wettbewerbsvorteile. Technische Vorsprünge erodieren z.B. immer schneller, so daß dauerhafte Vorsprünge beim Produkt häufig nicht mehr zu realisieren sind.[25] Diese Entwicklung erfordert eine Veränderung des Innovationsprozesses oder wie *Hamel* es formuliert: „We used to think of innovation as a new product or service. ... Now innovation is seen as an entirely new business model."[26]

---

22 Vgl. *Stähler, P.*, Geschäftsmodelle in der digitalen Ökonomie, Köln 2001, S. 37; *Backhaus, K.*, Innovative Geschäftsmodelle können für Unternehmen zum entscheidenden Wettbewerbsfaktor werden, in: *Franz Haniel & Cie. GmbH* (Hrsg.), Innovative Geschäftsmodelle als entscheidender Wettbewerbsfaktor, Duisburg 2001, S. 6.

23 Vgl. *Ahlert, D./Backhaus, K./Meffert, H.*, Geschäftsmodelle im E-Business – Modethema oder mehr?, in: Absatzwirtschaft, Sondernummer zum Deutschen Marketing-Tag 2001, Oktober 2001, S. 32ff.

24 Vgl. z.B. *Backhaus, K.*, Innovative Geschäftsmodelle können für Unternehmen zum entscheidenden Wettbewerbsfaktor werden, in: *Franz Haniel & Cie. GmbH* (Hrsg.), Innovative Geschäftsmodelle als entscheidender Wettbewerbsfaktor, Duisburg 2001, S. 6ff.; *Hamel, G.*, Strategischer Kurswechsel: Wie Geschäftsmodelle revolutioniert werden, in: Absatzwirtschaft, Heft 4, 2001, S. 44f.

25 Vgl. Abschnitt 1.1; *Backhaus, K.*, Innovative Geschäftsmodelle können für Unternehmen zum entscheidenden Wettbewerbsfaktor werden, in: *Franz Haniel & Cie. GmbH* (Hrsg.), Innovative Geschäftsmodelle als entscheidender Wettbewerbsfaktor, Duisburg 2001, S. 7.

26 *Hamel, G.*, revolt or perish, in: CIO Magazine, October 1., 2000, S. 148.

Die Verwendung des Begriffs Geschäftsmodell erfolgt allerdings häufig nicht einheitlich.[27]

Timmers definiert Geschäftsmodelle z.B. als „an architecture for the product, service and information flows, including a description of the various business actors and their roles; and a description of the potential benefits for the various business actors; and a description of the sources of revenues“[28]

Eine kurze Defintion findet sich bei *Amit/Zott*: „A business model depicts the design of transaction content, structure and governance so as to create value through the exploitation of business opportunities.“[29]

Hamel definiert Geschäftsmodelle wie folgt: „The building blocks of a business concept and a business model are the same – a business model is simply a business concept that has been put into practice.[30] A business concept comprises four major components: Core strategy, Strategic Resources, Customer Interface, Value Network. ... The four major components are linked together by three „bridge“ components: ... Configuration of Activities ... Customer Benefits ... Company Boundaries. Underpinning the business model are four factors that determine its profit potential: Efficiency, Uniqueness, Fit, Profit Boosters.[31] (vgl. *Abb. 2-1*)

---

27 Vgl. *Stähler, P.*, Geschäftsmodelle in der digitalen Ökonomie, Köln 2001, S. 37.

28 *Timmers, P.*, Business Models for Electronic Markets, in: Electronic Markets, No. 2, 1998, S. 4; *Timmers, P.*, Electronic Commerce: Strategies and Models for Business-to-Business Trading, Chichester 1999, S. 32.

29 *Amit, R./Zott, C.*, Value Creation in E-Business, in: Strategic Management Journal, Vol. 22, 2001, S. 493.

30 *Hamel, G.*, Leading the Revolution, Boston 2000, S. 66.

31 *Hamel, G.*, Leading the Revolution, Boston 2000, S. 70f.

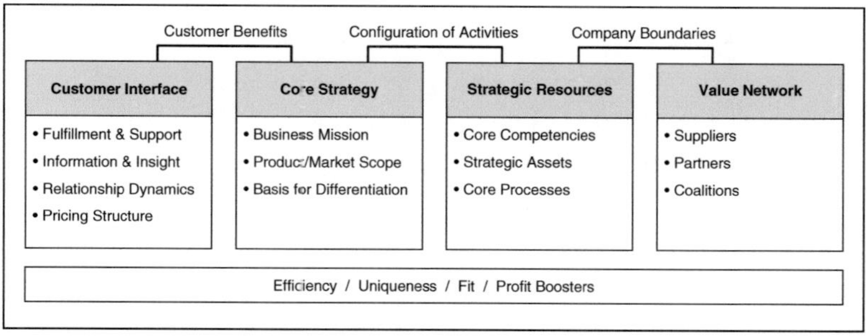

Abb. 2-1: Komponenten eines Geschäftsmodells nach Hamel[32]

Ahlert/Backhaus/Meffert bezeichnen Geschäftsmodelle schließlich als „das Ergebnis eines komplexen Planungsprozesses zur Etablierung einer Geschäftstätigkeit. Er verläuft von der Definition der Kunden und Wettbewerber über die Festlegung des Produktangebots bis hin zur Ausgestaltung des Produktions-, Distributions- und Erlösprogramms."[33]

Obwohl die verschiedenen Definitionen voneinander abweichen, lassen sich auch Gemeinsamkeiten feststellen. So stellen die meisten Autoren heraus, daß Geschäftsmodelle mehrere Entscheidungstatbestände simultan betreffen. *Ahlert/Backhaus/Meffert* präzisieren, daß sich die Entscheidungen in Verbindung mit der Entwicklung eines Geschäftsmodells auf drei Dimensionen zurückführen lassen. Sie definieren diese als Nutzenstiftung, Erlösmodell und Architektur (vgl. *Abb. 2-2*).[34]

---

32 Vgl. *Hamel, G.*, Leading the Revolution, Boston 2000, S. 71.

33 *Ahlert, D./Backhaus, K./Meffert, H.*, Geschäftsmodelle im E-Business – Modethema oder mehr?, in: Absatzwirtschaft, Sondernummer zum Deutschen Marketing-Tag 2001, Oktober 2001, S. 32.

34 Vgl. *Ahlert, D./Backhaus, K./Meffert, H.*, Geschäftsmodelle im E-Business – Modethema oder mehr?, in: Absatzwirtschaft, Sondernummer zum Deutschen Marketing-Tag 2001, Oktober 2001, S. 32.

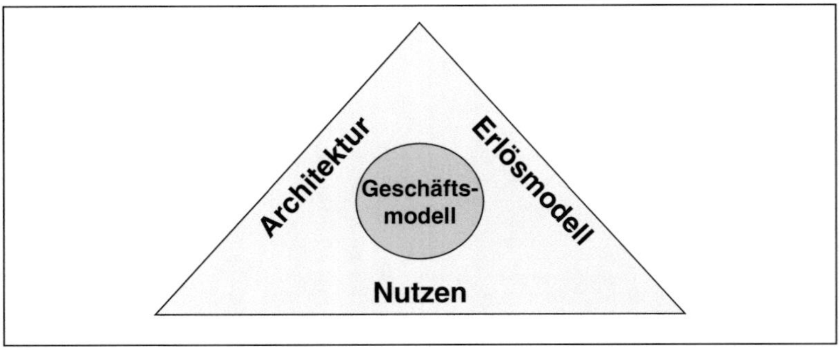

Abb. 2-2: Die drei Dimensionen eines Geschäftsmodells nach Ahlert/Backhaus/Meffert [35]

Als Kerndimension eines Geschäftsmodells stellen *Ahlert/Backhaus/Meffert* aus Marketing-Sicht den potenziellen **Nutzen** heraus, der dem Kunden mit der Leistung gestiftet werden soll, da sich hierin der angestrebte Wettbewerbsvorteil des Geschäftsmodells äußert.[36] Die zentrale Frage ist für die Autoren daher, „für wen [...] mit welchen Leistungen ein überlegener Nutzen gestiftet werden [soll]".[37] Die Bedürfnisse der Kunden stehen somit im Mittelpunkt der Betrachtung.[38]

Das **Erlösmodell** beschreibt, auf welche Art und Weise der erzeugte Nutzen in Erlöse umgesetzt werden soll. Mögliche Erlösformen stellen Transaktionserlöse aus dem Verkauf von Produkten und Dienstleistungen sowie Provisions- und Werbeerlöse dar. Das

---

35 Vgl. *Ahlert, D./Backhaus, K./Meffert, H.*, Geschäftsmodelle im E-Business – Modethema oder mehr?, in: Absatzwirtschaft, Sondernummer zum Deutschen Marketing-Tag 2001, Oktober 2001, S. 36.

36 Vgl. *Ahlert, D./Backhaus, K./Meffert, H.*, Geschäftsmodelle im E-Business – Modethema oder mehr?, in: Absatzwirtschaft, Sondernummer zum Deutschen Marketing-Tag 2001, Oktober 2001, S. 32/36f.

37 *Ahlert, D./Backhaus, K./Meffert, H.*, Geschäftsmodelle im E-Business – Modethema oder mehr?, in: Absatzwirtschaft, Sondernummer zum Deutschen Marketing-Tag 2001, Oktober 2001, S. 33.

38 Vgl. *Backhaus, K.*, Innovative Geschäftsmodelle können für Unternehmen zum entscheidenden Wettbewerbsfaktor werden, in: *Franz Haniel & Cie. GmbH* (Hrsg.), Innovative Geschäftsmodelle als entscheidender Wettbewerbsfaktor, Duisburg 2001, S. 8.

Erlösmodell kann dabei lediglich eine dieser Erlösformen beinhalten oder aus einer Kombination verschiedener Formen bestehen.[39]

Im **Architekturmodell** wird die Gestaltung der Produkt-, Leistungs- und Informationsströme zur Realisierung des Geschäftsmodells abgebildet.[40] *Ahlert/Backhaus/Meffert* betonen, daß die Architektur eines Geschäftsmodells sich primär in der Konfiguration der Wertschöpfungskette im Hinblick auf die Arbeitsteilung zwischen den Partnern eines Geschäftsmodells manifestiert.[41] Die Autoren weisen grundsätzlich darauf hin, daß das Erlösmodell ebenso wie die Architektur in hohem Maße von der anvisierten Nutzenstiftung definiert wird.[42]

Da häufig Geschäftsmodellinnovationen im Fokus der Betrachtung stehen, ist es von Bedeutung, unter welchen Bedingungen ein neues Geschäftsmodell vorliegt. Von einer Geschäftsmodellinnovation kann gemäß *Ahlert/Backhaus/Meffert* aufgrund der engen Zusammenhänge zwischen den Dimensionen dann gesprochen werden, wenn zumindest zwei der drei Komponenten neu gestaltet werden. Im Gegensatz zu den klassischen Innovationen, die etwa in Form einer Produktinnovation lediglich an einer Dimension ansetzen, sind Geschäftsmodellinnovationen somit mehrdimensional.[43] Sie besitzen

---

39 Vgl. *Ahlert, D./Backhaus, K./Meffert, H.*, Geschäftsmodelle im E-Business – Modethema oder mehr?, in: Absatzwirtschaft, Sondernummer zum Deutschen Marketing-Tag 2001, Oktober 2001, S. 40; *Backhaus, K.*, Innovative Geschäftsmodelle können für Unternehmen zum entscheidenden Wettbewerbsfaktor werden, in: *Franz Haniel & Cie. GmbH* (Hrsg.), Innovative Geschäftsmodelle als entscheidender Wettbewerbsfaktor, Duisburg 2001, S. 9.

40 Vgl. *Ahlert, D./Backhaus, K./Meffert, H.*, Geschäftsmodelle im E-Business – Modethema oder mehr?, in: Absatzwirtschaft, Sondernummer zum Deutschen Marketing-Tag 2001, Oktober 2001, S. 43.

41 Vgl. *Ahlert, D./Backhaus, K./Meffert, H.*, Geschäftsmodelle im E-Business – Modethema oder mehr?, in: Absatzwirtschaft, Sondernummer zum Deutschen Marketing-Tag 2001, Oktober 2001, S. 33; *Backhaus, K.*, Innovative Geschäftsmodelle können für Unternehmen zum entscheidenden Wettbewerbsfaktor werden, in: *Franz Haniel & Cie. GmbH* (Hrsg.), Innovative Geschäftsmodelle als entscheidender Wettbewerbsfaktor, Duisburg 2001, S. 9.

42 Vgl. *Ahlert, D./Backhaus, K./Meffert, H.*, Geschäftsmodelle im E-Business – Modethema oder mehr?, in: Absatzwirtschaft, Sondernummer zum Deutschen Marketing-Tag 2001, Oktober 2001, S. 33.

43 Vgl. *Ahlert, D./Backhaus, K./Meffert, H.*, Geschäftsmodelle im E-Business – Modethema oder mehr?, in: Absatzwirtschaft, Sondernummer zum Deutschen Marketing-Tag 2001, Oktober 2001, S. 32; *Backhaus, K.*, Innovative Geschäftsmodelle können für Unternehmen zum entscheidenden Wettbewerbsfaktor werden, in: *Franz Haniel & Cie. GmbH* (Hrsg.), Innovative Geschäftsmodelle als entscheidender Wettbewerbsfaktor, Duisburg 2001, S. 7ff.

dadurch eine hohe Komplexität, so daß die Anforderungen an das interne Management von Innovationen steigen. Dies führt allerdings auch dazu, daß Wettbewerbsvorteile auf Basis einer Geschäftsmodellinnovation dauerhafter, da schwieriger zu imitieren, sind.[44]

Sollen Wettbewerbsvorteile durch ein innovatives Geschäftsmodell erzielt werden, so können vom einem Anbieter alle drei Dimensionen – Nutzen, Erlösmodell oder Architektur – als Ansatzpunkt gewählt werden.[45] Ein Beispiel für ein innovatives Geschäftsmodell, bei dem der Anstoß über eine Veränderung der Architektur erfolgt, ist das Konzept des Franchising. Dieses Konzept ist in bestimmten Branchen bereits ein seit langem etabliertes System. Durch die Übertragung des Prinzips auf andere Branchen können jedoch innovative Geschäftsmodelle für die betroffenen Branchen entstehen.[46]

Das Franchising ist durch eine Kooperation zwischen einem Franchisegeber und einer Vielzahl von Franchisenehmern gekennzeichnet, denen gegen Entgelt das Recht eingeräumt, aber gleichzeitig auch die Pflicht auferlegt wird, bestimmte Leistungen unter Verwendung von Namen, Warenzeichen etc. des Franchisegebers an Dritte abzusetzen.[47] In den USA haben sich mittlerweile Law Stores in Einkaufszentren als Franchisesystem etabliert, die Rechtsrat in Routinefällen zu einem Festhonorar anbieten.[48] Die Architekturdimension wird hierbei neu gestaltet, da an die Stelle des traditionellen Kanzleisystems nun das Franchisesystem mit einem Franchisegeber als Systemzentrale

---

44 Vgl. *Backhaus, K.*, Innovative Geschäftsmodelle können für Unternehmen zum entscheidenden Wettbewerbsfaktor werden, in: *Franz Haniel & Cie. GmbH* (Hrsg.), Innovative Geschäftsmodelle als entscheidender Wettbewerbsfaktor, Duisburg 2001, S. 8/11.

45 Vgl. *Backhaus, K.*, Innovative Geschäftsmodelle können für Unternehmen zum entscheidenden Wettbewerbsfaktor werden, in: *Franz Haniel & Cie. GmbH* (Hrsg.), Innovative Geschäftsmodelle als entscheidender Wettbewerbsfaktor, Duisburg 2001, S. 10f.

46 Vgl. *Backhaus, K.*, Innovative Geschäftsmodelle können für Unternehmen zum entscheidenden Wettbewerbsfaktor werden, in: *Franz Haniel & Cie. GmbH* (Hrsg.), Innovative Geschäftsmodelle als entscheidender Wettbewerbsfaktor, Duisburg 2001, S. 10.

47 Vgl. *Meffert, H.*, Marketing – Grundlagen marktorientierter Unternehmensführung: Konzepte – Instrumente – Praxisbeispiele, 9. Aufl., Wiesbaden 2000, S. 639.

48 Vgl. *Martinek, M.*, McLaw`s – Franchising in der Anwaltschaft?, in: Anwaltsblatt, Nr. 1, 2001, S. 3; *Backhaus, K.*, Innovative Geschäftsmodelle können für Unternehmen zum entscheidenden Wettbewerbsfaktor werden, in: *Franz Haniel & Cie. GmbH* (Hrsg.), Innovative Geschäftsmodelle als entscheidender Wettbewerbsfaktor, Duisburg 2001, S. 10.

tritt.[49] Das zentrale Know-how der Systemzentrale kann hierbei dezentral genutzt werden.

Dies geht mit einer Veränderung der Erlös- und Nutzendimension einher. Das Erlösmodell verändert sich, da der Kunde nunmehr ein Festhonorar entrichtet. Dies kann ein Festhonorar pro Auskunft, aber auch ein jährlicher oder monatlicher Pauschalbetrag sein.[50] Für die Kunden des Systems besteht der neue Nutzen zum einen in einer Qualitätssicherung im Hinblick auf die Beratungsleistung. Zudem wird eine Vorhersehbarkeit der Kosten sowie eine jederzeitige Verfügbarkeit der Leistung realisiert – ein neues Geschäftsmodell in der Rechtsberatung.[51]

2.2 Produktbegleitende Dienstleistungen als Bestandteil des traditionellen Geschäftsmodells auf Industriegütermärkten

Nicht immer führt das Angebot neuer Dienstleistungen jedoch zur Entwicklung eines neuen Geschäftsmodells. Für Industriegüterhersteller existieren vielmehr verschiedene Möglichkeiten, die zunehmende Bedeutung einer Dienstleistungsorientierung[52] im Rahmen ihres Leistungsangebots zu berücksichtigen. Eine Option besteht im Angebot von produktbegleitenden Dienstleistungen.

Als **produktbegleitende Dienstleistungen** werden immaterielle Leistungen bezeichnet, die ein Industriegüterhersteller zur Absatzförderung seiner Güter zusätzlich anbietet.[53] Sie tragen als immaterielle Bestandteile zur Erhöhung der Problemlösungskraft der angebotenen Industriegüter bei und vervollständigen so die angebotenen Problemlösungs-

---

49 Vgl. *Martinek, M.*, McLaw`s – Franchising in der Anwaltschaft?, in: Anwaltsblatt, Nr. 1, 2001, S. 3f.

50 Vgl. *Martinek, M.*, McLaw`s – Franchising in der Anwaltschaft?, in: Anwaltsblatt, Nr. 1, 2001, S. 3f.

51 Vgl. *Martinek, M.*, McLaw`s – Franchising in der Anwaltschaft?, in: Anwaltsblatt, Nr. 1, 2001, S. 11.

52 Vgl. Abschnitt 1.1.

53 Zum Fokus der Absatzförderung vgl. z.B. *Garbe, B.*, Industrielle Dienstleistungen: Einfluß und Erfolgsfaktoren, Wiesbaden 1998, S. 53; *Homburg, C./Garbe, B.*, Industrielle Dienstleistungen: Bestandsaufnahme und Entwicklungsrichtungen, in: ZfB, Heft 3, 1996, S. 255; *Elbl, T./Wolfrum, B.*, Situative Determinanten für die Dimensionierung industrieller Dienstleistungen, in: Marketing ZFP, Heft 2, 2. Quartal 1994, S. 121.

pakete. Produktion und Verkauf des (Kern-)Produkts, d.h. der Sachleistung, stehen jedoch für den Hersteller nach wie vor im Mittelpunkt, obwohl der Umfang der produktbegleitenden Dienstleistungen erheblich sein kann und diese auch unter Rentabilitätsgesichtspunkten für den Hersteller bedeutend sein können.[54]

Industriegüterhersteller bieten bereits seit langem produktbegleitende Dienstleistungen – in unterschiedlicher Intensität – zusätzlich zu den Sachleistungen an.[55] Solche produktbegleitenden Dienstleistungen stellen beispielsweise Wartung, Montage oder Beratung dar.[56] Das traditionelle Geschäftsmodell auf Industriegütermärkten besteht somit i.d.R. im Verkauf von Sachleistungen und produktbegleitenden Dienstleistungen. Auf die zunehmende Bedeutung einer Dienstleistungsorientierung für Industriegüterhersteller reagieren die Hersteller vielfach, indem das Angebot kontinuierlich um weitere produktbegleitende Dienstleistungen ergänzt wird (vgl. z.B. *Abb. 2-3*).

Durch Innovationen im Sinne neuer produktbegleitender Dienstleistungen verbleiben die Hersteller allerdings häufig im traditionellen Geschäftsmodell. Das Leistungsangebot wird erweitert, das grundsätzlich befriedigte Kundenbedürfnis – und damit die Nut-

---

54 Vgl. z.B. *Luczak, H.*, Servicemanagement mit System: erfolgreiche Methoden für die Investitionsgüterindustrie, Berlin et al. 1999, S. 1f.; *Walter, S.*, Global wettbewerbsfähig mit produktbegleitenden Dienstleistungen, Frankfurt am Main 2000, S. 3f., http://www2.vdma.de/VDMA_Root/siteinvoke.cfm?method=display&objectid= 7436B07C-03E7-11D4-AF23000629385290, v. 12.02.02; *Lay, G.*, Dienstleistungen in der Investitionsgüterindustrie – Konsequenzen für Betriebsorganisation und Personal, in: Arbeit, Heft 4, 1998, S. 321; *Lay, G.*, Dienstleistungen in der Investitionsgüterindustrie – Der weite Weg vom Sachguthersteller zum Problemlöser, in: Mitteilungen aus der Produktionsinnovationserhebung, Nr. 9, 1998, S. 3; *Fleig, J./Schneider, R.*, Den Nutzen hat nicht nur der Kunde – Wie sich Unternehmen mit produktbegleitenden Dienstleistungen vom Wettbewerb abheben, in: Produktion, Heft 26, 1999, S. 3.

55 Vgl. z.B. *Lay, G.*, Dienstleistungen in der Investitionsgüterindustrie – Der weite Weg vom Sachguthersteller zum Problemlöser, in: Mitteilungen aus der Produktionsinnovationserhebung, Nr. 9, 1998, S. 2; *Volz, T.*, Management ergänzender Dienstleistungen für Sachgüter: Der schwierige Weg vom Sachgut-Hersteller zum Problemlöser, Göttingen 1997, S. 4; *Kriegbaum, H.*, Produktbegleitende Dienstleistungen – Eine Chance für den deutschen Maschinenbau, in: Maschinenbau-Nachrichten, Nr. 5, 1996, S. 10.

56 Vgl. z.B. *Kriegbaum, H.*, Produktbegleitende Dienstleistungen – Eine Chance für den deutschen Maschinenbau, in: Maschinenbau-Nachrichten, Nr. 5, 1996, S. 10; *Lay, G.*, Dienstleistungen in der Investitionsgüterindustrie – Der weite Weg vom Sachguthersteller zum Problemlöser, in: Mitteilungen aus der Produktionsinnovationserhebung, Nr. 9, 1998, S. 7.

zendimension – ändert sich jedoch von der Art her nicht.[57] Der Kunde erwirbt nach wie vor einzelne Produkte und produktbegleitende Dienstleistungen.

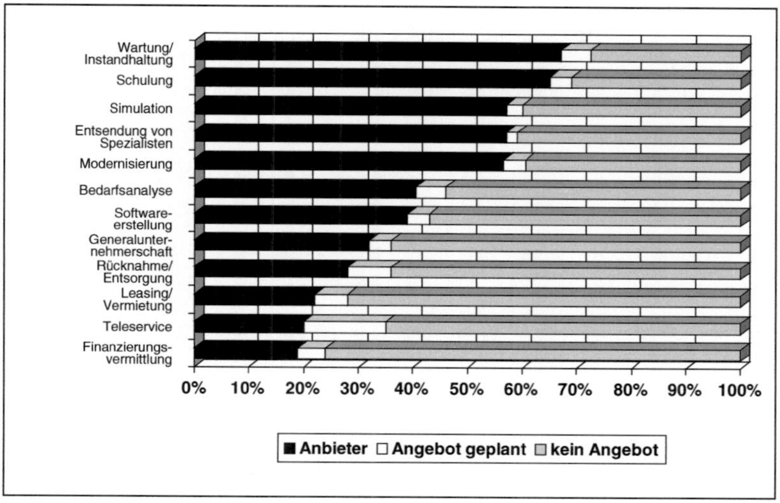

Abb. 2-3: Angebot an produktbegleitenden Dienstleistungen in der Investitionsgüterindustrie Deutschlands[58]

Damit bleibt auch das Erlösmodell des Geschäftsmodells unverändert. Der Industriegüterhersteller erhält eine i.d.R. einmalige Anschaffungsauszahlung für das Produkt und erzielt Erlöse aus dem Verkauf einzelner produktbegleitender Dienstleistungen. Eine

---

[57] Es kann in diesem Fall auch von sog. „Value-Added-Services“ gesprochen werden. Hierbei handelt es sich um produktbegleitende Dienstleistungen, die in Kombination mit der ursprünglichen Kernleistung eines Unternehmens – die in der Bereitstellung und Veräußerung von Gütern und/oder Diensten besteht – ein Leistungsbündel ergeben, welches zumindest einzelnen Abnehmergruppen einen zusätzlichen Nutzen gegenüber der Kernleistung stiftet. Vgl. *Laakmann, K.*, Value-Added-Services als Profilierungsinstrument im Wettbewerb, in: *Meffert, H.* (Hrsg.), Schriften zu Marketing und Management, Bd. 27, Fanrkfurt am Main 1995, S. 22; *Meffert, H./Bruhn, M.*, Dienstleistungsmarketing: Grundlagen – Konzepte – Methoden, 3. Aufl., Wiesbaden 2000, S. 8/291; *Meffert, H.*, Marketing – Grundlagen marktorientierter Unternehmensführung: Konzepte – Instrumente – Praxisbeispiele, 9. Aufl., Wiesbaden 2000, S. 335f.

[58] Vgl. *Lay, G.*, Dienstleistungen in der Investitionsgüterindustrie – Der weite Weg vom Sachguthersteller zum Problemlöser, in: Mitteilungen aus der Produktionsinnovationserhebung, Nr. 9, 1998, S. 9. Die Ergebnisse beruhen auf einer Befragung der Investitionsgüterindustrie Deutschlands. Die Studie umfaßt den Maschinenbau, elektrotechnische Betriebe, Stahlbaufirmen sowie Hersteller von Eisen-, Blech- und Metallwaren und stellt einen repräsentativen Querschnitt der deutschen Investitionsgüterindustrie dar. Vgl. *Lay, G.*, Dienstleistungen in der Investitionsgüterindustrie – Der weite Weg vom Sachguthersteller zum Problemlöser, in: Mitteilungen aus der Produktionsinnovationserhebung, Nr. 9, 1998, S. 3.

Änderung tritt möglicherweise bei der Architekturdimension des Geschäftsmodells ein. Der Hersteller übernimmt neue Leistungen, so daß sich die Rollenverteilung in der Wertschöpfungskette zwischen Anbieter und Kunde verschiebt.

Die Dienstleistungsorientierung des Herstellers bleibt allerdings auch bei einem Angebot weiterer produktbegleitender Dienstleistungen insofern begrenzt, als die Kunden für wesentliche Aufgabenstellungen im Zusammenhang mit der Verwendung des Herstellerprodukts allein verantwortlich bleiben. Der Kunde muß bei diesem Geschäftsmodell das Produkt zuerst erwerben und dann selbst durch die Zusammenstellung verschiedener Dienstleistungen (die er teilweise beim Hersteller bekommt, teilweise bei dritten Dienstleistungsunternehmen erwerben oder selbst erbringen muß) und anderer benötigter Güter (wie z.B. Betriebsstoffe) für einen reibungslosen Nutzungsverlauf sorgen.

Aus Anbietersicht stellt sich beim Konzept produktbegleitender Dienstleistungen zudem häufig das Problem, daß eine steigende Anzahl Konkurrenten in der Lage ist, die einzelnen Dienstleistungen anzubieten. Dies zeigt sich beispielsweise anhand des Teleservice-Angebots. *Abb. 2-3* verdeutlicht, daß die Anzahl der Unternehmen, die diese Leistung anbieten, in der Zukunft stark zunehmen wird, so daß die Anbieter gezwungen werden, zur Differenzierung vom Wettbewerb immer neue Dienstleistungen zu entwickeln.[59] Dabei besteht die Gefahr eines „schleichenden Einstiegs in ein neues Geschäftsmodell", ohne daß die daraus entstehenden Konsequenzen voll bedacht werden.

---

59 Unter dem Aspekt der Differenzierungswirkung produktbegleitender Dienstleistungen bzw. von Value-Added-Services kann hinsichtlich der Erwartungshaltung der Kunden auch zwischen Muß-, Soll- und Kann-Leistungen unterschieden werden. Hierbei zeichnen sich Muß-Leistungen dadurch aus, daß sie von nahezu allen Anbietern einer Branche angeboten und vom Kunden erwartet werden, wohingegen Soll-Leistungen erst bei wenigen Anbietern vorhanden sind und innovative Kann-Leistungen bei fast keinem Produkt zu finden sind. Durch das Angebot von bislang nicht erwarteten Soll- und Kann-Leistungen läßt sich dabei vielfach eine Differenzierungswirkung erzielen. Vgl. *Meffert, H.*, Kundendienstpolitik – Eine Bestandsaufnahme zu einem komplexen Marketinginstrument, in: Marketing ZFP, Nr. 2, 1987, S. 93ff.; *Meffert, H.*, Marketing – Grundlagen marktorientierter Unternehmensführung: Konzepte – Instrumente – Praxisbeispiele, 9. Aufl., Wiesbaden 2000, S. 444f. Die aufgezeigten Entwicklungen beim Angebot an produktbegleitenden Dienstleistungen führen dabei zu einer Dynamik von Muß-, Soll- und Kann-Leistungen, d.h. zu einer Wandlung von Soll- und Kann-Leistungen zu Muß-Leistungen und damit zu einem Verlust der Differenzierungswirkung.

2.3 Performance Contracting als expliziter Eintritt in ein neues Geschäftsmodell auf Industriegütermärkten

2.3.1 Performance Contracting als neues Geschäftsmodell

Mit dem Performance Contracting-Konzept ist im Zuge der steigenden Bedeutung von Dienstleistungen ein neues Modell auf Industriegütermärkten entstanden, das mit einer besonders weitgehenden Umsetzung der Dienstleistungsorientierung einhergeht.

Beim **Performance Contracting**[60] erwirbt der Kunde vom Hersteller nicht mehr Produkte und einzelne Dienstleistungen (z.B. Wartungs- und Reparaturdienstleistungen), sondern eine komplette Problemlösung. Diese besteht darin, daß der Hersteller dem Kunden nicht mehr das Produkt verkauft, sondern die Leistung zur Nutzung zur Verfügung stellt. Das Geschäftsmodell Performance Contracting kann dabei je nach Umfang der Leistungsübernahme durch den Hersteller unterschiedlich ausgestaltet sein.[61]

Durch Performance Contracting-Angebote treten die Hersteller auf Industriegütermärkten in ein neues Geschäftsmodell ein. Ausgangspunkt der Geschäftsmodellinnovation stellt hierbei die Analyse der Nutzenstiftung bzw. der dieser zugrunde liegenden Kundenbedürfnisse dar. Mit Performance Contracting-Angeboten wird dem Kundenbedürfnis entsprochen, nicht mehr das Produkt und ergänzend verschiedene produktbegleitende Dienstleistungen zu erwerben, sondern lediglich die Leistung der Produkte zu nutzen, ohne sich um den reibungslosen Nutzungsverlauf kümmern zu müssen. Dem Nachfrager wird mit der Möglichkeit einer garantierten Verfügbarkeit einer Leistung ein neuer Nutzen gestiftet.

Die Veränderung der Nutzendimension führt auch zu einer Modifikation des Erlösmodells. Der Anbieter erhält nicht mehr einmalige Anschaffungsauszahlungen für die Pro-

---

60 Vgl. *Backhaus, K./Kleikamp, C.*, Marketing von investiven Dienstleistungen, in: *Bruhn, M./Meffert, H.* (Hrsg.), Handbuch Dienstleistungsmanagement, 2. Aufl., Wiesbaden 2001, S. 80ff.; *Kleikamp, C.*, Strategieoptionen beim Marketing von investiven Dienstleistungen, Arbeitspapier des Betriebswirtschaftlichen Instituts für Anlagen und Systemtechnologien, Nr. 28, Münster 2000, S. 7ff.

61 Die Betrachtung einzelner Ausgestaltungsformen des Performance Contracting erfolgt im sich anschließenden Abschnitt 2.3.2.

dukte sowie Erlöse aus dem Verkauf einzelner produktbegleitender Dienstleistungen, sondern nunmehr kontinuierliche Nutzungsgebühren.

Es kommt darüber hinaus zu einer Neuordnung der Wertschöpfungskette durch die Übernahme zusätzlicher Leistungen (etwa Wartungs- oder Koordinationsleistungen) beim Performance Contracting-Anbieter. Die Rollenverteilung in der Wertschöpfungskette zwischen Anbieter und Kunde ändert sich, und damit wird auch die Architektur des Geschäftsmodells modifiziert.

Das Geschäftsmodell Performance Contracting kann aber nicht nur von den Herstellerunternehmen, sondern auch von Dienstleistungsunternehmen[62] auf Industriegütermärkten realisiert werden. Diese Unternehmen können die Produkte von den Herstellern erwerben und anschließend die Leistung dieser Produkte den Kunden zur Nutzung zur Verfügung stellen.

Auch für Dienstleistungsunternehmen hat dies ein neues Geschäftsmodell zur Folge. Ebenso wie bei den Industriegüterherstellern wird den Kunden mit dem Zugang zur Leistung ein neuartiger Nutzen geboten. An die Stelle von Erlösen aus dem Verkauf von Dienstleistungen treten für das Dienstleistungsunternehmen nunmehr Nutzungsgebühren. Auch in diesem Fall verändert sich die Rollenverteilung in der Wertschöpfungskette zwischen Anbietern und Kunden.

2.3.2 Formen des Performance Contracting

2.3.2.1 Leistungsverkauf

Die erste Ausprägungsform des Performance Contracting beinhaltet **den Verkauf bzw. das zur Verfügung Stellen einer Leistung.**[63] Hierbei vermietet der Hersteller das eigentliche Kernprodukt – inklusive aller notwendigen Leistungen zur Gewährleistung der

---

62 Dienstleistungsunternehmen bezeichnen in Abgrenzung zu den produzierenden Unternehmen Betriebe, die keine Sachleistungen herstellen. Vgl. z.B. *Garbe, B.*, Industrielle Dienstleistungen: Einfluß und Erfolgsfaktoren, Wiesbaden 1998, S. 23.

63 Vgl. *Backhaus, K./Kleikamp, C.*, Marketing von investiven Dienstleistungen, in: *Bruhn, M./Meffert, H.* (Hrsg.), Handbuch Dienstleistungsmanagement, 2. Aufl., Wiesbaden 2001, S. 80.

Verfügbarkeit des Produkts[64] – für einen bestimmten Zeitraum zu einem Festpreis an den Kunden. Es wird folglich nicht mehr das Produkt verkauft, sondern die Leistung des Produkts gegen einen festen Mietpreis zur Verfügung gestellt. Die garantierte Leistung eines Produkts steht somit im Vordergrund. Dies stellt die **erste Grundform des Performance Contracting** dar, die als **Leistungsverkauf bzw. -garantie** bezeichnet wird.

Im Vergleich zum Angebot produktbegleitender Dienstleistungen übernimmt der Hersteller damit weitere Risiken. Kommt es zu unvorhergesehenen Kosten für die Erstellung bzw. Aufrechterhaltung der Betriebsbereitschaft der Sachleistung, trägt der Hersteller diese Kosten. Der Hersteller trägt zudem das Restwertrisiko. Charakteristisch für das Konzept des Performance Contracting ist folglich neben der Übernahme weiterer Leistungen insbesondere, daß der Anbieter die Verantwortung für weitere Risikopotenziale übernimmt.

Eine Branche, in der sich diese Form des Performance Contracting zunehmend durchsetzt, ist die Flurförderzeug-Produktion. Immer mehr Flurförderzeuge bzw. Gabelstapler werden nicht mehr an Kunden verkauft, sondern diesen für eine festgelegte Dauer vermietet.[65] Der Hersteller trägt dabei die Verantwortung für die Aufrechterhaltung der Betriebsbereitschaft und als Konsequenz daraus auch für die damit zusammenhängenden Kostenrisiken. Der Hersteller verkauft also nicht mehr Gabelstapler, sondern stellt die von den Gabelstaplern erbrachte Transport- bzw. Logistikleistung zur Verfügung. Diese Form des Performance Contracting wird teilweise auch als „Contract Hire" bezeichnet.[66]

---

64 Zur Einhaltung der Verfügbarkeit bzw. Einsatzbereitschaft der Produkte muß ein Performance Contracting-Anbieter die Leistungen Wartung, Reparatur und Ersatzteilbeschaffung übernehmen. Vgl. z.B. *Buse, C./Freiling, J./Weissenfels, S.*, Turning Product Business into Service Business: Performance Contracting as a Challenge of SME Customer/Supplier Networks, Arbeitsbericht des Instituts für Unternehmensführung und Unternehmensforschung, Nr. 89, Bochum 2001, S. 5ff.

65 Vgl. *Kulick, B.*, Kostenreduzierung beim Einsatz von Flurförderzeugen, in: Reihe VDMA-Entscheidungshilfen, Heft „Vom Lieferanten zum Wertschöpfungspartner – Dienstleistung im Maschinenbau", 2000, S. 17f.; *Kulick, B.*, Kostenreduzierung beim Einsatz von Flurförderzeugen, in: VDI-Gesellschaft Fördertechnik, Materialfluss, Logistik (Hrsg.), 10. Heidelberger Tagung der Flurföderzeugbetreiber, Düsseldorf 1999, S. 17.

66 Vgl. *Lansing Linde LTD.*, Lower your materials handling costs with Lansing Linde, Basingstoke 1998, S. 3f.

Industriegüterhersteller, die das Geschäftsmodell Performance Contracting in der Form des Leistungsverkaufs anbieten, entsprechen den Bedürfnissen der Kunden, die lediglich an der Leistung und nicht am Eigentum eines Produkts interessiert sind. *Bierter* weist darauf hin, daß die Bedürfnisse dieser Kunden nicht durch das Produkt selbst befriedigt werden. Vielmehr steht die Leistung eines Produkts, die eine bestimmte vom Kunden gewünschte Funktion erfüllt – z.B. Teile drehen und fräsen im Fall einer Werkzeugmaschine – im Vordergrund.[67] Derartige Kunden wollen die Leistung nutzen, aber nicht die Verantwortung für die Verfügbarkeit der Leistung tragen oder das Eigentum am Produkt erwerben. Die Notwendigkeit, die Produkte zu erwerben, wird von diesen Kunden sogar als unnötig bzw. nachteilig empfunden.

2.3.2.2 Leistungsergebnisverkauf

Die **zweite Grundform** des Performance Contracting beinhaltet die Übernahme des Betreiberrisikos durch den Hersteller. Hierbei **„betreibt" der Hersteller seine Sachleistung vollständig selbst und verkauft so ein garantiertes Leistungsergebnis.** Die zweite Grundform des Performance Contracting wird daher als **Leistungsergebnisverkauf bzw. -garantie** bezeichnet.[68] Im Vergleich zur ersten Grundform des Performance Contracting, dem Leistungsverkauf, ist der Hersteller damit auch für den Betrieb der Sachleistung zuständig und stellt gegebenenfalls auch das hierfür notwendige Personal.

---

67 Vgl. *Bierter, W.*, Öko-effiziente Dienstleistungen und zukunftsfähige Produkte, in: *Bullinger, H.-J.* (Hrsg.), Dienstleistungen für das 21. Jahrhundert – Gestaltung des Wandels und Aufbruch in die Zukunft, Stuttgart 1997, S. 557ff. *Jantsch* war hierbei einer der ersten, der diese Funktionsorientierung im Hinblick auf die Bedürfnisbefriedigung herausgearbeitet hat. Vgl. *Jantsch, E.*, Unternehmung und Umweltsysteme, in: *Hentsch, B./Malik, F.* (Hrsg.), Systemorientiertes Management, Bern et al. 1973, S. 33ff.; *Bierter, W.*, Öko-effiziente Dienstleistungen und zukunftsfähige Produkte, in: *Bullinger, H.-J.* (Hrsg.), Dienstleistungen für das 21. Jahrhundert – Gestaltung des Wandels und Aufbruch in die Zukunft, Stuttgart 1997, S. 559. *Lay* betont, daß sowohl die Kunden vieler Konsum- als auch Investitionsgüter eigentlich nicht am Produkt, sondern an seiner Funktion interessiert sind. Vgl. *Lay, G.*, Integration von Produktherstellung und Dienstleistung als Strategie zur Sicherung der Wettbewerbsfähigkeit in einer globalisierten Wirtschaft, in: *Hoß, D./Schrick, G.* (Hrsg.), Wie rational ist Rationalisierung heute? Ein öffentlicher Diskurs, Stuttgart et al. 1996, S. 60.

68 Vgl. *Backhaus, K./Kleikamp, C.*, Marketing von investiven Dienstleistungen, in: *Bruhn, M./Meffert, H.* (Hrsg.), Handbuch Dienstleistungsmanagement, 2. Aufl., Wiesbaden 2001, S. 81.

Der Leistungsergebnisverkauf geht einher mit der Übernahme weiterer Risiken durch den Hersteller im Vergleich zum Leistungsverkauf. So trägt der Performance Contracting-Anbieter über das Restwertrisiko und die Kostenrisiken im Hinblick auf die Aufrechterhaltung der Betriebsbereitschaft der Sachleistung hinaus beim Leistungsergebnisverkauf auch die Kosten, die durch Unfälle, Fehlbedienungen oder Fehlnutzungen entstehen. Dies beinhaltet nicht nur die Kosten, die an der Sachleistung selbst entstehen, sondern insbesondere auch die Kosten, die durch Beschädigungen am Umfeld des Produkts entstehen.

Innerhalb dieser Form des Performance Contracting sind weitere Abstufungen zu unterscheiden. Einerseits kann sich der Hersteller im Rahmen der **ersten Stufe** bereit erklären, **das ursprüngliche Kernprodukt, d.h. die Sachleistung vollständig selbst zu betreiben**.

Bei der ersten Stufe übernimmt etwa ein Flurförderzeug-Hersteller nicht nur die technische Betreuung des Gabelstaplers zur Gewährleistung der Verfügbarkeit, sondern auch dessen Bedienung. Der Hersteller betreibt folglich für den Kunden die Gabelstapler-Flotte und verkauft somit das Leistungsergebnis in Form transportierter Güter. Durch die Übernahme der Betreiberfunktion ist der Hersteller nun auch für die Kosten verantwortlich, die durch Unfälle oder Fehlbedienungen am Fahrzeug und am Umfeld des Fahrzeugs (z.B. an einem Hochregal) entstehen.

Der Hersteller kann darüber hinaus das Kundenproblem jedoch auch umfassender abdecken. Dies ist dann der Fall, wenn nicht nur das eigentliche Kernprodukt, sondern im Rahmen der **zweiten Stufe eine größere, das eigentliche Produkt umfassende Einheit betrieben wird**. Der Verantwortungsbereich des Herstellers wird hiermit noch einmal weiter ausgedehnt, was wiederum mit der Übernahme zusätzlicher Risiken verbunden ist.

Betreibt ein Flurförderzeug-Hersteller nicht nur die Gabelstapler-Flotte, sondern das komplette Lager eines Kunden, dann deckt er den Problemlösungsbedarf des Kunden im Sinne der zweiten Stufe des Leistungsergebnisverkaufs ab. In diesem Fall ist der Flurförderzeug-Produzent auch für weitere Aufgaben im Rahmen der Lagerhaltung zuständig, wie beispielsweise die Lagersteuerung oder die Kommissionierung. Damit einher geht jedoch auch die Übernahme zusätzlicher Risiken in Form von Fehlsteuerungen, Fehlnutzungen oder Unfällen im Rahmen der Wahrnehmung dieser zusätzlichen Aufgaben.

Bietet ein Industriegüterhersteller Performance Contracting in der Form des Leistungsergebnisverkaufs an, wird er dem Interesse der Nachfrager gerecht, die nur noch das Ergebnis eines Leistungsprozesses ("gedrehte oder gefräste Teile") nachfragen. Auch in diesem Fall wird dem Kunden nicht das Eigentum an der Sachleistung übertragen.

Abb. 2-4 systematisiert die Strategien traditionelles Geschäftsmodell – Verkauf von Produkten und produktbegleitenden Dienstleistungen – und neues Geschäftsmodell mit den unterschiedlichen Formen des Performance Contracting. Dadurch, daß der Industriegüterhersteller zusätzliche Leistungen und Risiken übernimmt, steigt das Ausmaß der Dienstleistungsorientierung. Der Hersteller entfernt sich allerdings auch zunehmend von seinem ursprünglichen Kerngeschäft, dem Sachleistungsverkauf. Er wandelt sich vom „dienstleistungsorientierten Produzenten" zum „produzierenden Dienstleister".[69]

---

69 Vgl. *Backhaus, K./Kleikamp, C.*, Marketing von investiven Dienstleistungen, in: *Bruhn, M./Meffert, H.* (Hrsg.), Handbuch Dienstleistungsmanagement, 2. Aufl., Wiesbaden 2001, S. 84.

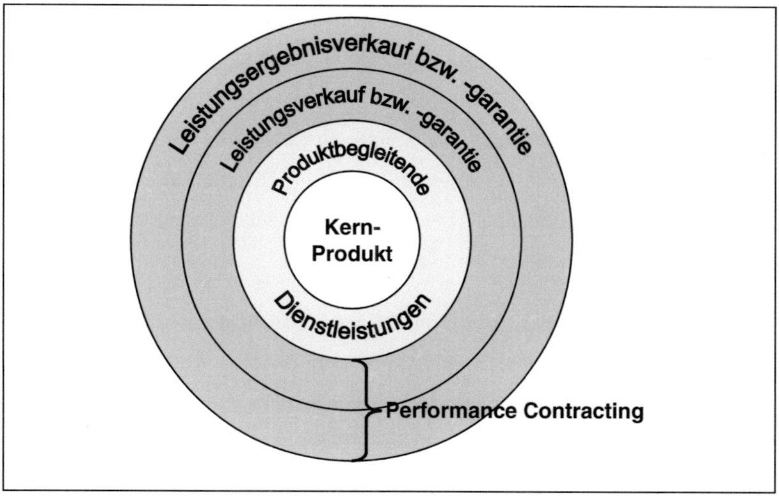

Abb. 2-4: Zunahme der Dienstleistungsorientierung[70]

2.3.2.3 Variationsmöglichkeiten der Grundformen des Performance Contracting

Die aufgezeigten **Grundformen des Performance Contracting können in ihrer Ausgestaltung in der Praxis vielfach variiert werden**. Eine Anpassung der Grundformen des Performance Contracting sowohl an spezifische Bedürfnisse einzelner Kunden oder Kundengruppen als auch an die Gegebenheiten beim Anbieter ist so möglich.

Ein wesentlicher Variationsparameter ist die **Übernahme einzelner Risikoarten** durch den Performance Contracting-Anbieter. Der Sachgut-Hersteller kann sich im Rahmen des Performance Contracting sowohl bei der ersten Grundform („Leistungsverkauf bzw. -garantie") als auch bei der zweiten („Leistungsergebnisverkauf bzw. -garantie") bereit erklären, auch das Auslastungs- bzw. Absatzrisiko vollständig oder partiell zu übernehmen.

---

[70] Vgl. *Backhaus, K./Kleikamp, C.*, Marketing von investiven Dienstleistungen, in: *Bruhn, M./Meffert, H.* (Hrsg.), Handbuch Dienstleistungsmanagement, 2. Aufl., Wiesbaden 2001, S. 84; *Kleikamp, C.*, Strategieoptionen beim Marketing von investiven Dienstleistungen, Arbeitspapier des Betriebswirtschaftlichen Instituts für Anlagen und Systemtechnologien, Nr. 28, Münster 2000, S. 12.

Ein Performance Contracting-Anbieter in der Flurförderzeug-Branche trägt beim Leistungsverkauf etwa das Auslastungsrisiko, falls er Gabelstapler nicht für einen festen Zeitraum – beispielsweise drei Jahre – an den Kunden vermietet, sondern auf Basis der Stunden der Fahrzeugnutzung durch den Kunden. In diesem Fall würde der Performance Contracting-Anbieter das volle Auslastungsrisiko tragen. Er kann die Übernahme dieses Risikos jedoch auch begrenzen, indem er bestimmte Mindestnutzungsmengen für einen vorab fixierten Zeitraum festlegt.[71]

Im Rahmen der zweiten Grundform kann sich beispielsweise der Betreiber einer Anlage bereit erklären, das Absatzrisiko zu übernehmen. Ein Beispiel hierfür stellen in jüngerer Zeit realisierte Telekommunikationsprojekte in Indonesien dar.[72] Hierbei war es nicht möglich, das Absatzrisiko durch langfristige Abnahmeverträge abzusichern. Zudem wird der Preis des Projektoutputs regelmäßig von staatlicher Seite diktiert. Da der Betreiber weder die Menge noch den Preis der abzusetzenden Güter langfristig absichern konnte, übernimmt er ein erhebliches Absatzrisiko.

Die konkrete Ausgestaltung der Modelle des Performance Contracting kann des weiteren durch die Abgabe einer Verfügbarkeitsgarantie variiert werden. Dies ist der Fall, wenn ein Hersteller eine Leistung zu einem festen Preis für einen festgelegten Zeitraum zur Verfügung stellt und darüber hinaus garantiert, daß die Leistung zu einem definierten Prozentsatz dieses Zeitraums auch tatsächlich vom Kunden genutzt werden kann („guaranteed uptime“). Der Anbieter kann diese Risikoübernahme noch erweitern, indem er die Reaktionszeit für einen einzelnen Schadensfall begrenzt („guaranteed service response“).

Die Übernahme des Auslastungsrisikos durch den Anbieter geht einher mit einer **Änderung der Zahlungsmodalitäten**, denn die Übernahme bedingt, daß nunmehr eine Bezahlung nach der Nutzungshäufigkeit der Leistung oder des Leistungsergebnisses und

---

71 Vgl. *Lansing Linde LTD.*, Lower your materials handling costs with Lansing Linde, Basingstoke 1998, S. 6.

72 Vgl. *Backhaus, K./Köhl, T./Behrens, H.*, Varianten der Projektfinanzierung – eine vergleichende Analyse hinsichtlich der Anwendungsmöglichkeiten im internationalen Anlagengeschäft, Arbeitspapier des Betriebswirtschaftlichen Instituts für Anlagen und Systemtechnologien, Nr. 22, 1997, S. 36ff.

nicht mehr periodenbezogen bzw. zeitabhängig erfolgt. Daneben sind weitere Anpassungen an die jeweiligen Marktgegebenheiten möglich, wie beispielsweise eine Anpassung der Nutzungsgebühr an saisonale Schwankungen beim Kunden.

Ein wesentlicher Variationsparameter ist auch die Fixierung der **Laufzeit der Performance Contracting-Vereinbarung**. Diese kann im Extremfall mit der technischen Nutzungsdauer eines Performance Contracting-Objekts identisch sein. Zu beachten ist hierbei, daß die Laufzeit der Vereinbarung nicht notwendigerweise mit der Einsatzzeit eines bestimmten Produkts übereinstimmt. Der Performance Contracting-Anbieter verkauft lediglich eine bestimmte Leistung oder ein bestimmtes Leistungsergebnis, aber nicht ein bestimmtes Produkt. Ein Flurförderzeug-Hersteller kann folglich jederzeit einen Gabelstapler austauschen, wenn ihm dies, etwa unter Kostengesichtspunkten, vorteilhaft erscheint.

Eng mit diesem Variationsparameter hängt der Parameter Gestaltung der **Flexibilität der Performance Contracting-Vereinbarung** zusammen. So können Ausstiegsklauseln aus dem Performance Contracting-Vertrag definiert werden, die dem Kunden die vollständige oder teilweise Beendigung der Performance Contracting-Vereinbarung ermöglichen. Ein Performance Contracting-Anbieter kann auch in diesem Fall eine Risikobegrenzung vornehmen, indem er bestimmte Produkte, z.B. schlecht vermarktbare Fahrzeugtypen bei einem Flurförderzeug-Hersteller, von der Ausstiegsoption ausschließt. Ebenso kann er eine Vertragsbeendigung nur für eine bestimmte, vorab fixierte Anzahl von Objekten zulassen.

Neben der Einbeziehung von Ausstiegsoptionen sind auch Austauschoptionen für den Kunden zur Steigerung der Flexibilität der Performance Contracting-Vereinbarung möglich. Ein Flurförderzeug-Hersteller kann seinem Kunden ermöglichen, bei einer Bedarfsänderung Fahrzeuge (z.B. einen 4-Tonnen-Gabelstapler gegen zwei 2-Tonner) auszutauschen.

Die **Ausdehnung des Performance Contracting-Angebots auf Wettbewerbsprodukte** stellt eine weitere Variation des Performance Contracting dar. Sie trägt der Tatsache Rechnung, daß Kunden häufig nicht nur die Produkte eines bestimmten Anbieters einsetzen wollen. Eine umfassende Lösung des Kundenproblems bedingt dann, daß auch

Wettbewerbsprodukte mitbetrieben werden. Eine derartige Ausdehnung des Leistungsangebots kann aber auch dadurch erforderlich werden, daß die Kunden bereits einen gewissen Maschinenpark besitzen. Industriegüterhersteller werden dann häufig aufgefordert, diese Produkte zu erwerben und in ihre Problemlösung, d.h. das Performance Contracting-Angebot einzubeziehen.

Schließlich stellt auch die Frage des **Eigentumsübergangs** einen Variationsparameter dar. Eine Orientierung am Interesse der Kunden an der Leistung oder am Leistungsergebnis („performance") ist partiell auch möglich, wenn das Eigentum an der Sachleistung an einem bestimmten Zeitpunkt auf den Kunden übergeht.

Im industriellen Anlagengeschäft kommt es z.B. häufig dazu, daß Hersteller nicht nur eine Anlage vollständig betriebsfertig erstellen müssen, sondern auch ihre Finanzierung sicherstellen, die Anlage selbständig betreiben und so ihre Erlöse selbst erwirtschaften müssen.[73] Bei diesen sogenannten Betreibermodellen beteiligt sich der Anlagenlieferant häufig auch am Eigenkapital der das Projekt durchführenden Projektgesellschaft; am Ende – i.d.R. nach Erwirtschaftung der benötigten Erlöse durch den Hersteller – wird das Eigentum an der Anlage jedoch auf den Kunden übertragen. Im internationalen Sprachgebrauch werden derartige Modelle auch als BOT-Modelle bezeichnet. Eine Projektgesellschaft baut eine Anlage („Build"), betreibt diese („Operate") und überträgt sie schließlich an den Kunden („Transfer").[74] Der Hersteller verkauft beim BOT-Modell somit für den Zeitraum des Betreibens ein Leistungsergebnis in Form des Anlagenoutputs an den Kunden. Am Ende diese Zeitraums sieht sich der Kunde allerdings mit dem Problem konfrontiert, steigende Wartungskosten und Ausfallzeiten der Anlage tragen zu müssen und/oder für eine Entsorgung des Produkts verantwortlich zu sein. Dem Interes-

---

73 Vgl. z.B. *Tytko, D.*, Grundlagen der Projektfinanzierung, Stuttgart 1999, S. 174.

74 Vgl. *Backhaus, K./Köhl, T./Behrens, H.*, Varianten der Projektfinanzierung – eine vergleichende Analyse hinsichtlich der Anwendungsmöglichkeiten im internationalen Anlagengeschäft, Arbeitspapier des Betriebswirtschaftlichen Instituts für Anlagen und Systemtechnologien, Nr. 22, 1997, S. 27.

se des Kunden am Leistungsergebnis wird lediglich zeitlich begrenzt, aber nicht grundsätzlich über den gesamten Bedarfszeitraum des Kunden entsprochen.[75]

Eine Eigentumsübertragung ermöglicht einem Kunden jedoch u.U. erst, in das Konzept des Performance Contracting einzusteigen, nämlich dann, wenn die Anbieter keine Bereitschaft zum für den Kunden eigentumslosen Performance Contracting aufweisen. Auf der anderen Seite bietet sich hiermit für den Hersteller die Möglichkeit, schrittweise in das Performance Contracting einzusteigen. Der Hersteller beschränkt auf diese Weise die mit dem Performance Contracting einhergehende Übernahme von Risiken. Er trägt beispielsweise in diesem Fall nicht das Restwertrisiko bzw. das Risiko der Entsorgungskosten. Daneben übernimmt der Hersteller nicht das Betreiberrisiko für den späteren Zeitraum der technischen Nutzungsdauer der Sachleistung, in dem häufig steigende Kosten für die Aufrechterhaltung der Betriebsbereitschaft anfallen.

Die Variationsmöglichkeit der Eigentumsübertragung kann vom Kunden auch präferiert werden, wenn zwar lediglich ein Interesse und ein Bedarf am Leistungsergebnis oder an der Leistung vorliegt, aber Imagegründe dazu führen, daß das Eigentum an der Sachleistung für den Kunden bedeutend ist. Ein Übergang zum eigentumslosen Performance Contracting bzw. eine diesem gleichwertige Lösung kann etwa beim Leistungsverkauf herbeigeführt werden, indem der Hersteller dem Kunden das Produkt verkauft, diesem einen Service Vertrag – der die Wartung und Reparatur inklusive aller Ersatzteile zu einem vorab fixierten Preis beinhaltet – für die gesamte Nutzungsdauer anbietet und die spätere Abnahme des Produktes (Rücknahmegarantie) zu einem garantierten Restwert zusichert.

---

[75] Da der Betrieb der Anlagen auch häufig Know-how erfordert, welches der Kunde überhaupt nicht oder nicht in dem Maße wie der Hersteller besitzt, wurde im industriellen Anlagengeschäft das sogenannte BOO-Modell (Build, Own, Operate) entwickelt. Hierbei behält der Anlagenbauer (oder die Projektgesellschaft) die Eigentumsrechte dauerhaft, d.h. er betreibt die Anlage während der gesamten Projektlebensdauer. Vgl. *Backhaus, K./Köhl, T./Behrens, H.*, Varianten der Projektfinanzierung – eine vergleichende Analyse hinsichtlich der Anwendungsmöglichkeiten im internationalen Anlagengeschäft, Arbeitspapier des Betriebswirtschaftlichen Instituts für Anlagen und Systemtechnologien, Nr. 22, 1997, S. 32f.

2.4 Auswirkungen des Geschäftsmodells Performance Contracting auf die Marktparteienverhältnisse

2.4.1 Auswirkungen auf Nachfragerseite

Die Einführung des Performance Contracting bewirkt Vor- und Nachteile auf Anbieter- und Nachfragerseite und verändert das Verhältnis von Anbieter und Nachfrager. Wir betrachten zunächst die isolierten Wirkungen und dann die Auswirkungen auf das Interaktionsverhältnis.

Auf Nachfragerseite bewirkt das zur Verfügung Stellen der Leistung und die damit verbundene Risikoübernahme durch den Performance Contracting-Anbieter, daß der Nachfrager nur noch den weitgehend **risikolosen Zugang zur gewünschten Problemlösung** erwirbt. Beide Ausgestaltungsformen des Performance Contracting bieten dem Kunden i.d.R. durch eine Kostengarantie eine **sichere und konstante Kalkulationsgrundlage** und haben somit eine Unsicherheitsreduktion auf Nachfragerseite zur Folge. Da die Ausprägungsform des Leistungsergebnisverkaufs eine umfassendere Übernahme von Risiken durch den Anbieter vorsieht[76], kommt es zu einer weitergehenden Unsicherheitsreduktion beim Kunden als beim Leistungsverkauf.

Da der Nachfrager im Rahmen des Performance Contracting häufig Leistungen, die bisher im eigenen Unternehmen erbracht wurden, an den Anbieter abgibt, reduziert sich der Bedarf an Personal- und Managementressourcen im nachfragenden Unternehmen. Weiterhin sinkt dadurch, daß der Kunde umfangreichere Problemlösungen als bisher erhält, die Komplexität im Kundenunternehmen. Managementressourcen, die bisher zur Komplexitätsbeherrschung eingesetzt wurden, können so in eine andere Verwendung umgelenkt werden. Insgesamt kommt es somit zu einer **Freisetzung von Management-/Personalressourcen** beim Nachfrager, so daß dieser sich stärker auf seine Kernkompetenzen konzentrieren kann. Dieser Effekt verstärkt sich beim Übergang vom Leistungs- zum Leistungsergebnisverkauf aufgrund des größeren vom Anbieter übernom-

---

76 Zu den einzelnen Risikoarten vgl. Abschnitt 2.3.2.

menen Leistungsumfangs. Der Freisetzung von Ressourcen auf Nachfragerseite steht allerdings eine **Reduktion der Wertschöpfungstiefe** gegenüber.

Die Einsparung knapper Ressourcen erfolgt nicht nur beim Personal, sondern auch im Hinblick auf die **Schonung finanzieller Ressourcen**. Durch den Verbleib des Eigentums beim Performance Contracting-Anbieter entfällt die Investitionsauszahlung für den Nachfrager und verringert sich seine Kapitalbindung. Die im Rahmen der Performance Contracting-Lösung anfallenden festen Nutzungsgebühren stellen Auszahlungen dar, die durch die laufenden Einzahlungen gedeckt werden können. Die eingesparten finanziellen Mittel stehen dem Kunden für andere Investitionen zur Verfügung. Die Freisetzung knapper Investitionsmittel erhöht sich beim Übergang zum Leistungsergebnisverkauf im Sinne des Betriebs einer größeren, das eigentliche Produkt umfassenden Einheit. Bei dieser Ausgestaltungsform des Performance Contracting werden weitere Investitionen durch den Anbieter übernommen, wodurch eine zusätzliche Schonung finanzieller Ressourcen beim Nachfrager eintritt. Durch die Freisetzung knapper finanzieller Ressourcen sowie Management-/Personalressourcen trägt das Konzept des Performance Contracting somit insgesamt aus der Nachfragerperspektive zur Lösung des Ressourcenallokationsproblems bei.[77]

Dadurch, daß der Nachfrager beim Performance Contracting keine Investition tätigen muß, kann er zudem flexibel auf einen veränderten Bedarf reagieren. Das Geschäftsmodell Performance Contracting bietet somit grundsätzlich den Vorteil eines **Flexibilitätsgewinns** für den Nachfrager. Dieser Aspekt wird für den Nachfrager zu einem erheblichen Vorteil, wenn es zu Bedarfsänderungen, z.B. durch Konjunkturveränderungen oder Nachfrageverlagerungen bei seinen Kunden, kommt. Der Flexibilitätsgewinn wird beim Leistungsergebnisverkauf dadurch verstärkt, daß der Performance Contracting-Anbieter die Verpflichtungen aus der Beschäftigung des Bedienpersonals übernimmt.

---

77 Vgl. auch *Freiling, J.*, Das Contracting als innovatives Instrument des Marketing industrieller Services und seine Implikationen bezüglich der Interaktionsgestaltung zwischen Anbieter- und Nachfragerseite, in: *Bruhn, M./Stauss, B.* (Hrsg.), Dienstleistungsmanagement Jahrbuch 2001: Interaktionen im Dienstleistungsbereich, Wiesbaden 2001, S. 464/466.

2.4.2 Auswirkungen auf Anbieterseite

Dem Anbieter ermöglicht das Geschäftsmodell Performance Contracting die Erschließung **zusätzlicher Wertschöpfungspotenziale** durch die Übernahme von Wertschöpfungsaktivitäten vom Kunden, etwa durch die Bereitstellung des Bedienpersonals beim Leistungsergebnisverkauf. Hierdurch können selbst in stagnierenden Märkten Umsatzsteigerungen realisiert werden.

Neben einer Umsatzsteigerung bewirkt das Geschäftsmodell Performance Contracting auch eine **Umsatzstabilisierung**, denn im Vergleich zum traditionellen Geschäftsmodell der Industriegüterhersteller bedingt das neue Geschäftsmodell eine Änderung des Erlösmodells. Anstatt einer punktuellen Anschaffungseinzahlung und häufig unregelmäßig anfallender Einzahlungen für produktbegleitende Dienstleistungen erzielt der Anbieter eine regelmäßige, kontinuierliche Nutzungsgebühr. Der Anbieter wird durch die Verstetigung der Einzahlungsströme unabhängiger von saisonalen Schwankungen oder konjunkturellen Einbrüchen. Es kommt zu einer Aufteilung der Einzahlungen über einen größeren Zeitraum, so daß etwa auch im Fall eines konjunkturellen Einbruchs ein bestimmtes Umsatzvolumen sichergestellt ist. Das Ausmaß der Kontinuität der Nutzungsgebühren kann allerdings mit der Ausgestaltung des Erlösmodells variieren. Die Nutzungsgebühr kann grundsätzlich nicht nur zeitabhängig erhoben werden, sondern auch in Abhängigkeit von der Nutzung des Performance Contracting-Objekts durch den Nachfrager. Dies kann wiederum mit einer Mindestauslastung kombiniert werden.[78] Durch die Variation des Erlösmodells kommt es somit zu unterschiedlich regelmäßigen Einzahlungen beim Performance Contrating-Anbieter.

Zusätzlich ist eine positive Auswirkung auf die Umsatz-/Erlössituation eines Unternehmens durch Performance Contracting möglich, wenn dieses Konzept die **Akzeptanz von Produktinnovationen** ermöglicht. Erst durch die Kombination der Erfindung Kopierer mit dem Modell des Leistungsverkaufs konnte Xerox diese Produktinnovation erfolgreich in den Markt einführen. Das Unternehmen sah sich bei der Einführung des

---

[78] Die Gestaltung der Nutzungsgebühren beim Performance Contracting kann somit ebenso wie beim Leasing variiert werden. Vgl. z.B. *Hermann, H.-P.*, Leasing als Leistungsangebot im Dienstleistungs-Marketing, Frankfurt am Main 1984, S. 155f.; *Backhaus, K.*, Industriegütermarketing, 6. Aufl., München 1999, S. 607f.

Kopierers dem Problem gegenüber, daß der Markt den zukünftigen Nutzen dieser Erfindung nicht einschätzen konnte und daher Kopiergeräten gegenüber sehr zögerlich eingestellt war. Xerox entschloß sich daher, sogenannte Benutzungsgebühren einzuführen. Die Entlastung der Kunden von den Risiken des Erwerbs eines Produkts mit für sie unsicherem Nutzen, d.h die Übernahme des Reparatur-, Finanzierungs- und Restwertrisikos, ermöglichte den Kunden, das neue Produkt auszuprobieren. Erst das neue Geschäftsmodell machte die Verbreitung des Kopierverfahrens möglich.[79]

Das Geschäftsmodell Performance Contracting führt auf Anbieterseite aber auch zu neuen Anforderungen. Die Analyse der Nutzendimension des Performance Contracting-Geschäftsmodells hat gezeigt, daß das zur Verfügung Stellen der Leistung auf Anbieterseite die Übernahme verschiedener Risiken bedingt. Durch die Übernahme des Betriebskostenrisikos und des Restwertrisikos beim Leistungsverkauf sowie zusätzlich der Kostenrisiken aus Unfällen, Fehlbedienungen und Fehlnutzungen beim Leistungsergebnisverkauf entsteht für den Anbieter ein hohes **Verlustpotenzial** durch Performance Contracting-Angebote. Aus Anbieterperspektive ist daher vor dem Eintritt in das neue Geschäftsmodell zu prüfen, ob diese Risiken beherrscht und damit im Rahmen des Performance Contracting übernommen werden können.

Von einem potenziellen Performance Contracting-Anbieter ist auch zu berücksichtigen, daß es durch den Verbleib des Eigentums beim Anbieter und die Erstattung der Herstellungskosten in Raten über die Nutzungsgebühr zu einer erheblichen Kapitalbindung kommt. Das Anbieten von Performance Contracting führt zudem zu einem hohen Personalbedarf auf der Anbieterseite. Das Performance Contracting-Geschäftsmodell führt dementsprechend im Vergleich zum traditionellen Geschäftsmodell zu einem **höheren Ressourcenbedarf**, welcher mit zunehmendem Umfang der angebotenen Problemlösung steigt.

Angesichts der verstärkten Risikoübernahme und des erhöhten Ressourcenbedarfs auf Anbieterseite ist der Architektur des neuen Geschäftsmodells, welche die Gestaltung der

---

79 Vgl. *Seely Brown, J./v. Oetinger, B.*, Ergebnis Innovation: die Welt mit anderen Augen sehen, München et al. 1998, S. 12.

Produkt-, Leistungs- und Informationsströme beinhaltet[80], erhöhte Aufmerksamkeit zu widmen. So kann ein Performance Contracting-Anbieter die Risiken und den Ressourcenbedarf durch die Einbeziehung von Kooperationspartnern in die Performance Contracting-Lösung begrenzen.

In Anbetracht der weitreichenden Konsequenzen von Performance Contracting-Angeboten für den Anbieter muß ein fundierter Prüfprozeß der Entscheidung eines Herstellers über den Eintritt in das neue Geschäftsmodell Performance Contracting vorangehen. Ein solcher Prüf- bzw. Entscheidungsprozeß muß die durch ein Performance Contracting-Angebot bedingten Anforderungen an den Anbieter herleiten und grundsätzliche Lösungsprinzipien aufzeigen. Erst dadurch kann ein Hersteller erkennen, ob er das Geschäftsmodell erfolgreich etablieren kann. Im Rahmen des Entscheidungsprozesses ist auch der aufgezeigte Ressourcenbedarf explizit zu berücksichtigen.

2.4.3 Auswirkungen auf die Geschäftsbeziehung

Sowohl aus Anbieter- als auch aus Nachfragersicht stellt sich die Frage, ob das neue Geschäftsmodell Performance Contracting eine Änderung der Beziehungsstruktur in Bezug auf Abhängigkeiten zwischen den Parteien verursacht. Diesbezüglich ist zu prüfen, inwiefern Abhängigkeiten auf Anbieter- oder Nachfragerseite durch Performance Contracting-Lösungen begründet werden.

Abhängigkeiten entstehen durch partnerspezifische Investitionen, denn durch spezifische Investitionen kann ein Wirtschaftssubjekt in eine Abhängigkeit („Lock-in"-Situation) geraten.[81] Die Spezifität einer Investition manifestiert sich in der Differenz der Erträge aus der vorgesehenen Verwendung einer Investition und dem, was beim Abreißen der Transaktionskette in der nächstbesten Verwendung erwirtschaftet werden

---

80 Vgl. *Ahlert, D./Backhaus, K./Meffert, H.*, Geschäftsmodelle im E-Business – Modethema oder mehr?, in: Absatzwirtschaft, Sondernummer zum Deutschen Marketing-Tag 2001, Oktober 2001, S. 42f.

81 Vgl. *Plinke, W./Söllner, A.*, Kundenbindung und Abhängigkeitsbeziehungen, in: *Bruhn, M./Homburg, C.* (Hrsg.), Handbuch Kundenbindungsmanagement, 2. Aufl., Wiesbaden 1998, S. 62.

kann.[82] Diese Differenz wird als Quasirente bezeichnet.[83] Hohe Quasirenten stellen eine potenzielle Gefahr dar, weil für den Investor viel von der Fortsetzung der Kette abhängt, was der Partner in opportunistischer Weise mißbrauchen könnte. Dieser kann die Quasirente enteignen, indem er mit Unterbrechung droht.[84] Spezifische Investitionen bringen den Investor somit in eine Abhängigkeitsposition („Lock-in"-Situation).[85] Die Unsicherheit über das zukünftige Verhalten der Transaktionsteilnehmer im Hinblick auf mögliche opportunistische Verhaltensweisen führt dazu, daß die Absicherung der spezifischen Investitionen eine wichtige Aufgabe darstellt.[86]

Bonus/Weiland weisen darauf hin, daß sich die Spezifität im Zeitablauf für jeden Vertragspartner ändern kann. Dies liegt darin begründet, daß im Zeitablauf variieren kann, ob und in welcher Höhe alternative Verwendungen der bereits vorgenommenen Investition bestehen.[87] Die Spezifität von Investitionen kann dabei in unterschiedlichen Formen auftreten.

Beim Geschäftsmodell des Performance Contracting tätigt der Hersteller eine Investition in dem Sinne, als er die Herstellungskosten für das dem Konzept zugrunde liegende Produkt tragen muß. Darüber hinaus muß er beim Betrieb einer größeren, das eigentliche Produkt umfassenden Einheit noch in weitere Leistungsbestandteile investieren. Die Investition wird allerdings beim Performance Contracting nicht mehr direkt beim Produktverkauf, sondern erst langfristig über die Nutzungsgebühren entgolten. Für den Anbieter bedeutet dies eine **Abhängigkeit vom Kunden**, da er zur Amortisation seiner

---

82 Vgl. *Bonus, H./Weiland, R.*, Die Welt der Institutionen, in: *Dieckheuer, G.* (Hrsg.), Beiträge zur angewandten Mikroökonomik: Jochen Schumann zum 65. Geburtstag, Berlin et al. 1995, S. 42.

83 Vgl. *Plinke, W./Söllner, A.*, Kundenbindung und Abhängigkeitsbeziehungen, in: *Bruhn, M./Homburg, C.* (Hrsg.), Handbuch Kundenbindungsmanagement, 2. Aufl., Wiesbaden 1998, S. 62; *Bonus, H./Weiland, R.*, Die Welt der Institutionen, in: *Dieckheuer, G.* (Hrsg.), Beiträge zur angewandten Mikroökonomik: Jochen Schumann zum 65. Geburtstag, Berlin et al. 1995, S. 42.

84 Vgl. *Bonus, H./Weiland, R.*, Die Welt der Institutionen, in: *Dieckheuer, G.* (Hrsg.), Beiträge zur angewandten Mikroökonomik: Jochen Schumann zum 65. Geburtstag, Berlin et al. 1995, S. 42.

85 Vgl. *Plinke, W./Söllner, A.*, Kundenbindung und Abhängigkeitsbeziehungen, in: *Bruhn, M./Homburg, C.* (Hrsg.), Handbuch Kundenbindungsmanagement, 2. Aufl., Wiesbaden 1998, S. 62.

86 Vgl. *Bonus, H./Weiland, R.*, Die Welt der Institutionen, in: *Dieckheuer, G.* (Hrsg.), Beiträge zur angewandten Mikroökonomik: Jochen Schumann zum 65. Geburtstag, Berlin et al. 1995, S. 42.

87 Vgl. *Bonus, H./Weiland, R.*, Die Welt der Institutionen, in: *Dieckheuer, G.* (Hrsg.), Beiträge zur angewandten Mikroökonomik: Jochen Schumann zum 65. Geburtstag, Berlin et al. 1995, S. 43.

Investition eine ausreichende Anzahl von Transaktionen realisieren muß. Die Abhängigkeit steigt aus der Perspektive des Industriegüterherstellers, je spezifischer die Investition ist.

Im Fall des Leistungsverkaufs von LKWs wird häufig aufgrund des vielfach ähnlichen Produktbedarfs der Kunden und der geringen Verlagerungskosten nur eine geringe Quasirente und damit eine vergleichsweise niedrige Abhängigkeit vom Kunden vorliegen. Die Abhängigkeit des Performance Contracting-Anbieters wird jedoch deutlich, wenn man das Beispiel einer Pressstraße betrachtet. Sowohl beim Leistungs- als auch beim Leistungsergebnisverkauf besteht für den Performance Contracting-Anbieter das Problem, daß es sich um ein Produkt mit einem hohen Spezifitätsgrad handelt. Eine anderweitige Verwendung wäre für den Anbieter mit hohen Umrüstkosten sowie Verlagerungskosten verbunden.

Beim Leistungsverkauf (durch Reparaturpersonal) und durch die Übernahme des Bedienpersonals in besonderem Maße beim Leistungsergebnisverkauf tritt aus Anbietersicht noch das Problem spezifischer Humankapitalinvestitionen hinzu. Insbesondere, wenn für Großkunden Personalkapazitäten aufgebaut werden, besteht für den Anbieter die Gefahr, bei Ausbleiben des anvisierten Transaktionsvolumens keine andere geeignete Verwendung finden zu können. Dieses Problem wird dadurch verstärkt, daß der Faktor Arbeitskraft vielfach nur eine geringe Mobilität aufweist. Es kommt somit zu einer Abhängigkeit des Anbieters vom Kunden. Darüber hinaus kann Humankapitalspezifität entstehen, wenn für den Einsatz des Bedienpersonals bei verschiedenen Kunden jeweils Schulungskosten aufgrund der individuellen Kundensituation anfallen.

Bei einem Verlust eines Kunden besteht zudem sowohl beim Leistungs- als auch beim Leistungsergebnisverkauf die Gefahr, daß weitere für diese Geschäftsbeziehung aufgebaute Kapazitäten, wie beispielsweise Reparaturwerkzeuge, nicht genutzt werden können. Auch hierin liegen Abhängigkeiten begründet.

Insgesamt steigt mit der Spezifität des Produkts und zunehmendem Problemlösungsumfang (vom Leistungsverkauf über den Leistungsergebnisverkauf zum Leistungsergebnisverkauf im Sinne des Betriebs einer größeren, das eigentliche Produkt umfassenden Einheit) auch tendenziell die Abhängigkeit des Performance Contracting-Anbieters. Entschließt sich etwa ein Flurförderzeug-Hersteller, neben dem Leistungsverkauf den

Kunden auch anzubieten, ihre Läger zu betreiben, ist er gezwungen, in die Lagerkonzeptionierung und in zusätzliche Sachgüter (Lagersysteme) zu investieren. Die Ausgaben zur Lagerkonzeptionierung werden erst über die Zeit mit den Nutzungsgebühren entgolten und besitzen aufgrund der individuellen Räumlichkeiten des Kunden in keiner anderen Verwendung einen Wert. Eine anderweitige Verwendung der Lagersysteme hat hohe Verlagerungskosten zur Folge. Es ergibt sich somit eine im Vergleich zum Leistungsverkauf erheblich höhere Quasirente und somit auch eine größere Abhängigkeit vom Kunden.

Eine **Abhängigkeit des Nachfragers vom Anbieter** tritt in dem Fall ein, wenn der Nachfrager bisher selbst durchgeführte Tätigkeiten an den Performance Contracting-Anbieter auslagert. Der Nachfrager verliert hierdurch die Fähigkeit zur Durchführung dieser Aufgaben, da das notwendige Know-how verloren geht oder durch die fortschreitende technische Entwicklung veraltet. Es kommt zu einer Dequalifizierung des Nachfragers.[88] Der **Know-how-Verlust** erfolgt nicht unmittelbar mit der Realisierung der Performance Contracting-Lösung, sondern steigt mit fortschreitender Zeit an, so daß ein Prozeß der sukzessiven Dequalifizierung einsetzt. Der Nachfrager wird zudem im Hinblick auf ein optimales Ergebnis sein Know-how auf den Performance Contracting-Anbieter übertragen. Nur an den ersten Anbieter kann der Nachfrager jedoch sein gesamtes zum Zeitpunkt der Auslagerung vorhandenes Wissen übertragen. An Anbieter, die den zuerst gewählten Anbieter später substituieren könnten, kann aufgrund der sukzessiven Dequalifizierung nur noch ein Teil des ursprünglich vorhandenen Wissens weitergegeben werden. Die Dequalifizierung stellt eine Desinvestition des Nachfragers dar. Das Tätigen einer Desinvestition kann wiederum auch als ein Investieren in die Geschäftsbeziehung aufgefaßt werden.[89] Die Dequalifizierung kann somit als spezifische Investition des Nachfragers interpretiert werden, die zu einer – mit fortschreitender Zeit ansteigenden – Abhängigkeit vom gewählten Performance Contracting-Anbieter führt. Bei Existenz alternativer Performance Contracting-Anbieter besteht jedoch zumindest eine Alternativlösung, die die Abhängigkeit des Kunden begrenzt. Existieren

---

88 Vgl. *Ossadnik, W./Dorenkamp, A./Ellinghorst, A.*, Transaktionskosten bei Zulieferbeziehungen in der Automobilindustrie, in: ZfB, H. 8, 2001, S. 873.

89 Vgl. *Franze, F.*, Outsourcing: begriffliche und kostentheoretische Aspekte, Bern et al. 1998, S. 22ff.

keine alternativen Performance Contracting-Anbieter, vergrößert sich die Abhängigkeit des Nachfragers dementsprechend. Dieses Risiko ist insbesondere in der frühen Phase der Verbreitung des Performance Contracting gegeben, da sich das diesbezügliche Angebot erst entwickelt.

Grundsätzlich ist im Hinblick auf den Know-how Verlust und der hieraus resultierenden Abhängigkeit festzustellen, daß dieser beim Leistungsergebnisverkaufs größer als beim Leistungsverkauf ist. Dies liegt darin begründet, daß beispielsweise nicht nur Wartungsfähigkeiten, sondern darüber hinaus mit dem Bedienpersonal das wichtige Fertigungs-Know-how verloren geht.

Weitere Investitionen, die eine Abhängigkeit des Nachfragers zur Folge haben, stellen die Kosten der Suche, Anbahnung und Vereinbarung einer neuen Geschäftsbeziehung dar. Diese Kosten fallen bei einem Anbieterwechsel erneut an und besitzen, wenn sie einen nennenswerten Umfang annehmen, eine vom Wechsel abschreckende Wirkung und stabilisieren deshalb die Geschäftsbeziehung.[90] Diese Kosten sind insbesondere bei Performance Contracting-Angeboten mit komplexem Lösungsgegenstand erheblich, da ein hoher Verhandlungsaufwand entsteht.

Aus der Perspektive eines Anbieters führen durch Performance Contracting-Lösungen entstehende Abhängigkeiten auf Kundenseite zu einer **Bindung des Kunden** an den Anbieter.[91] Aufgrund der hohen Wettbewerbsintensität wird der Aspekt der Kundenbin-

---

90 Vgl. *Plinke, W./Söllner, A.*, Kundenbindung und Abhängigkeitsbeziehungen, in: *Bruhn, M./Homburg, C.* (Hrsg.), Handbuch Kundenbindungsmanagement, 2. Aufl., Wiesbaden 1998, S. 73; *Köhl, T.*, Claim-Management im internationalen Anlagengeschäft: Nachforderungspotentiale und deren Realisierung in unterschiedlichen Vertragsverhältnissen, Wiesbaden 2000, S. 140.

91 Die Kundenbindung ist Ausdruck einer Abhängigkeit des Kunden gegenüber dem Anbieter. Abhängigkeit wird als Zustand eingeschränkter Substituierbarkeit des als wichtig erachteten Gegenstands der Bindung (des Produkts, der Technologie, des Unternehmens etc.) definiert. Kundenbindung bzw. Abhängigkeit bedeutet insofern, daß aus der Sicht des Kunden Austrittsbarrieren aus der Geschäftsbeziehung existieren. Vgl. *Plinke, W.*, Grundlagen des Geschäftsbeziehungsmanagements, in: *Kleinaltenkamp, M./Plinke, W.* (Hrsg.), Geschäftsbeziehungsmanagement, Berlin 1997, S. 30; *Plinke, W./Söllner, A.*, Kundenbindung und Abhängigkeitsbeziehungen, in: *Bruhn, M./Homburg, C.* (Hrsg.), Handbuch Kundenbindungsmanagement, 2. Aufl., Wiesbaden 1998, S. 57f.

dung heute und zukünftig über die Branchen hinweg als zentrale Maßnahme zur Sicherstellung des Unternehmenserfolgs betrachtet.[92]

Der Kundenbindungseffekt wird dadurch verstärkt, daß für den Kunden durch das Komplettangebot – der Performance Contracting-Anbieter erbringt sämtliche für die Bereitstellung der Leistung erforderlichen Tätigkeiten – nicht die Möglichkeit besteht, auf andere Anbieter zurückzugreifen. Beim Geschäftsmodell des Verkaufs von Produkten und produktbegleitenden Dienstleistungen kann der Kunde demgegenüber andere Anbieter – in Form weiterer Hersteller oder spezialisierter Dienstleister – in das Problemlösungskonzept integrieren. Diese können z.B. einzelne Dienstleistungen erbringen und so die Möglichkeit zum Aufbau einer Geschäftsbeziehung mit dem Kunden erhalten. Das größere Kundenbindungspotenzial stellt einen wesentlichen Vorteil des Performance Contracting dar.

Aus Anbieterperspektive ergibt sich durch das neue Geschäftsmodell Performance Contracting jedoch auch das Problem, daß hierdurch eine Abhängigkeit des Anbieters vom Kunden begründet werden kann. Von einem potenziellen Performance Contracting-Anbieter ist daher bei der Entscheidung über den Eintritt in dieses neue Geschäftsmodell zu analysieren, inwiefern die potenzielle Abhängigkeit des Anbieters verringert werden kann.

Im Hinblick auf die Vermarktung des Geschäftsmodells Performance Contracting stellt sich die Frage, wie eine Absicherung vom Anbieter zu tätigender spezifischer Investitionen erfolgen kann. Zudem erweist sich die Einbeziehung einer möglichen Abhängigkeit des Nachfragers im Rahmen des Vermarktungsprozesses als relevant, da diese das Eingehen einer Geschäftsbeziehung aus Nachfragerperspektive verhindern kann. Der Absicherungsbedarf ist sowohl für den Anbieter als auch den Kunden geringer, wenn auf beiden Seiten die Abhängigkeit so groß ist, daß eine Beendigung der Geschäftsbeziehung für beide Seiten eine gleich schwere Konsequenz hat.[93]

---

[92] Vgl. z.B. *Wise, R./Baumgartner, P.*, Go Downstream – The New Profit Imperative in Manufacturing, in: HBR, No. 5, September-October, 1999, S. 136.

[93] Vgl. *Backhaus, K.*, Industriegütermarketing, 6. Aufl., München 1999, S. 727.

2.5 Stand der Diskussion des Performance Contracting

Das Geschäftsmodell Performance Contracting im Sinne des Leistungsverkaufs und Leistungsergebnisverkaufs wurde in der Literatur bisher wenig diskutiert. Publikationen, die diesen Bereich berühren, finden sich insbesondere unter dem Fokus ökologischer Entlastungseffekte, die aus neuen Nutzungskonzepten materieller Produkte und der mit diesen Konzepten verbundenen Nutzungsdauerverlängerung und Nutzungsintensivierung resultieren sollen. *Stahel* war dabei im deutschsprachigen Raum einer der ersten, der sich mit diesem Themenbereich, der auch unter dem Begriff der „Nachhaltigkeit" bzw. „Sustainability" diskutiert wird, auseinandergesetzt hat. Zudem hat er die „eigentumslosen" und damit nutzungs- und ergebnisorientierten Konzepte in die Diskussion über ökologische Produktpolitik eingeführt.[94] Die Konzepte, die im Rahmen der „Sustainability-Literatur" behandelt werden, entsprechen aber nur in Teilen den Inhalten des Performance Contracting. So werden z.B. auch Sharing-Konzepte (gemeinsame, parallele Nutzung eines Produkts durch mehrere Personen) oder einzelne produktbegleitende Dienstleistungen, wie beispielsweise Gewährleistungsfristen und Instandhaltung analysiert.[95] Die Diskussion konzentriert sich zudem – wie etwa bei Han-

---

94 Vgl. z.B. *Scholl, G./Zundel, S.*, Neue Nutzungskonzepte für Produkte – Entwicklungsperspektiven von Strategien zur Nutzungsdauerverlängerung und Nutzungsintensivierung, in: Zeitschrift für angewandte Umweltforschung, Heft 4, Jg. 12, 1999, S. 517ff.; *Schweizerischer Bankverein*, Wirtschaftliche Strategie der Dauerhaftigkeit: Betrachtungen über die Verlängerung der Lebensdauer von Produkten als Beitrag zur Vermeidung von Abfällen, in: Bankverein-Heft, Nr. 32, 1987, S. 1ff.; *Stahel, W. R.*, The Product-Life Factor, in: *Grinton Orr, S.* (Hrsg.), An Inquiry Into the Nature of Sustainable Societies: The Role of the Private Sector, Houston 1984, S. 86; *Stahel, W. R.*, Verkauf von Nutzen statt von Produkten: Die Strategie der Dauerhaftigkeit in einer nachhaltigen (Dienstleistungs-)Gesellschaft, in: *Internationales Forum für Gestaltung Ulm* (Hrsg.), Im Namen des Nutzers, Ulm 1991, S. 68ff.; *Stahel, W. R.*, Langlebigkeit und Materialrecycling – Strategien zur Vermeidung von Abfällen im Bereich der Produkte, Essen 1991, S. 64f.; Giarini, O./*Stahel, W. R.*, The Limits to Certainty, 2nd Revised Edition, Dordrecht et al. 1993, S. 80f.; *Stahel, W. R.*, Produkt-Design und Ressourcen-Effizienz, in: *Zoche, P.* (Hrsg.), Herausforderungen für die Informationstechnik, Heidelberg 1994, S. 361ff.; *Stahel, W. R.*, Innovation für Nachhaltigkeit braucht Langsamkeit, in: *Backhaus, K./Bonus,H.* (Hrsg.), Die Beschleunigungsfalle oder der Triumph der Schildkröte, Stuttgart 1998, S. 149ff.

95 Vgl. *Scholl, G./Zundel, S.*, Neue Nutzungskonzepte für Produkte – Entwicklungsperspektiven von Strategien zur Nutzungsdauerverlängerung und Nutzungsintensivierung, in: Zeitschrift für angewandte Umweltforschung, Heft 4, Jg. 12, 1999, S. 525; *Hansen, U./Schrader, U.*, Über die Zukunft gemeinschaftlicher Nutzung, in: *Verbraucherzentrale Nordrhein-Westfalen* (Hrsg.), Herausforderung Sustainability – Konzepte für einen zukunftsfähigen Konsum, Dokumentation einer Fachtagung, Düsseldorf 1997, S. 117ff.

sen/Schrader[96] – im Wesentlichen auf den Konsumgüterbereich. Des weiteren ist anzumerken, daß gemäß der umweltpolitischen Zielsetzung dieser Publikationen die Analyse nicht aus einer betriebswirtschaftlichen bzw. anbieterorientierten Perspektive geführt wird. Eine Unterstützung der Industriegüteranbieter bei der Entscheidung über den Eintritt in das Geschäftsmodell Performance Contracting ergibt sich hieraus nicht.

Im wirtschaftswissenschaftlichen Bereich findet sich zum Geschäftsmodell Performance Contracting deutlich weniger Literatur. Zu nennen sind hier die Publikationen von *Reiss/Präuer*[97] und *Backhaus/Kleikamp*[98]. Darüber hinaus beschäftigt sich *Freiling*[99] mit dem Themenbereich des Performance Contracting, wobei hier die Betrachtung auf die Form des Leistungsergebnisverkaufs beschränkt ist und insbesondere eine Untersuchung des industriellen Anlagengeschäfts vorgenommen wird. *Buse/Freiling/Weissenfels*[100] berücksichtigen demgegenüber auch Full-Service-Verträge, wobei eine Fokussierung der Analyse auf den Maschinenbau erfolgt. Auch der Beitrag

---

96 Vgl. *Hansen, U./Schrader, U.*, „Leistungs- statt Produktabsatz“ für einen ökologischeren Konsum ohne Eigentum, in: *Steger, U.* (Hrsg.), Handbuch des integrierten Umweltmanagements, München/Wien 1997, S. 88ff. *Hansen/Schrader* verweisen in diesem Beitrag lediglich darauf, daß es auch im Industriegüterbereich entsprechende Entwicklungen gibt. Sie gehen jedoch ausschließlich auf die Chancen und Probleme der Durchführung eines Leistungs- statt Produktabsatzes im Konsumgüterbereich ein. Vgl. auch *Hansen, U./Schrader, U.*, Nachhaltiger Konsum – Leerformel oder Leitprinzip?, in: *Hansen, U./Schrader, U.* (Hrsg.), Nachhaltiger Konsum - Forschung und Praxis im Dialog, Frankfurt am Main 2001, S. 33ff.; *Hansen, U./Schrader, U.*, Öko-effiziente Dienstleistungen und der Wunsch nach Eigentum, in: Wirtschaftsökologische Perspektiven, Jahresbericht der Bayreuther Initiative für Wirtschaftsökologie, 1997, S. 18ff.; *Schrader, U./Koch, P.-S.*, Kundenorientierte Gestaltung von Verfügungsrechten und -pflichten – Das Beispiel VW-Mietermobil, in: *Hansen, U./Schrader, U.* (Hrsg.), Nachhaltiger Konsum - Forschung und Praxis im Dialog, Frankfurt am Main 2001, S. 269ff. Auch *Schrader* konzentriert sich im Rahmen seiner Studie zur Konsumentenakzeptanz eigentumsersetzender Dienstleistungen ausschließlich auf den Konsumgüterbereich. Beispiele aus dem Industriegüterbereich werden lediglich vereinzelt erwähnt. Vgl. *Schrader, U.*, Konsumentenakzeptanz eigentumsersetzender Dienstleistungen, Frankfurt am Main et al. 2001, S. 85.

97 Vgl. *Reiss, M.lPräuer, A.*, Solutions Providing: Was ist Vision – was Wirklichkeit?, in: Absatzwirtschaft, Heft 7, 2001, S. 49.

98 Vgl. *Backhaus, K./Kleikamp, C.*, Marketing von investiven Dienstleistungen, in: *Bruhn, M./Meffert, H.* (Hrsg.), Handbuch Dienstleistungsmanagement, 2. Aufl., Wiesbaden 2001, S. 80ff.

99 Vgl. *Freiling, J.*, Das Contracting als innovatives Instrument des Marketing industrieller Services und seine Implikationen bezüglich der Interaktionsgestaltung zwischen Anbieter- und Nachfragerseite, in: *Bruhn, M./Stauss, B.* (Hrsg.), Dienstleistungsmanagement Jahrbuch 2001: Interaktionen im Dienstleistungsbereich, Wiesbaden 2001, S. 461.

100 Vgl. *Buse, C./Freiling, J./Weissenfels, S.*, Turning Product Business into Service Business: Performance Contracting as a Challenge of SME Customer/Supplier Networks, Arbeitsbericht des Instituts für Unternehmensführung und Unternehmensforschung, Nr. 89, Bochum 2001, S. 5ff.

von *Freiling*[101] zum Wandel vom industriellen Produkt- zum Dienstleistungsgeschäft konzentriert sich auf diese Branche. Daneben gibt es verschiedene Publikationen[102], die einzelne Beispiele des Performance Contracting beschreiben. Eine umfangreiche Anzahl an Publikationen findet sich zu Betreibermodellen und damit zum Leistungsergebnisverkauf im industriellen Anlagengeschäft.[103] Die Betrachtung erfolgt hier allerdings unter einer anderen Perspektive: Betreibermodelle werden als Erweiterungen von Projektfinanzierungsmodellen betrachtet. Im Mittelpunkt der Literatur steht daher die Finanzierungsperspektive und weniger der Gedanke einer aktiven strategischen Ausrichtung des Dienstleistungsangebots mit dem Ziel der Erbringung umfangreicher Problemlösungen für den Kunden.

Eine grundsätzliche Betrachtung des Performance Contracting aus Anbieterperspektive, welche die Konsequenzen des Eintritts in ein neues Geschäftsmodell berücksichtigt, findet sich somit bisher nicht in der Literatur. Die Analyse der Auswirkungen des neuen Geschäftsmodells auf Anbieterseite hat allerdings verdeutlicht, daß durch die veränderte Nutzenstiftung vom Anbieter neue Leistungen und vor allem neue Risiken übernommen werden. Angesichts der weitreichenden Konsequenzen für den Hersteller ist eine grundsätzliche Analyse vor dem Eintritt in das neue Geschäftsmodell erforderlich. Dies erfordert ein Entscheidungsmodell, welches die aus dem Performance Contracting-Geschäftsmodell resultierenden Anforderungen umfassend analysiert und Lösungsprinzipien aufzeigt. Die Analyse der Auswirkungen auf die Geschäftsbeziehung hat zudem

---

101 Vgl. *Freiling, J.*, Der Wandel vom industriellen Produkt- zum Dienstleistungsgeschäft – dargestellt am Beispiel der Umsetzung von Betreibermodellen im mitteleuropäischen Maschinenbau, in: *Mühlbacher, H./Thelen, E.* (Hrsg.), Neue Entwicklungen im Dienstleistungsmarketing, Wiesbaden 2002, S. 210f.

102 Vgl. z.B. *Kulick, B.*, Kostenreduzierung beim Einsatz von Flurförderzeugen, in: Reihe VDMA-Entscheidungshilfen, Heft „Vom Lieferanten zum Wertschöpfungspartner – Dienstleistung im Maschinenbau“, 2000, S. 17ff.; *Fietzek, P. K. M.*, Vom Nutzfahrzeughersteller zum Systemanbieter: Dienstleistungen im Nutzfahrzeugmarketing, in: *Simon, H.* (Hrsg.), Industrielle Dienstleistungen, Stuttgart 1993, S. 104f.

103 Vgl. z.B. *Backhaus, K.*, Industriegütermarketing, 6. Aufl., München 1999, S. 462f.; *Backhaus, K./Köhl, T./Behrens, H.*, Varianten der Projektfinanzierung – eine vergleichende Analyse hinsichtlich der Anwendungsmöglichkeiten im internationalen Anlagengeschäft, Arbeitspapier des Betriebswirtschaftlichen Instituts für Anlagen und Systemtechnologien, Nr. 22, 1997, S. 26ff.; *Tytko, D.*, Grundlagen der Projektfinanzierung, Stuttgart 1999, S. 174ff.

gezeigt, daß eine Berücksichtigung entstehender Abhängigkeiten im Rahmen der Entscheidung zu berücksichtigen ist.

Für viele Hersteller stellt eine derartig umfangreiche Analyse insofern eine neue Anforderung dar, als im traditionellen Geschäftsmodell das Angebot an produktbegleitenden Dienstleistungen häufig weitgehend ungeplant und historisch bedingt wächst.[104] Die Unternehmen erweitern ihr Angebot etwa häufig unkritisch um weitere produktbegleitende Dienstleistungen in dem Bemühen, der Konkurrenz nachzueifern bzw. diese zu kopieren.[105] Zudem ist das Dienstleistungsangebot häufig nicht ausreichend kundenorientiert gestaltet. Dies hat sich z.B. in den Studien von *Simon*[106] am Beispiel der optisch-feinmechanischen Industrie und von *Backhaus*[107] für den Maschinenbau gezeigt. Bei der Entscheidung über den Eintritt in das neue Geschäftsmodell Performance Contracting erweist sich dieses Vorgehen angesichts der übernommenen Risiken und der damit verbundenen erheblichen Verlustpotenziale als besonders problematisch.

Auch die sich bei einer Entscheidung für dieses Geschäftsmodell ergebende Fragestellung der Besonderheiten der Vermarktung des Performance Contracting wurde bisher in der Literatur nicht grundlegend untersucht.[108] Im Rahmen der Analyse der Auswirkungen ist zudem deutlich geworden, daß enstehende Abhängigkeiten sowohl des Anbieter als auch des Nachfragers in diesem Zusammenhang zu berücksichtigen sind.

---

[104] Vgl. *Volz, T.*, Management ergänzender Dienstleistungen für Sachgüter: Der schwierige Weg vom Sachgut-Hersteller zum Problemlöser, Göttingen 1997, S. 12.

[105] Vgl. *Trachsler, S.*, Verrechenbarkeit industrieller Dienstleistungen, St. Gallen 1996, S. 51.

[106] Die Studie zeigt, daß bei den primär sachleistungsbezogenen Merkmalen wie Produktqualität, Design, Wirtschaftlichkeit und Technik Erfüllungsgrade der Kundenanforderungen von jeweils mehr als 80 Prozent erreicht wurden, während bei den Dienstleistungen eine ausgeprägte Leistungslücke zu Tage tritt. Vgl. *Simon, H.*, Industrielle Dienstleistungen und Wettbewerbsstrategie, in: *Simon, H.* (Hrsg.), Industrielle Dienstleistungen, Stuttgart 1993, S. 9.

[107] Für den Maschinenbau zeigt die Studie, daß unter Berücksichtigung der Bedeutung der Dienstleistungen das Angebot gerade bei den wichtigen Dienstleistungen nicht den Anforderungen der Nachfrager entspricht. Vgl. *Backhaus, K.*, Die Zahlungsbereitschaft des Kunden für produktbegleitende Dienstleistungen – Ergebnisse einer Kundenbefragung, in: Reihe Entscheidungshilfen Marktkommunikation, Heft 5, 1999, S. 17.

[108] Eine knappe Betrachtung unter dem Gesichtspunkt des Interaktions-Managements findet sich bei *Freiling*. Vgl. *Freiling, J.*, Das Contracting als innovatives Instrument des Marketing industrieller Services und seine Implikationen bezüglich der Interaktionsgestaltung zwischen Anbieter- und Nachfragerseite, in: *Bruhn, M./Stauss, B.* (Hrsg.), Dienstleistungsmanagement Jahrbuch 2001: Interaktionen im Dienstleistungsbereich, Wiesbaden 2001, S. 473f.

3. Anwendungsbereiche des neuen Geschäftsmodells Performance Contracting

3.1 Ableitung potenzieller Anwendungsbereiche für das Geschäftsmodell Performance Contracting

Für einen Anbieter stellt sich im Hinblick auf das neue Geschäftsmodell Performance Contracting die Frage, unter welchen Bedingungen dem Kunden Performance Contracting-Angebote grundsätzlich unterbreitet werden können. Die Betrachtung des Geschäftsmodells als Analyseeinheit hat gezeigt, daß die Kerndimension eines Geschäftsmodells der potenzielle Nutzen ist, der dem Kunden mit der Leistung gestiftet werden soll.[109] Dabei kann zwischen zwei Arten der Nutzenstiftung auf Nachfragerseite unterschieden werden. Einerseits kann der **originäre Nutzen** eines Guts zur Nachfrage führen. Der Nutzen entsteht in diesem Fall durch das Gut selbst. Die Nachfrage nach einem Gut kann aber auch darin begründet sein, nutzenstiftende Aktivitäten überhaupt erst zu ermöglichen. Das Gut stiftet dann einen **derivativen Nutzen**.[110]

Ein Beispiel in dem der originäre Nutzen eines Guts zur Nachfrage nach diesem Gut führt, kann der Erwerb eines PKWs der Luxusklasse durch einen Konsumenten sein. Neben dem Funktionalitätsnutzen kann dabei Prestigenutzen entstehen, der nur durch den Erwerb des Guts realisiert werden kann. Das Angebot an den Kunden, das Produkt nicht mehr erwerben zu müssen, sondern stattdessen die Leistung zur Nutzung zur Verfügung gestellt zu bekommen[111] erzeugt bei diesen Kunden nur begrenzten Nutzen.

---

109 Vgl. Abschnitt 2.1.

110 Vgl. *Köberlein, C.*, Kompendium der Verkehrspolitik, Münschen et al. 1997, S. 49f.; *Schleusener, M.*, Wettbewerbsorientierte Nutzenpreise: Preisbestimmung bei substituierbaren Verkehrsdienstleistungen, Wiesbaden 2001, S. 20f.; *Willeke, R.*, Mobilität, Verkehrmarktforschung, externe Kosten und Nutzen des Verkehrs, in: *Verband der Automobilindustrie e.V.* (Hrsg.) Schriftenreihe des Verbands der Automobilindustrie e. V., Nr. 81, Köln 1996, S. 32; *Knapp, F. D.*, Determinanten der Verkehrsmittelwahl, Berlin 1998, S. 27f.

111 Vgl. Abschnitt 2.3.1.

Eine andere Situation tritt ein, wenn bei einem Konsumenten der Nutzen durch den Gebrauch eines PKWs entsteht, d.h. der Kunde erwirbt ein Produkt, um sein Mobilitäts- oder Transportbedürfnis zu befriedigen. Das Produkt stellt hierbei die Voraussetzung dar, nutzenstiftende Aktivitäten – den Transport – erst zu ermöglichen. In diesem Fall liegt ein derivativer Nutzen vor. Performance Contracting-Angebote stellen in diesem Fall eine Alternative dar, das Bedürfnis des Kunden zu befriedigen.

Damit ist ein Angebot des Geschäftsmodells Performance Contracting nur in solchen Konstellationen sinnvoll, in denen der Nutzen, den der Kunde mit dem Produkt erzielen will, derivativer Art ist. Dabei liegt bei Industriegütern grundsätzlich ein derivativer Nutzen vor.[112] Industriegüter stellen Leistungen dar, „die von Organisationen beschafft werden, um weitere Leistungen zu erstellen, die nicht in der Distribution an Letztkonsumenten bestehen.“[113] Der Nutzen wird somit durch die Weiterverwendung des Produkts erzeugt. Bei Konsumgütern stellt sich die Situation anders dar. Bei einem Großteil der Konsumgüter ist die Nutzenstiftung originärer Art, wie etwa bei Lebensmitteln oder in dem oben beschriebenen Beispiel des Besitzes eines PKWs. Bei einigen Konsumgütern kann der Nutzen allerdings auch derivativer Art sein. Dies gilt beispielsweise für den Kauf eines PCs zur Durchführung von Textverarbeitung oder für den Kauf eines PKWs zur Befriedigung des Transportbedürfnisses. In diesem Zusammenhang haben Performance Contracting-Angebote eine höhere Relevanz für den Industriegüterbereich als für den Konsumgüterbereich, und deshalb wird sich die vorliegende Untersuchung auch auf den Industriegüterbereich fokussieren.

Bei der Entscheidung über das Angebot von Performance Contracting ist aus Anbieterperspektive auch zu berücksichtigen, ob sich das Gut in einer Lebenszyklusbetrachtung für Performance Contracting-Angebote eignet. Ein aus Anbietersicht entscheidender Vorteil von Performance Contracting-Lösungen ist die mögliche Erschließung zusätzlicher Wertschöpfungspotenziale. Bei einem hohen **Anteil der Anschaffungskosten für**

---

112 Vgl. z.B. *Köberlein, C.*, Kompendium der Verkehrspolitik, Münschen et al. 1997, S. 50; *Knapp, F. D.*, Determinanten der Verkehrsmittelwahl, Berlin 1998, S. 28.

113 *Backhaus, K.*, Industriegütermarketing, 6. Aufl., München 1999, S. 9. Vgl. auch *Engelhardt, W. H./Günther, B.*, Investitionsgüter-Marketing, Stuttgart et al. 1981, S. 24; *Kleinaltenkamp, M.*, Einführung in das Business-to-Business-Marketing, in: *Kleinaltenkamp, M./Plinke, W.* (Hrsg.), Technischer Vertrieb: Grundlagen des Business-to-Business Marketing, 2. Aufl., Berlin et al. 2000, S. 173.

das Gut an den Lebenszykluskosten ist die durch Performance Contracting-Angebote zusätzlich erschließbare Wertschöpfung jedoch gering. Stellen demgegenüber die Anschaffungskosten nur einen kleinen Anteil an den Lebenszykluskosten eines Produkts dar, können erhebliche Umsatzsteigerungen durch Performance Contracting-Angebote erzielt und Gewinnpotenziale erschlossen werden.

Bei Videorecordern ist etwa die Bedingung der derivativen Nutzenstiftung grundsätzlich erfüllt, denn der Nutzen entsteht beim Kunden durch die Verwendung des Guts, indem Filme aufgezeichnet und/oder angesehen werden. Performance Contracting-Angebote sind somit grundsätzlich möglich. Die mit dem Gebrauch des Videorecorders verbundenen Kosten sind jedoch sehr gering.[114] Der hohe Anteil der Anschaffungskosten an den Lebenszykluskosten führt dazu, daß Investitionen in den Aufbau eines Performance Contracting-Angebots angesichts des geringen zusätzlich akquirierbaren Umsatz- und Gewinnpotenzials aus Anbieterperspektive uninteressant sind.

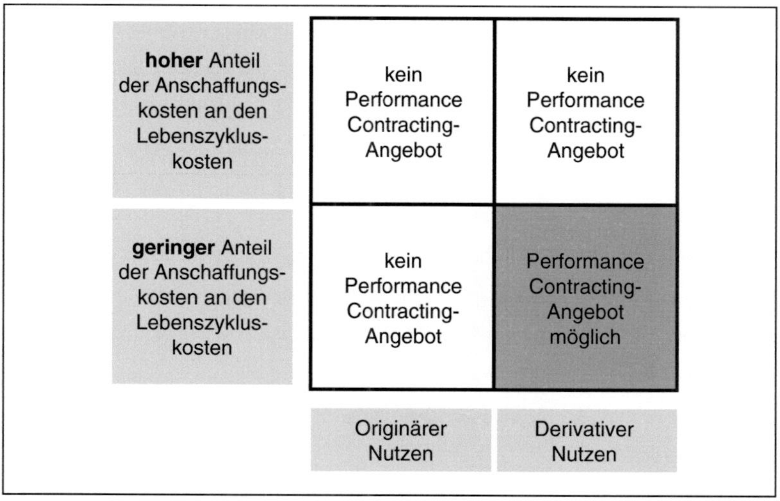

Abb. 3-1: Ableitung potenzieller Anwendungsbereiche des Geschäftsmodells Performance Contracting

---

114 Vgl. *Wise, R./Baumgartner, P.*, Go Downstream – The New Profit Imperative in Manufacturing, in: HBR, No. 5, September-October, 1999, S. 139.

Als relevanter Anwendungsbereich für das Performance Contracting-Geschäftsmodell erweist sich aus Anbieterperspektive grundsätzlich der in *Abb. 3-1* grau schraffierte Bereich, in dem ein derivativer Nutzen auf Kundenseite vorliegt und der Anteil der Anschaffungskosten an den gesamten Lebenszykluskosten gering ist. Neben den Gebrauchsgütern können im Industriegüterbereich auch Verbrauchsgüter eine Nutzenstiftung derivativer Art haben. Im Folgenden sind daher beide Güterarten zu betrachten.

Als **Gebrauchsgüter**[115] werden solche Güter bezeichnet, die einen wiederholten Gebrauch bzw. eine längerfristige Nutzung erlauben. Dies können beispielsweise Maschinen, Werkzeuge oder Kraftfahrzeuge sein. **Verbrauchsgüter** bezeichnen demgegenüber Güter, die bei einem einzelnen (produktiven oder konsumptiven) Einsatz verbraucht werden, d.h. dabei wirtschaftlich gesehen untergehen. Beispiele hierfür stellen Materialien, Rohstoffe oder Energie dar.[116] In diesem Zusammenhang stellt sich die Frage, ob Performance Contracting vom Grundgedanken her bei diesen beiden Güterarten angewendet werden kann. Hierbei ist insbesondere von Interesse, ob die beiden Grundformen des Performance Contracting – Leistungsverkauf und Leistungsergebnisverkauf – sowohl für Ge- als auch Verbrauchsgüter angeboten werden können. Dies soll beispielhaft an einzelnen Branchen überprüft werden, die in der in *Abb. 3-2* dargestellten 4-Felder-Matrix zusammenfassend systematisiert werden.

Als Beispiel für den Leistungsverkauf bei Verbrauchsgütern werden exemplarisch Chemikalien-Hersteller analysiert. Das Verbrauchsgut Lack soll im Hinblick auf die Möglichkeit des Leistungsergebnisverkaufs untersucht werden. Für den Fall der Gebrauchsgüter werden PKWs und LKWs betrachtet. Die Analyse der Beispielbranchen beruht dabei – neben der Auswertung der jeweils angeführten Literaturquellen – insbesondere auf in den Branchen durchgeführten Expertengesprächen (vgl. dazu die Protokolle im Anhang der Arbeit).

---

115 Als Synonym für das Begriffspaar Verbrauchsgüter und Gebrauchsgüter wird häufig auch von Repetierfaktoren (weist auf den Verbrauchscharakter hin, da die Beschaffung dieser Güter repetiert bzw. laufend wiederholt werden muß) und Potentialfaktoren (weist auf die Eigenschaft hin, ein bestimmtes Leistungspotenzial zu verkörpern) gesprochen. Vgl. *Schierenbeck, H.*, Grundzüge der Betriebswirtschaftslehre, 15. Aufl., München et al. 2000, S. 2.

116 Vgl. *Schierenbeck, H.*, Grundzüge der Betriebswirtschaftslehre, 15. Aufl., München et al. 2000, S. 2.

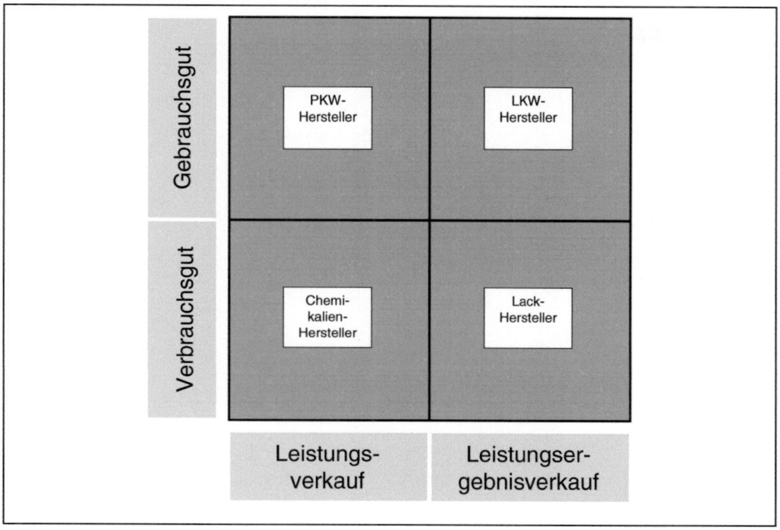

Abb. 3-2: Beispiele für die Anwendbarkeit des Performance Contracting

3.2 Das Geschäftsmodell Performance Contracting in ausgewählten Branchen

3.2.1 PKW-Hersteller

Mit der Branche der PKW-Hersteller soll zuerst ein Beispiel für Performance Contracting-Angebote in Form des Leistungsverkaufs bei Gebrauchsgütern betrachtet werden. Unternehmen unterhalten vielfach einen Fuhrpark, damit die Mitarbeiter im Rahmen ihrer Tätigkeit für das Unternehmen bestimmte örtliche Ziele erreichen können. Der Nutzen entsteht bei diesen Kunden nicht durch das Produkt an sich, sondern erst durch dessen Verwendung zur Befriedigung eines Mobilitätsbedürfnisses. Auf Kundenseite liegt somit ein derivativer Nutzen vor, der Performance Contracting-Angebote grundsätzlich ermöglicht.

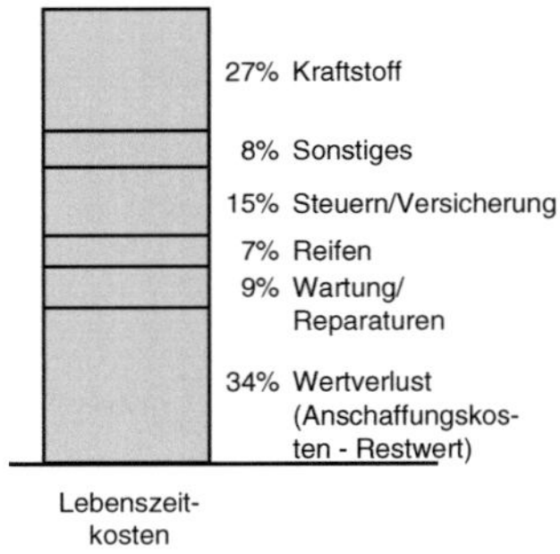

Abb. 3-3: Verteilung der Lebenszeitkosten in der PKW-Branche (über 3 Jahre bei 90 Tkm)[117]

Aus der Perspektive der Automobilhersteller ist festzustellen, daß durch Performance Contracting-Angebote umfangreiche Wertschöpfungspotenziale erschlossen werden können. Über einen 3-Jahres-Zeitraum betrachtet betragen die Anschaffungskosten bzw. der Wertverlust lediglich ein Drittel der insgesamt anfallenden Kosten. Wesentliche Wertschöpfungspotenziale liegen im Fall der PKW-Hersteller in den Bereichen Wartung/Reparaturen, Reifen, Steuern/Versicherung und insbesondere Kraftstoff (vgl. *Abb. 3-3*).

Performance Contracting-Angebote erweisen sich somit sowohl aus der Perspektive der Nutzenentstehung beim Kunden als auch aus der Perspektive der Wertschöpfungssteigerung als relevant. In diesem Zusammenhang stellt Performance Contracting eine interessante Strategieoption für in diesem Bereich tätige Unternehmen dar, und in der Praxis sind auch bereits Angebote von Performance Contracting in Form des Leistungsverkaufs nachweisbar. So werden Kunden von den Aufgaben der Beschaffung, Finanzierung, Fahrzeug- und Fuhrparkverwaltung (inklusive der Wartungs- und Reparaturverantwortung) sowie der Abwicklung von Versicherungen, Steuern und Gebühren zu einem festen, vorab vereinbarten Preis entlastet. Die Kunden können so die benötigten PKW lediglich nutzen, ohne das Eigentum erwerben zu müssen.

---

117 Vgl. Gesprächsprotokoll DaimlerChrysler Services Fleet Management GmbH, S. 3.

Ein Beispiel für ein solches Angebot stellt das Fuhrparkmanagement der DaimlerChrysler AG dar, welches seit 1996 – zuerst durch die debis Car Fleet Management GmbH und seit 2001 durch die DaimlerChrysler Services Fleet Management GmbH – angeboten wird.[118] Dabei bietet die DaimlerChrylser AG neben dem Full-Service Leasing eine weiterentwickelte Form des Fuhrparkmanagements für Großkunden an, das sogenannte Cosourcing.[119] Während andere Fuhrparkmanagement-Anbieter sich als (rein) externe Fuhrparkabteilung sehen, setzt die DaimlerChrysler Services Fleet Management GmbH beim Cosourcing zusätzlich Fuhrparkmanager vor Ort als Inhouse-Koordinatoren ein. Zudem werden Mitarbeiter des Kunden in die Prozesse eingebunden. Für den Kunden bietet diese Lösung den Vorteil, daß er zwar das Management und die Verantwortung für den Fuhrpark abgibt, jedoch einen Kompetenzverlust aufgrund des weiterhin bestehenden Überblicks seiner Mitarbeiter über die Abläufe zumindest teilweise verhindert. Das Prinzip der Kombination des Outsourcing von Unternehmensbereichen an einen externen Dienstleister mit dem Insourcing externer Kompetenz spiegelt sich dabei im Begriff Cosourcing wider. Mit dem Kunden wird darüber hinaus eine Gewinnbeteiligung an allen Kosteneinsparungen, die über das zuvor geplante Maß hinausgehen, vereinbart. Hierbei kann es sich etwa um zusätzliche Einsparungen im Bereich der Fahrzeugschäden oder des Flottenverbrauchs handeln, die in einem vorab festgelegten Verhältnis zwischen der DaimlerChrysler Services Fleet Management GmbH und dem Kunden aufgeteilt werden. Die Auswahl der Fahrzeuge ist bei der DaimlerChrysler Services Fleet Management GmbH nicht auf Fahrzeugtypen des Konzerns beschränkt, sondern umfaßt grundsätzlich alle Marken (Variationsparameter „Ausdehnung des Performance Contracting-Angebots auf Wettbewerbsprodukte"). Hierbei werden bestimmte Fahrzeugkategorien gebildet, für die jeweils ein fester Gesamtkostensatz für den Kunden festgelegt wird. Die Abrechung erfolgt ausschließlich zeitraum- und nicht km-bezogen. Es besteht des weiteren die Möglichkeit, daß Mitarbeiter des Kunden über-

118 Vgl. http://www.debiscarfleet.de/angebot/index.htm, v. 16.03.02; Gesprächsprotokoll DaimlerChrysler Services Fleet Management GmbH, S. 1.

119 Vgl. http://www.debiscarfleet.de/angebot/cosourcing.htm, v. 16.03.02.

nommen werden. Bestehende Tankstellen und Werkstätten des Kunden können hingegen zwar in die Gesamtlösung einbezogen, jedoch nicht übernommen werden.[120]

Neben den Performance Contracting-Angeboten der Hersteller konkurrieren Dienstleistungsunternehmen (Autovermieter und Leasinggesellschaften) um die interessanten Wertschöpfungspotenziale. Das Car Professional Management der Deutsche Bank Gruppe[121] und die Deutsche Auto-Leasing GmbH (Deutsche Leasing Gruppe)[122] als Teil der Sparkassen-Finanzgruppe stellen Beispiele für derartige Dienstleistungsunternehmen dar.

Die Deutsche Auto-Leasing GmbH beispielsweise bietet neben dem Leistungsverkauf mit einer zeitraumbezogenen Abrechnung auch eine Abrechnung auf Basis der gefahrenen Kilometer an (Variationsparameter „Übernahme einzelner Risikoarten“).[123] Darüber hinaus kann das Angebot des Leistungsverkaufs auf den Bereich des Treibstoffs ausgeweitet werden. Der Kunde hat diesbezüglich zudem die Option, eine pauschale Abrechnung der Kosten oder eine Abrechung auf Basis der tatsächlich entstandenen Kosten zu wählen (Variationsparameter „Übernahme einzelner Risikoarten“).[124]

Insgesamt gesehen befriedigen die Konzepte des Fuhrparkmanagements das Mobilitätsbedürfnis der Kunden. Das grundsätzliche Mobilitätsproblem des Kunden ist jedoch noch umfassender und nicht auf den Automobilbereich beschränkt. Insbesondere die Dienstleistungsunternehmen erkennen dies zunehmend und beginnen entsprechende Mobilitätskonzepte zu entwickeln. Die Sixt AG bietet nunmehr ein Travel-Management

---

120 Vgl. Gesprächsprotokoll DaimlerChrysler Services Fleet Management GmbH, S. 1f.

121 Vgl. http://www.car-professional.de, v. 31.03.01.

122 Vgl. http://www.deutsche-Leasing.de/dl-auto/index.html, v. 16.03.01; *Deutsche Auto-Leasing GmbH*, Braucht Ihr Fuhrpark neue Ideen?, Bad Homburg 2001, S. 2ff.; *Deutsche Auto-Leasing GmbH*, Unsere Ideen begleiten Sie in Europa und weltweit, Bad Homburg 2001, S. 2; Gesprächsprotokoll Deutsche Leasing AG, S. 1.

123 Der Performance Contracting-Anbieter übernimmt bei diesem Angebot auch das Auslastungsrisiko. Vgl. Abschnitt 2.3.2.3.

124 Vgl. Gesprächsprotokoll Deutsche Leasing AG, S. 1; *Deutsche Auto-Leasing GmbH*, Braucht Ihr Fuhrpark neue Ideen?, Bad Homburg 2001, S. 2ff.; *Deutsche Auto-Leasing GmbH*, Unsere Ideen begleiten Sie in Europa und weltweit, Bad Homburg 2001, S. 2.

an, welches neben der Komponente Fahrzeug auch noch die Komponenten Flug, Hotel und Versicherung beinhaltet.[125]

3.2.2 LKW-Hersteller

Mit den LKW-Herstellern liegt ein Beispiel für eine Branche vor, in der sowohl Performance Contracting bei Gebrauchsgütern in der Form des Leistungsverkaufs als auch in der Form des Leistungsergebnisverkaufs angeboten wird. Bei den Kunden der LKW-Hersteller, wie etwa Unternehmen der Transportwirtschaft oder Nicht-Transportunternehmern (produzierende Unternehmen etc.), liegt ein Transportproblem vor.[126] Der Nutzen entsteht nicht originär durch das Produkt selbst, sondern derivativ durch die Weiterverwendung des Produkts zur Lösung der Transportaufgaben.

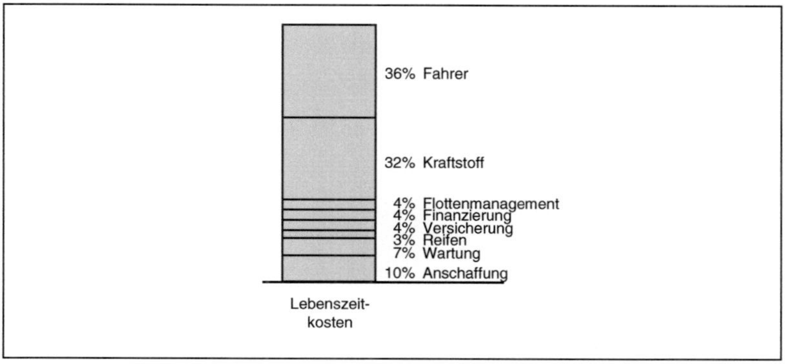

Abb. 3-4: Verteilung der Lebenszeitkosten in der LKW-Branche[127]

---

125 Vgl. *Sixt, E.*, Carefree Motoring, Vortrag auf der Schmalenbach-Tagung 2001 „Service: Vom Produkt zur Performance“, Köln 2001; *Becker, A.*, Neid und Missgunst für nur 99 Mark, in: impulse, Oktober 2000, S. 93; *o.V.*, Frisch verliebt – BMW und Sixt rühren einen starken Mann zu Tränen, in: W&V, Nr. 50, 2000, S. 37.

126 *Fietzek* weist darauf hin, daß die Kunden heute nicht mehr nur ein Angebot an technisch hochwertigen Fahrzeugen, sondern effiziente Komplettangebote zur Lösung ihrer Transportprobleme erwarten. Vgl. *Fietzek, P. K. M.*, Vom Nutzfahrzeughersteller zum Systemanbieter: Dienstleistungen im Nutzfahrzeugmarketing, in: *Simon, H.* (Hrsg.), Industrielle Dienstleistungen, Stuttgart 1993, S. 107.

127 Vgl. *Rick, J.*, Vom Dienstleistungsangebot zum Performance Contracting, Vortrag auf dem Symposium „Vom Hersteller zum Dienstleister“ des Betriebswirtschaftlichen Instituts für Anlagen und Systemtechnologien, Münster 2000.

In der Branche der LKW-Hersteller zeigt sich zudem, daß die Anschaffungskosten für einen LKW nur einen sehr geringen Anteil an den entstehenden Lebenszykluskosten ausmachen. Der weitaus größere Teil der Lebenzykluskosten entsteht durch die Nutzung der Produkte in den Bereichen Wartung, Reifen, Versicherung, Finanzierung, Flottenmanagement und insbesondere Kraftstoff und Fahrer (vgl. *Abb. 3-4*). Diese zusätzlichen Wertschöpfungspotenziale erweisen sich für LKW-Hersteller insofern als besonders interessant, als die Nutzfahrzeugbranche durch stagnierende Märkte gekennzeichnet ist[128], so daß Umsatzsteigerungen im Bereich des Produkts nur schwierig zu erreichen sind. Angesichts der Nutzenentstehung auf Kundenseite und der bestehenden Lebenszykluskostenverteilung liegt mit der Branche der LKW-Hersteller ein relevanter Anwendungsbereich für das Geschäftsmodell Performance Contracting vor.

In dieser Branche hat sich daher zum einen Performance Contracting in der Form des Leistungsverkaufs etabliert.[129] Hierbei vermietet der LKW-Hersteller dem Kunden zu einem vertraglich festgelegten Preis das Fahrzeug inklusive aller Serviceleistungen, d.h. er vermietet nicht ein Fahrzeug, sondern Transportkapazität bzw. Transportleistung. Der Kunde muß so die zur Lösung seiner Transportaufgabe notwendigen Produkte und Dienstleistungen nicht mehr selbst erbringen und/oder zusammenstellen; er kontrahiert vielmehr ein komplettes Problemlösungspaket.

Neben dem Trend zur Forderung nach Leistungsverkauf wird von Kundenseite ebenfalls das Anliegen geäußert, mit dem LKW auch den Fahrer bereit gestellt zu bekommen. Dies wurde etwa in einer Umfrage der *Deutsche Verkehrs-Zeitung* aus dem Jahr 2001 evident, in der 62,86 Prozent der Befragten die Frage, ob sie das Angebot nutzen würden, einen LKW mitsamt Fahrer zu mieten, bejahten.[130] Mit der Übernahme der Treibstoffversorgung und der Fahrer zusätzlich zum Leistungsverkauf wird der Hersteller

---

128 Vgl. hierzu die Daten des Kraftfahrt-Bundesamtes aus dem Jahr 2001; *Backhaus, K.*, Innovative Geschäftsmodelle können für Unternehmen zum entscheidenden Wettbewerbsfaktor werden, Vortrag auf dem Symposium „Innovative Geschäftsmodelle als entscheidender Wettbewerbsfaktor" der Franz Haniel & Cie. GmbH, Duisburg 2001.

129 Der Hersteller Mercedes-Benz weist hierbei darauf hin, daß sich das Konzept „nutzen statt kaufen" immer stärker durchsetzt. Vgl. *Mercedes-Benz CharterWay*, Grenzenlose Partnerschaft – damit Sie effizient in Fahrt bleiben, Stuttgart 2001, S. 3; Gesprächsprotokoll DaimlerChrysler AG, S. 1.

130 Es handelt sich hierbei laut der Deutsche Verkehrs-Zeitung nicht um eine repräsentative Umfrage. Vgl. *o.V.*, Frage der Woche, in: Deutsche Verkehrs-Zeitung, Nr. 93, 2001, S. 1.

zum Betreiber der Kundenflotte (Leistungsergebnisverkauf). Der Kunde realisiert hierdurch eine weitere Entlastung beim Management seines Fuhrparks und somit eine umfassendere Lösung seines Problems.

Festzustellen ist, daß sich die Forderung nach Leistungs- und Leistungsergebnisverkauf nicht nur an spezialisierte Dienstleistungsunternehmen richtet, sondern insbesondere auch an die Hersteller selbst, was sich auch in einer Untersuchung eines Herstellerunternehmens zeigt:

> „We found that the market for truck, ownership, maintenance, tires, insurence, financing, and fleet administration is currently outsourced, or considered likely to be outsourced. But we also found that fuel and a driver are possible, though less likely, outsourcing opportunities. Our research showed that the current size of the overall outsourcing market is 45 billion dollars, with another 40 billion on the way. And the truck manufacturer scored high as the preferred supplier for core services, in the eyes of customers.“[131]

Performance Contracting in der Form des Leistungsverkaufs wird mittlerweile von verschiedenen Herstellern angeboten. Die Performance Contracting-Angebote tragen dabei unterschiedliche Bezeichnungen wie beispielsweise OptiMile bei Scania[132] oder CharterWay bei Mercedes-Benz. Die DaimlerChrysler AG hat CharterWay (unter dem Namen Mercedes-Benz CharterWay) im Mai 1992 gegründet und damit Performance Contracting in der Form des Leistungsverkaufs[133] als erster Hersteller europaweit für die

---

131 *Rick, J.*, Vom Dienstleistungsangebot zum Performance Contracting, Vortrag auf dem Symposium „Vom Hersteller zum Dienstleister“ des Betriebswirtschaftlichen Instituts für Anlagen und Systemtechnologien, Münster 2000.

132 Vgl. *Scania Deutschland GmbH*, Scania OptiMile: Königliches Fuhrparkmanagement ganz nach Ihrem Geschmack, Koblenz 2001, S. 3ff.

133 Als Leistungsbausteine umfaßt das Angebot den vollständigen Service (Wartung und Reparaturen inklusive Aggregatetausch sowie gesetzliche Prüfarbeiten), die Finanzierung, die Restwertgarantie, die Bereifung, die Unfallabwicklung, die Ersatzfahrzeugstellung sowie die Übernahme von Versicherungen, Steuern und Gebühren. Die konkrete Ausgestaltung der Performance Contracting-Vereinbarung kann durch Verfügbarkeitsgarantien oder die Festlegung unterschiedlicher Reaktionszeiten bei der Ersatzfahrzeugstellung variiert werden (Variationsparameter „Übernahme einzelner Risikoarten“). Der Grundgedanke des CharterWay Angebots ist in allen Ländern gleich; die konkrete Ausgestaltung differiert jedoch entsprechend nationaler Bestimmungen und länderspezifischer Anforderungen und Gegebenheiten. CharterWay bietet zudem länderübergreifende Lösungen an, z.B. in Form europaweit gültiger Rahmenverträge. Vgl. *Mercedes-Benz CharterWay*, Grenzenlose Partnerschaft – damit Sie effizient in Fahrt bleiben, Stuttgart 2001, S. 3f./8f.; *Fietzek, P. K. M.*, Vom Nutzfahrzeughersteller zum Systemanbieter: Dienstleistungen im Nutzfahrzeugmarketing, in: *Simon, H.* (Hrsg.), Industrielle Dienstleistungen, Stuttgart 1993, S. 104f.; *Fietzek, P. K. M.*, Vom Nutzfahrzeughersteller zum Systemanbieter – Dienstleistungen gewinnen im Nutzfahrzeugmarketing zuneh-

gesamte Fahrzeugpalette vom Transporter bis zum Schwer-LKW angeboten.[134] Die Möglichkeit des Performance Contracting in der Form des Leistungsergebnisverkaufs besteht in Deutschland als bisher einzigem Land seit November 2000. In Zusammenarbeit mit der Dekra Arbeit kann der Kunde im Rahmen von „CharterWay Miet und Fahr" neben dem Fahrzeug auch noch den Fahrer mitmieten. Die Abwicklung dieser neuen Dienstleistung dem Kunden gegenüber erfolgt über CharterWay. Die Anbieter tragen in diesem Fall auch das vollständige Betreiberrisiko (z.B. bei Fehlnutzungen oder Gewaltschäden), wobei intern eine Verteilung der Verantwortlichkeiten zwischen CharterWay und der Dekra Arbeit erfolgt. Der Umfang des Angebots ist jedoch bisher auf eine Dauer zwischen einem Tag und einem Jahr begrenzt. Im Fokus steht insbesondere die Abdeckung saisonalen Spitzenbedarfs oder krankheitsbedingter Ausfälle.[135]

3.2.3 Chemikalien-Hersteller

Der Markt für Lösemittel liefert ein Beispiel für Performance Contracting in Form des Leistungsverkaufs bei Verbrauchsgütern. Lösemittel dienen z.B. zur Reinigung von

---

mend an Bedeutung, in: *Droege, W.* (Hrsg.), Strategien für Investitionsgütermärkte, Landsberg/Lech 1993, S. 373f.; *Stauch, V.*, Produktbegleitende Dienstleistungen – Anspruch und Wirklichkeit, in: Reihe VDMA-Entscheidungshilfen, Heft „Vom Lieferanten zum Wertschöpfungspartner – Dienstleistung im Maschinenbau", 2000, S. 25f. In England besteht für CharterWay Kunden bereits die Möglichkeit des Leistungsverkaufs mit einer Bezahlung nicht auf Basis einer festen monatlichen Rate, sondern auf Basis der tatsächlichen Nutzung („Pay-As-You-Use") (Variationsparameter „Übernahme einzelner Risikoarten"). Darüber hinaus können auch Fremdmarken care-free gemietet werden (Variationsparameter „Ausdehnung des Performance Contracting-Angebots auf Wettbewerbsprodukte"). Dies entspricht dem Kundenwunsch, anstatt vieler lediglich einen Anbieter zu haben, der für den gesamten Fuhrpark zuständig ist, ohne jedoch auf Wahlmöglichkeiten zu verzichten. Den Kunden wird zudem die Möglichkeit geboten, daß CharterWay ihre bestehende Flotte aufkauft und in die Performance Contracting-Vereinbarung einbezieht (Variationsparameter „Ausdehnung des Performance Contracting-Angebots auf Wettbewerbsprodukte"). Vgl. http://www.charterway.co.uk, v. 31.03.01.

134 Vgl. *Fietzek, P. K. M.*, Vom Nutzfahrzeughersteller zum Systemanbieter: Dienstleistungen im Nutzfahrzeugmarketing, in: *Simon, H.* (Hrsg.), Industrielle Dienstleistungen, Stuttgart 1993, S. 104; *Fietzek, P. K. M.*, Vom Nutzfahrzeughersteller zum Systemanbieter – Dienstleistungen gewinnen im Nutzfahrzeugmarketing zunehmend an Bedeutung, in: *Droege, W.* (Hrsg.), Strategien für Investitionsgütermärkte, Landsberg/Lech 1993, S. 374.

135 Vgl. *o.V.*, Lastzug mit dem Fahrer mieten, in: Dekra Solutions, Nr. 1, 2001, S. 7; *o.V.*, CharterWay Miet und Fahr, in: Mercedes-Benz Transport Magazin, Nr. 2, 2001, S. III; *Hoch, B./Nusser, J.*, Fahrzeug und Fahrer aus einer Hand: Mehr Flexibilität durch Gesamtlösungen – Ein Kooperationspartner ergänzt das Angebot, in: Handelsblatt, Nr. 79, 24.04.2001, S. B 14.

Metallteilen von Fetten und Ölen in speziellen Reinigungsmaschinen.[136] Abnehmer dieser Lösemittel sind zahlreiche Branchen, wie die metallverarbeitende Industrie, Automobilzulieferer, Drehteilehersteller, Armaturenhersteller, Lohnlackierer, Flugzeugwerften oder die Medizintechnikhersteller.

Die Abnehmer erwerben Lösemittel, um sie im Rahmen ihrer Fertigung zur Erstellung eigener Produkte einzusetzen. Der Nutzen entsteht beim Abnehmer daher derivativ.[137] Die Kosten für die Lösemittel stellen jedoch nur einen sehr geringen Anteil der Kosten des gesamten Reinigungsprozesses dar (vgl. *Abb. 3-5*). Weitere Wertschöpfungspotenziale liegen etwa in Dienstleistungen, wie der Entsorgung der Altware oder Beratungs- und Analyseleistungen. Große Wertschöpfungspotenziale sind darüber hinaus in den Bereichen Energie und Maschinen/Anlagen vorhanden. Für die Hersteller des Verbrauchsguts Lösemittel ist somit grundsätzlich die Möglichkeit gegeben, Performance Contracting anzubieten.

---

136 Hierbei konkurrieren verschiedene Reinigungsverfahren bzw. unterschiedliche Lösemittel miteinander, wie beispielsweise modifizierte Alkohole und chlorierte Lösemittel. Der Einsatz der verschiedenen Verfahren wird durch technische Anforderungen und/oder Wirtschaftlichkeitsüberlegungen bestimmt. Chlorierte Lösemittel können bei unsachgemäßem Einsatz gefährlich für Personen und umweltschädlich sein. Diese Chemikalien erfordern somit einen sicheren Umgang und fachgerechtes Recycling. Die Nutzung derartiger Lösemittel ist daher vom Gesetzgeber durch verschiedene Gesetze und Verordnungen geregelt. Vgl. *Denker, H.*, Der geschlossene Produktkreislauf, in: *Hockerts, K./Petmecky, A./Hauch, S./Seuring, S./Schweitzer, R.* (Hrsg.), Kreislaufwirtschaft statt Abfallwirtschaft: optimierte Nutzung und Einsparung von Ressourcen durch Öko-Leasing und Servicekonzepte, Schriften der Bayreuther Initiative für Wirtschaftsökologie e.V., Band 1, Ulm 1994, S. 144; *SafeChem Umwelt Service GmbH*, CKW – mit Sicherheit eine saubere Problemlösung, Düsseldorf 2001, S. 2.

137 Den Kundenbedürfnissen beim Reinigungsprozeß analoge Bedürfnisse lassen sich auch bei anderen Anwendungsgebieten von Chemikalien feststellen. Ein dem Leistungsverkauf bei Lösemitteln vergleichbares Interesse liegt z.B. vor, wenn metallverarbeitende Betriebe Bohr- und Schleifemulsionen verwenden. Die Kunden wollen hierbei nicht das Eigentum (und damit auch die Verantwortung) an diesen Emulsionen erwerben, sondern Metallgegenstände bohren und schleifen und dabei Überhitzungen vermeiden, um so eine gute Qualität zu erhalten. Vgl. z.B. *Braungart, M.*, Servicekonzepte für die Chemische Industrie, in: *Hockerts, K./Petmecky, A./Hauch, S./Seuring, S./Schweitzer, R.* (Hrsg.), Kreislaufwirtschaft statt Abfallwirtschaft: optimierte Nutzung und Einsparung von Ressourcen durch Öko-Leasing und Servicekonzepte, Schriften der Bayreuther Initiative für Wirtschaftsökologie e.V., Band 1, Ulm 1994, S. 113f.

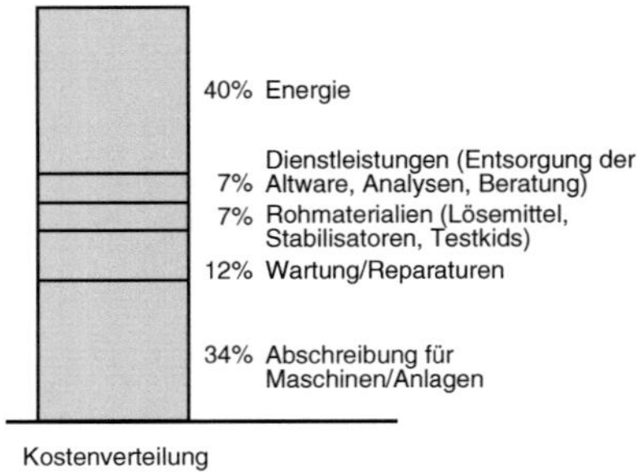

Abb. 3-5: Verteilung der Kosten eines Reinigungsprozesses im Jahr[138]

Bei einem Angebot zum Leistungsverkauf bei Lösemittteln muß der Abnehmer nicht mehr wie bisher die Lösemittel erwerben und sich anschließend um die Entsorgung der verunreinigten Lösemittel kümmern, indem er selbst entsprechende Investitionen tätigt oder spezialisierte Dienstleister beauftragt.[139] Dem Kunden werden vielmehr aus einer Hand die Lösemittel geliefert und anschließend wieder abgenommen. Die Verantwortung für die Lösemittel, etwa für Lagerung und Entsorgung, wird hierbei auf die Hersteller übertragen.

Dow Chemical hat als erstes Unternehmen mit dem Konzept „Rent-a-chemical" den Kunden eine Problemlösung über die gesamte Nutzungsdauer einer Chemikalie angeboten. Entwickelt wurde diese Lösung für den Umgang mit chlorierten Lösemitteln von der 1992 gegründeten SafeChem Umwelt Service GmbH gemeinsam mit ihrem Mutterunternehmen der Dow Deutschland Inc.[140] Bei diesem Konzept bezahlt der Kunde eine Gebühr für die neue Ware („Frischware"), in der alles enthalten ist. Dem Kunden

---

138 Vgl. Gesprächsprotokoll SafeChem Umwelt Service GmbH, S. 3.

139 Vgl. z.B. *Braungart, M.*, Servicekonzepte für die Chemische Industrie, in: *Hockerts, K./Petmecky, A./Hauch, S./Seuring, S./Schweitzer, R.* (Hrsg.), Kreislaufwirtschaft statt Abfallwirtschaft: optimierte Nutzung und Einsparung von Ressourcen durch Öko-Leasing und Servicekonzepte, Schriften der Bayreuther Initiative für Wirtschaftsökologie e.V., Band 1, Ulm 1994, S. 113f.

140 Vgl. z.B. *SafeChem Umwelt Service GmbH*, CKW – mit Sicherheit eine saubere Problemlösung, Düsseldorf 2001, S. 2; *SafeChem Umwelt Service GmbH*, Wir sind auf Kurs, Düsseldorf 1996, S. 1.

wird die Frischware in Sicherheitscontainern zur Verfügung gestellt und gleichzeitig werden leere Container für die Altware mitgeliefert, die anschließend an den Anbieter zur Entsorgung bzw. Aufarbeitung zurückgehen. Als weitere Dienstleistungsbestandteile wird der Kunde bei der Lösemittelauswahl beraten, während der Nutzung der Ware bei auftretenden Problemen unterstützt und am Ende werden dem Kunden die Daten der Verunreinigungsanalyse der Lösemittel zur eigenen Optimierung zur Verfügung gestellt.[141]

Für dieses neue Geschäftsmodell wurden von der SafeChem speziell neue Container, die sog. Safe-Tainer, entwickelt, um einen möglichst guten Schutz vor Umweltverschmutzungen zu gewährleisten.[142] Im Umweltgefährdungspotenzial chlorierter Lösemittel lag auch ein wesentlicher Grund für die Entwicklung des neuen Konzepts. Trotz der sehr guten Produkteigenschaften bestand Anfang der 90er Jahre die Gefahr, daß diese Lösemittel wegen ihres schlechten Rufs im Hinblick auf die Umweltverträglichkeit erhebliche Marktanteile verlieren würden. Dies wollte Dow Chemical als Marktführer bei chlorierten Lösemittel verhindern. Das Rent-a-chemical/Safe-Tainer-Konzept bietet dem Kunden eine Problemlösung, die auch die Umweltschutzproblematik löst. Mittlerweile sind Konkurrenzsysteme entstanden, die das gleiche Prinzip verfolgen.[143]

Kunden, die kein Interesse an einer Problemlösung haben, sondern lediglich Frischware beziehen und diese anderweitig entsorgen wollen, können diese Strategie auch weiterhin verfolgen, denn es besteht zwar eine Rücknahmepflicht für den Anbieter, aber keine Rückgabepflicht für den Kunden.[144] Dies macht auch deutlich, daß das Konzept des Leistungsverkaufs noch nicht konsequent umgesetzt wurde, denn es findet nach wie vor

---

141 Vgl. Gesprächsprotokoll SafeChem Umwelt Service GmbH, S. 1f.

142 Vgl. *Denker, H.*, Der geschlossene Produktkreislauf, in: *Hockerts, K./Petmecky, A./Hauch, S./Seuring, S./Schweitzer, R.* (Hrsg.), Kreislaufwirtschaft statt Abfallwirtschaft: optimierte Nutzung und Einsparung von Ressourcen durch Öko-Leasing und Servicekonzepte, Schriften der Bayreuther Initiative für Wirtschaftsökologie e.V., Band 1, Ulm 1994, S. 144f.; *SafeChem Umwelt Service GmbH*, Der geschlossene Produktkreislauf, Düsseldorf 2001, S. 7.

143 Vgl. Gesprächsprotokoll SafeChem Umwelt Service GmbH, S. 2.

144 Vgl. *Denker, H.*, Der geschlossene Produktkreislauf, in: *Hockerts, K./Petmecky, A./Hauch, S./Seuring, S./Schweitzer, R.* (Hrsg.), Kreislaufwirtschaft statt Abfallwirtschaft: optimierte Nutzung und Einsparung von Ressourcen durch Öko-Leasing und Servicekonzepte, Schriften der Bayreuther Initiative für Wirtschaftsökologie e.V., Band 1, Ulm 1994, S. 143f.

ein Eigentumsübergang der Lösemittel statt (Variationsparameter „Eigentumsübergang"). Dennoch liegt für Kunden, die eine vollständige Problemlösung wünschen, de facto eine Nutzungs- bzw. Mietgebühr vor, da die gebrauchten Lösemittel zu einem vorab festgelegten Preis zurückgenommen werden und der Kunde somit einen fixierten Preis für den Vorgang der Nutzung der Lösemittel – die Nutzungsgebühr – bezahlt.

Für die SafeChem stellt das bisherige Konzept lediglich den ersten Schritt zu einem konsequenten Chemikalien-Contracting dar, bei dem das Eigentum über den gesamten Lebenszyklus beim Hersteller verbleibt. Zur Zeit befindet sich ein entsprechendes Konzept für die Schweiz kurz vor der Markteinführung. Derartige Konzepte stellen auch aus staatlicher Sicht eine interessante Option dar, denn der Verbleib des Eigentums beim Anbieter gewährleistet ein fachgerechtes Recycling der gesamten Menge verkaufter Lösemittel und verhindert eine illegale oder nicht sachgerechte Entsorgung.[145]

Ziel der SafeChem ist es grundsätzlich, nicht mehr die Chemikalie in den Vordergrund zu stellen, sondern die Dienstleistung, die die Chemikalie erbringt. Dies bedeutet eine weitere Forcierung der Änderung der strategischen Ausrichtung vom Chemikalien-Produzenten zum Problemlöser. Hierbei sollen durch die Übernahme weiterer „Chemie-Dienstleistungen" zusätzliche Wertschöpfungspotenziale akquiriert werden, wie es bereits beim heutigen Konzept durch die Übernahme des Recycling der Fall ist. *Abb. 3-5* verdeutlicht, daß hierdurch Wertschöpfungspotenziale erschlossen werden können, die die ursprüngliche Wertschöpfung der Lösemittel-Hersteller deutlich übersteigen. Als eine zukünftige Angebotsmöglichkeit wird betrachtet, die Maschinen (inklusive der Wartung) zusammen mit den Lösemitteln zu verleasen.[146]

3.2.4 Lack-Hersteller

Anhand des Verbrauchsguts Lacke soll schließlich verdeutlicht werden, daß auch für Verbrauchsgüterhersteller die grundsätzliche Möglichkeit zu Performance Contracting-Angeboten in der Form des Leistungsergebnisverkaufs besteht. Aus dem Tätigkeitsbe-

---

145 Vgl. Gesprächsprotokoll DOW Europe GmbH, S. 1.

146 Vgl. Gesprächsprotokoll DOW Europe GmbH, S. 1f.

reich der Lack-Hersteller, der u.a. Fahrzeug-, Autoreparatur- und Industrielacke umfaßt, soll hier der Bereich der Fahrzeuglacke einer genaueren Analyse unterzogen werden.

Automobilhersteller erwerben Fahrzeuglacke, um damit ihre Produkte zu lackieren. Erst die Weiterverwendung dieser Produkte in Form einwandfrei lackierter Karosserien erzeugt somit auf Nachfragerseite einen Nutzen. Es liegt somit auch in diesem Fall ein derivativer Nutzen vor. Die Betrachtung der Verteilung der Lebenszykluskosten eines Lackierprozesses verdeutlicht, daß ein Großteil der Kosten nicht in dem Verbrauchsgut Lacke besteht. Es fallen vielmehr wesentliche Bestandteile der Lebenszykluskosten in den Bereichen Maschinen/Anlagen, Instandhaltung/Wartung, Energie und Personal an (vgl. *Abb. 3-6*).

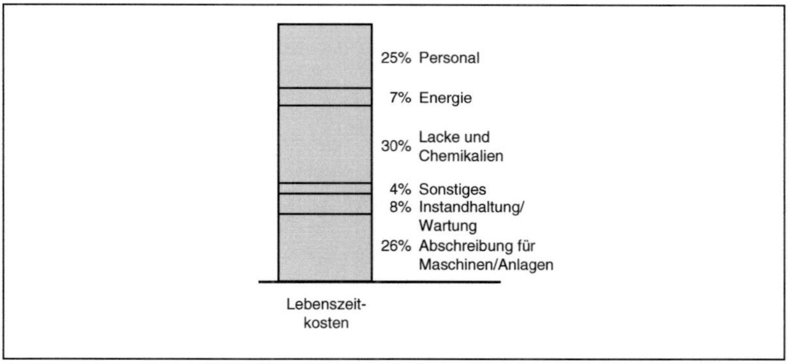

Abb. 3-6: Verteilung der Lebenszeitkosten eines Lackierungsprozesses[147]

Auch im Fall des Verbrauchsguts Lacke besteht somit angesichts der Lebenszykluskostenverteilung und des derivativen Nutzens grundsätzlich die Möglichkeit, Performance Contracting in der Form des Leistungsergebnisverkaufs anzubieten. Dies würde für einen Lack-Hersteller bedeuten, den kompletten Lackierprozeß verbunden mit der Vereinbarung eines festen Preises – z.B. pro lackierter Karosserie – zu übernehmen. Der Lack-Hersteller verkauft in diesem Fall nicht mehr Lack, sondern das Leistungsergebnis „lackierte Karosserien". Dies bedeutet für den Anbieter die Übernahme weiterer Teile

147 Der Anteil der Kostenblöcke Personal und Kapitalkosten variiert mit dem Alter der Fertigungsanlagen. Vgl. Gesprächsprotokoll BASF Coatings AG, S. 1f.

der Wertschöpfung, welche den Wert seines eigentlichen Kernprodukts deutlich übersteigen können.

Ein Beispiel für die Nachfrage nach Performance Contracting stellt die Ausschreibung von General Motors (GM) für die neuen Lackierstraßen in den drei Werken Oshawa, Delta Township und Lordstown dar. Hierbei wurden sowohl die Lack-Hersteller als auch die Anlagenhersteller aufgefordert, ein Betreibermodell – von GM als „pay-on-production" bezeichnet – anzubieten, welches die Übernahme der Investition durch den Anbieter (750 Mio. USD) beinhaltet und über eine Laufzeit von 10 Jahren verfügt. Die Entscheidung über den Betreiber erfolgt voraussichtlich Anfang 2002.[148]

Performance Contracting in Form des Leistungsergebnisverkaufs wurde auf der Anbieterseite bisher nur partiell umgesetzt.[149] Eine starke Verbreitung finden im Lackbereich zur Zeit sogenannte Systemlieferantenkonzepte, die allerdings noch keine vollständigen Betreibermodelle (Leistungsergebnisverkauf) darstellen. Der Anbieter BASF Coatings AG übernimmt beispielsweise im Rahmen derartiger Systemlieferantenkonzepte bereits die Betreiberverantwortung für Teile des Lackierprozesses. BASF Coatings ist für die Bestellung, Logistik und Bereitstellung aller Materialien, nicht nur der Lacke, verantwortlich. Dies umfaßt die Aufgaben Chemikalienmanagement, externe und interne Logistik, Wareneingangskontrolle und Farbmischraum. Vom eigentlichen Lackiervorgang, der in mehreren Schritten abläuft, werden bereits die ersten, weniger personalintensiven und mit weniger Einflußfaktoren behafteten Schritte übernommen (Tauchlackierung). Hier wird eigenes Personal eingesetzt und auch Teile der Ausstattung werden durch die BASF Coatings AG und nicht mehr durch den Kunden erworben. Für die letzten Schritte des Lackauftrags übernimmt die BASF Coatings AG zwar Beratungs- und Kontrollaufgaben, jedoch erfolgt noch keine Durchführung der letzten Lackierschritte durch eigenes Personal. Dennoch wird dem Kunden bereits eine Abrechnung in Form

---

148 Vgl. Gesprächsprotokoll BASF Coatings AG, S. 2.

149 Der starke Konzentrationsprozeß hat im Bereich der Fahrzeuglacke dazu geführt, daß lediglich fünf Unternehmen heute noch in diesem Bereich tätig sind, wobei nur die führenden Hersteller BASF Coatings AG (D), DuPont (USA) und PPG Industries (USA) weltweit vertreten sind. Die beiden japanischen Lack-Hersteller Nippon Paint und Kansai Paint sind lediglich in Japan, Malaysia und Südkorea tätig.

eines festen Preises pro Karosserie zugesagt (CPU: cost per unit), der allerdings lediglich die Lackkosten und nicht den Service umfaßt.[150]

Das zusätzliche Übernehmen der letzten Schritte des Lackierprozesses würde den Übergang von der Systemlieferantenschaft zur Betreiberschaft bedeuten. Derartige vollständige Betreibermodelle werden bisher allerdings nur in Sonderbereichen von den Lack-Herstellern angeboten bzw. durchgeführt, wie durch DuPont bei Sonderlackierungen – d.h. bei geringen Stückzahlen – bei Volkswagen in Wolfsburg. Mittelfristig wird von Branchenexperten erwartet, daß Betreibermodelle auch für größere Bereiche realisiert werden. Hierzu wird auch eine Bereitschaft auf der Anbieterseite gesehen.[151]

3.3 Fazit

Die Analyse hat gezeigt, daß bei Vorliegen eines derivativen Nutzens und bei einem geringen Anteil der Anschaffungskosten für das Produkt an den Lebenszykluskosten die grundsätzliche Möglichkeit zum Angebot von Performance Contracting-Lösungen gegeben ist. Anhand der Betrachtung ausgewählter Branchen konnte zudem verdeutlicht werden, daß in diesem relevanten Bereich Anwendungsmöglichkeiten für das Geschäftsmodell Performance Contracting nicht nur bei Gebrauchsgütern, sondern vielmehr auch bei Verbrauchsgütern bestehen und praktisch genutzt werden. Bei beiden Güterarten können dabei von den Herstellern die Grundformen Leistungsverkauf und Leistungsergebnisverkauf angeboten werden. Eine Anwendungsrecherche zeigt, daß die verschiedenen Formen des Performance Contracting schon weiter verbreitet sind, als die theoretische Aufarbeitung vermuten läßt. *Abb. 3-7* zeigt die Ergebnisse der Recherche.

---

150 Vgl. Gesprächsprotokoll BASF Coatings AG, S. 1f.

151 Vgl. Gesprächsprotokoll BASF Coatings AG, S. 2f.

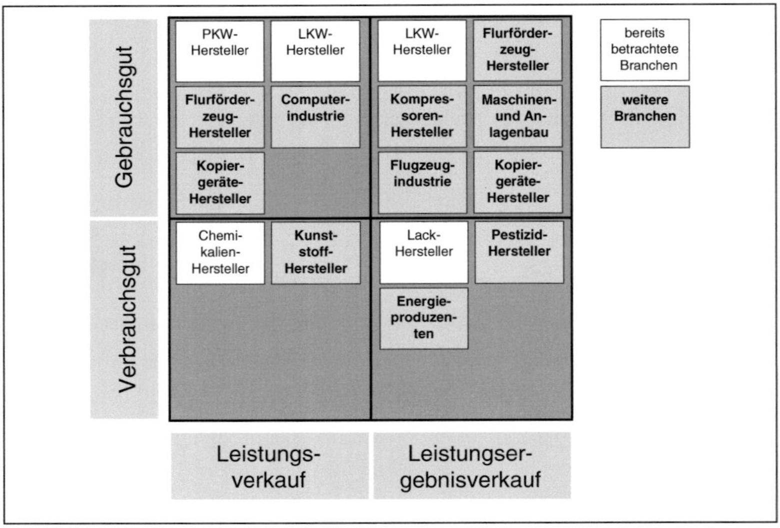

Abb. 3-7: Beispiele für Performance Contracting-Angebote

So sind in der eingangs betrachteten Branche der Flurförderzeuge sowohl Angebote im Bereich des Leistungsverkaufs als auch im Bereich des Leistungsergebnisverkaufs vorhanden.[152] Ein Beispiel für den Fall des **Leistungsverkaufs bei Gebrauchsgütern** findet sich weiterhin mit dem PC-Outsourcing, z.B. dem Multivendor Customer Service von DEC (heute sind DEC und Compaq integriert und das Programm wurde in anderer Form weitergeführt). Hierbei bestand für den Kunden die Option, den Nutzen und nicht die Geräte zu bezahlen. Der Kunde erwarb nicht mehr das Eigentum an den PCs, sondern zahlte nur noch eine feste Jahresgebühr für jeden PC-Arbeitsplatz und erhielt dafür sämtliche Supportleistungen und moderne Geräte.[153]

Die Möglichkeit des Leistungsverkaufs besteht auch für die Kunden der Kopiergeräte-Hersteller, wie etwa Xerox oder Agfa-Gevaert. So übernimmt beispielsweise die Agfa-Gevaert AG mit dem Konzept „Mieting“ die Rolle des Betreibers der Geräteflotte. Hierbei wird ein Mietvertrag geschlossen, der das Risiko der Unterhaltskosten beim

---

152 Zum Beispiel der Flurförderzeug-Hersteller vgl. auch Abschnitt 2.3.2; Gesprächsprotokoll Linde AG, S. 1f.; Gesprächsprotokoll Lansing Linde LTD, S. 1f.

153 Vgl. *Belz, C.*, Industrieunternehmen als internationale Dienstleister, in: *Belz, C./Bieger, T.* (Hrsg.), Dienstleistungskompetenz und innovative Geschäftsmodelle, St. Gallen 2000, S. 442f.

Anbieter beläßt. Ohne Eigentumsübergang erhält der Kunde somit die Möglichkeit, die Kopien zu festen Kosten zu beziehen.[154] Im Markt für Kopierer besteht für die Kunden des weiteren die Möglichkeit, anstatt der Produkte lediglich das Leistungsergebnis in Form fertiger Kopien zu erwerben. Die Xerox Corporation bietet ihren Kunden an, die Kopiergeräte mit Personal zur Verfügung zu stellen. Dem Kunden wird lediglich noch ein Fixpreis pro gefertigter Kopie in Rechnung gestellt.[155]

Eine weitere Anwendung des **Leistungsergebnisverkaufs bei Gebrauchsgütern** findet sich bei Kompressoren. Unternehmen, wie die Firma Boge Kompressoren, denken darüber nach, nicht mehr nur die Anlagen zur Herstellung von Druckluft zu verkaufen, sondern darüber hinaus auch das durch die Anlagen erzeugte Produkt, d.h. das Leistungsergebnis „Druckluft".[156]

Im Anlagengeschäft gibt es zahlreiche Beispiele dafür, daß Anlagenbauunternehmen sich mit dem Abschluß eines Betreibervertrags verpflichten, die errichtete Industrieanlage auch für den Kunden zu betreiben.[157] Ein Beispiel stellt das 330 Mio. DM-Wasserversorgungsvorhaben in der brasilianischen Ferienregion Dos Lagos dar, das duch ein von der Hochtief AG geführtes Konsortium unter Beteiligung des Energie- und Wasserversorgers rhenag Rheinische Energie AG und des Anlagenbauers Preussag Wasser&Rohrtechnik GmbH realisiert wurde. Das Konsortium wird nach der Erstellung

---

154 Vgl. *Seely Brown, J./v. Oetinger, B.*, Ergebnis Innovation: die Welt mit anderen Augen sehen, München et al. 1998, S. 12; *Schweizerischer Bankverein*, Wirtschaftliche Strategie der Dauerhaftigkeit: Betrachtungen über die Verlängerung der Lebensdauer von Produkten als Beitrag zur Vermeidung von Abfällen, in: Bankverein-Heft, Nr. 32, 1987, S. 41.

155 Vgl. *Landesanstalt für Umweltschutz Baden-Württemberg*, Allgemeine Kreislauf- und Rückstandswirtschaft: Beispielband, Handbuch Abfall 1, Karlsruhe 1996, S. 43 A.

156 Vgl. *Barkowsky, P.*, Über Teleservice, Multimedia und Service-Portale, in: VDMA Maschinenbau-Nachrichten, Nr. 6, 2000, S. 27.

157 Vgl. z.B. *Tytko, D.*, Grundlagen der Projektfinanzierung, Stuttgart 1999, S. 84/174; ***Bundesstelle für Außenhandelsinformationen***, Betreibermodelle weltweit – Infrastruktur Europa, Köln 1999, S. 7ff.; *Frenzel, M.*, Projektfinanzierung und Betreibermodelle – Möglichkeiten und Grenzen aus Sicht der Industrie, in: *Bundesverband der Deutschen Industrie e.V.* (Hrsg.), Projektfinanzierung und Betreibermodelle auf Auslandsmärkten: Das Geschäft der Zukunft?, Köln 1996, S. 14ff.

der Anlage für 25 Jahre den Betrieb der Trinkwasserversorgung sowie der Abwasserentsorgung übernehmen.[158]

Im Bereich der Flugzeugindustrie gibt es bereits Performance Contracting-Modelle, wobei diese bisher nicht von den Herstellern, sondern von Dienstleistungsunternehmen angeboten werden. Diese Dienstleister, wie z.B. GE Capital Stamford (USA), betreiben für Fluggesellschaften die Flugzeuge vollständig selbst, d.h. inklusive Wartung und Personal. Die Fluggesellschaft kann hierbei auch den Flugzeugtyp wechseln; d.h. das Risiko für die Wahl des Flugzeugtyps trägt die Leasinggesellschaft bzw. der Dienstleister. Für Vorgänge außerhalb des Transportmittels bzw. Flugzeugs, wie das Werben der Fluggäste, ist der Kunde zuständig.[159]

Auch für **Verbrauchsgüter** finden sich weitere Beispiele für Performance Contracting-Angebote. GE Plastics vermietet seit Ende der 80er Jahre Kunststoffe an Kunden. Das Unternehmen stellt dabei die Produkte bzw. deren Leistung gegen eine feste, vorab fixierte Gebühr zur Verfügung. Hierfür werden die Produkte zur Verfügung gestellt, Beratung übernommen sowie das Problem der Entsorgung für den Kunden gelöst. Das Angebot zum **Leistungsverkauf** ist dabei beschränkt auf hochwertige technische Standardkunststoffe, welche mehrfach rezykliert werden können, und Anwendungen, bei denen der Kunde die Rückgabe garantieren kann.[160]

Weitere Beispiele bestehen ebenso für das Angebot des **Leistungsergebnisverkaufs bei Verbrauchsgütern**. So bieten Hersteller von Pestiziden nicht mehr nur das reine Produktsortiment, sondern auch das gewünschte Ergebnis „schädlingsfreie und krankheitsfreie Felder“ an. Das Risiko des Krankheits- oder Schädlingsbefalls liegt hierbei beim Hersteller, der auch die Ausbringung der Pestizide übernimmt. Erfahrungen mit derartigen Konzepten liegen bereits in Amerika und beim schweizer Chemiekonzern Ciba-

---

158 Vgl. *Bundesstelle für Außenhandelsinformationen*, Betreibermodelle weltweit – Infrastruktur Europa, Köln 1999, S. 15.

159 Vgl. *Landesanstalt für Umweltschutz Baden-Württemberg*, Allgemeine Kreislauf- und Rückstandswirtschaft: Intelligente Produktionsweisen und Nutzungskonzepte, Handbuch Abfall 1, Karlsruhe 1996, S. 260f.

160 Vgl. *Landesanstalt für Umweltschutz Baden-Württemberg*, Allgemeine Kreislauf- und Rückstandswirtschaft: Intelligente Produktionsweisen und Nutzungskonzepte, Handbuch Abfall 1, Karlsruhe 1996, S. 253.

Geigy vor.[161] Bisherige Beispiele zeigen, daß durch ein derartiges Konzept deutliche Verbesserungspotenziale – durch einen geringeren Produktverbrauch und ein besseres Leistungsergebnis – realisiert werden können.[162] Der Grund für die Einführung des Konzepts liegt jedoch insbesondere in drohenden Marktverboten aufgrund der umwelt- und personengefährdenden Eigenschaften der giftigen Produkte.[163]

Im Energiebereich hat sich der Gedanke des Performance Contracting unter der Bezeichnung Contracting etabliert. Energieversorgungsunternehmen (EVUs) haben erkannt, daß viele Kunden nicht eine bestimmte Menge Energie erwerben wollen, sondern das durch bzw. mit der Energie erzeugte Ergebnis, wie Wärme oder Nutzlicht. Die Kunden fordern von den Anbietern, eine Lösung zu entwickeln, wie dieses Ergebnis günstiger als bisher erreicht werden kann und die notwendigen Maßnahmen zu finanzieren. Die EVUs verkaufen hierbei nicht mehr Energie, sondern die günstigere Versorgung als bisher mit Licht, Wärme etc., d.h. das Leistungsergebnis.[164]

---

161 Vgl. *Seuring, S.*, Ertragsversicherungen statt Pestizidverkauf, in: *Hockerts, K./Petmecky, A./Hauch, S./Seuring, S./Schweitzer, R.* (Hrsg.), Kreislaufwirtschaft statt Abfallwirtschaft: optimierte Nutzung und Einsparung von Ressourcen durch Öko-Leasing und Servicekonzepte, Schriften der Bayreuther Initiative für Wirtschaftsökologie e.V., Band 1, Ulm 1994, S. 217f.

162 Vgl. *Stahel, W. R.*, Innovation für Nachhaltigkeit braucht Langsamkeit, in: *Backhaus, K./Bonus,H.* (Hrsg.), Die Beschleunigungsfalle oder der Triumph der Schildkröte, Stuttgart 1998, S. 173.

163 Vgl. *Stahel, W. R.*, Innovation für Nachhaltigkeit braucht Langsamkeit, in: *Backhaus, K./Bonus,H.* (Hrsg.), Die Beschleunigungsfalle oder der Triumph der Schildkröte, Stuttgart 1998, S. 172.

164 Vgl. *Lay, G.*, Integration von Produktherstellung und Dienstleistung als Strategie zur Sicherung der Wettbewerbsfähigkeit in einer globalisierten Wirtschaft, in: *Hoß, D./Schrick, G.* (Hrsg.), Wie rational ist Rationalisierung heute? Ein öffentlicher Diskurs, Stuttgart et al. 1996, S. 61f.; *Breu, S.*, Contracting als Instrument zur Umsetzung von Leistungssystemen im Energiebereich, in: *Belz, C./Schuh, G./Groos, S. A./Reinecke, S.* (Hrsg.), Industrie als Dienstleister, St. Gallen 1997, S. 216ff.

4. Die Entscheidung über den Eintritt in das Performance Contracting-Geschäftsmodell aus Anbieterperspektive

4.1 Die Anwendungsbereiche als Ausgangspunkt der Anbieterentscheidung

Die Untersuchung der relevanten Anwendungsbereiche hat gezeigt, daß eine Anwendung des Geschäftsmodells Performance Contracting grundsätzlich sinnvoll ist, wenn der Nutzen, den ein Kunde mit einem Produkt erzielt, derivativer Art ist. Dies ist bei Industriegütern gegeben,[165] da Industriegüter definitionsgemäß gekauft werden, um weitere Güter damit zu erstellen.[166] (vgl. *Abb. 4-1*)

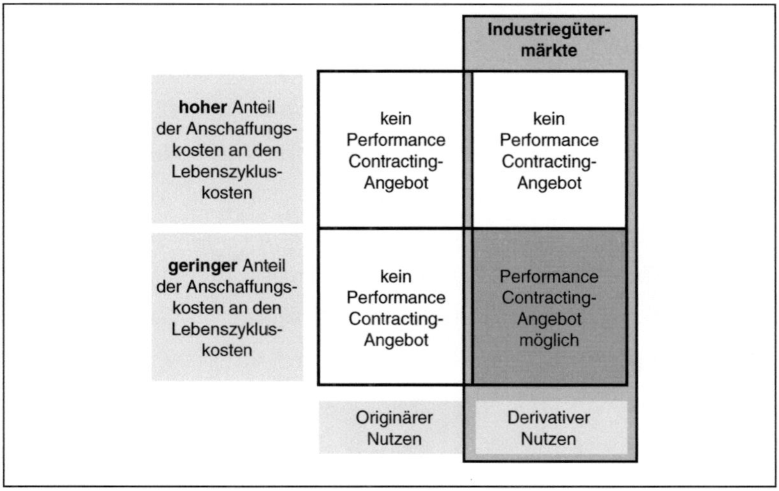

Abb. 4-1: Anwendungsbereiche des Geschäftsmodells Performance Contracting

165 Vgl. Abschnitt 3.1.

166 Vgl. *Engelhardt, W. H./Günther, B.*, Investitionsgüter-Marketing, Stuttgart et al. 1981, S. 24.

Aus der Pespektive eines Industriegüterherstellers stellt sich vor dem Eintritt in einen umfassenden Entscheidungsprozess somit die Frage, ob und wann durch Performance Contracting-Angebote attraktive Wertschöpfungspotenziale erschlossen werden können. Im Rahmen der Ableitung der Anwendungsbereiche wurde hierzu die Kennzahl „Anteil der Anschaffungskosten für das Gut an den gesamten Lebenszykluskosten“ verwendet. Bei einem niedrigen Anteil der Anschaffungskosten an den gesamten Lebenszykluskosten können durch Performance Contracting-Angebote erhebliche Umsatzsteigerungen realisiert und möglicherweise Gewinnpotenziale erschlossen werden, so daß Performance Contracting-Angebote eine interessante Strategieoption darstellen. Es stellt sich aus der Perspektive eines Industriegüterherstellers darüber hinausgehend die Frage, ob weitere Kennzahlen Hinweise über die grundsätzliche Marktattraktivität geben können.

Auf die Bedeutung der Beurteilung der Marktattraktivität vor einem Eintritt in neue Dienstleistungs-Geschäftsmodelle weisen *Wise/Baumgartner* hin. Die Autoren haben den Ansatz der **Downstream-Analyse** entwickelt, um aus Sicht eines Anbieters entscheiden zu können, ob eine Downstream-Bewegung, d.h. eine Verlagerung der Aktivitäten des Unternehmens in der Wertschöpfungskette zum Kunden hin, sinnvoll ist.[167]

Wise/Baumgartner unterscheiden vier Basis-Downstream-Geschäftsmodelle. Diese vier Basis-Geschäftsmodelle bezeichnen sie als Embedded Services, Comprehensive Services, Distribution Control und Integrated Solutions. Das Geschäftsmodell **Embedded Services** umfaßt die Fälle, in denen es neue digitale Technologien ermöglichen, traditionelle Downstream-Dienstleistungen in Produkte zu integrieren. Dadurch, daß der Kunde diese Dienstleistungen nicht mehr durchführen muß, spart er Arbeitskosten und ist in der Regel gewillt, diese Einsparungen mit den Anbietern dieser neuen intelligenten Produkte zu teilen. Ein Beispiel stellt das von Honeywell entwickelte Airplane Informa-

---

[167] Vgl. *Wise, R./Baumgartner, P.*, Go Downstream – The New Profit Imperative in Manufacturing, in: HBR, No. 5, September-October, 1999, S. 133ff. Die zunehmende Relevanz dieser Fragestellung unterstreichen die Autoren durch die Feststellung, daß im letzten Jahrzehnt die produzierende Industrie im Vergleich zur gesamten Wirtschaft eine schlechte Entwicklung durchlaufen hat. Sie zeigen auf, daß die dennoch erfolgreichen produzierenden Unternehmen, wie z.B. Honeywell oder General Electric, das gleiche Prinzip im Rahmen der strategischen Ausrichtung der Unternehmung verfolgt haben: Diese Unternehmen haben sich sämtlich „downstream“ bewegt und weitere Leistungen im Rahmen des Lebenszyklusses ihrer Produkte übernommen. Vgl. *Wise, R./Baumgartner, P.*, Go Downstream – The New Profit Imperative in Manufacturing, in: HBR, No. 5, September-October, 1999, S. 133.

tion System dar, welches das Einsparen von bisher manuell durchgeführter Tätigkeiten (wie z.B. verschiedener Diagnosen am Flugzeug) und damit von Arbeitskosten ermöglicht.[168]

Comprehensive Services beinhalten im wesentlichen produktbegleitende Dienstleistungen. Ein Beispiel hierfür stellt General Electrics Finanzierungssparte GE Capital dar. Zusammen mit GE Locomotive werden z.B. im Bahnbereich verschiedene Dienstleistungen – wie Finanzierungsleistungen, Wartungsleistungen oder Gebrauchtmaschinenverkauf – für Lokomotiven und weitere Produkte (Güterwaggons etc.) angeboten.[169]

Das Geschäftsmodell **Distribution Control** hat nicht wie bei den anderen Geschäftsmodellen die Bereitstellung neuer Produkte oder Dienstleistungen zum Ziel, sondern die Gewinnung oder Ausdehnung der Kontrolle über die Distributionskanäle. Der Automobilhersteller Ford verfolgt z.B. die Strategie, die Kontrolle über das Händlernetz zu gewinnen und hat bereits mit der Umsetzung der Strategie begonnen.[170]

Das Geschäftsmodell **Integrated Solutions** beinhaltet die Fälle, bei denen Produkt und Dienstleistungen als Einheit verkauft werden. Das Outsourcen des Managements des Lackbereichs in der Automobilindustrie, welches z.B. von DuPont angeboten wird, aber auch komplette Innenausstattungen von Automobilen werden hierunter gefaßt. Das Geschäftsmodell Performance Contracting ist damit, obwohl von *Wise/Baumgartner* nicht separat genannt, in ihrer Systematik diesem Bereich zuzuordnen. Der Begriff „Integrated Solutions" ist jedoch weiter gefaßt – vgl. beispielsweise die Lieferung kompletter Innenausstattungen – als der Performance Contracting-Begriff.

Die Autoren weisen darauf hin, daß eine Downstream-Bewegung nicht in jedem Fall sinnvoll ist und zur Beurteilung der Attraktivität eines derartigen Strategiewechsels zuerst die Attraktivität des Downstream-Markts zu beurteilen ist. Anhand des von *Wi-*

---

168 Vgl. *Wise, R./Baumgartner, P.*, Go Downstream – The New Profit Imperative in Manufacturing, in: HBR, No. 5, September-October, 1999, S. 137f.

169 Vgl. *Wise, R./Baumgartner, P.*, Go Downstream – The New Profit Imperative in Manufacturing, in: HBR, No. 5, September-October, 1999, S. 138.

170 Vgl. *Wise, R./Baumgartner, P.*, Go Downstream – The New Profit Imperative in Manufacturing, in: HBR, No. 5, September-October, 1999, S. 139.

se/Baumgartner entwickelten Entscheidungsmodells zeigt sich, daß neben dem Anteil der Anschaffungskosten für ein Gut an den gesamten Lebenszykluskosten weitere Kennzahlen Aufschluß über die grundsätzliche Attraktivität eines Downstream-Geschäftsmodells und somit auch über die Attraktivität des Performance Contracting-Geschäftsmodells geben können. (vgl. *Abb. 4-2*)

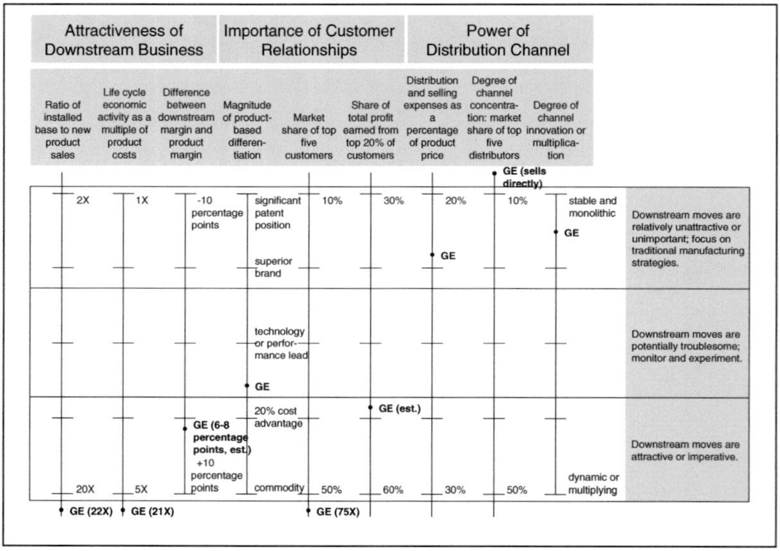

Abb. 4-2: How to Scope Out a Downstream Opportunity[171]

171 Vgl. *Wise, R./Baumgartner, P.*, Go Downstream – The New Profit Imperative in Manufacturing, in: HBR, No. 5, September-October, 1999, S. 140. Die Betrachtung des Aspekts „Importance of Customer Relationship" stellt eine Fragestellung dar, die im Rahmen der Kundenanalyse zu beachten ist (vgl. Abschnitt 4.2.2.1.) Der dritte Fokus der Downstream-Analyse, die „Macht" der Vertriebskanäle, stellt eine der Attraktivität des Downstream-Business nachgelagerte Fragestellung dar. Betrachtet wird, welchen Einfluß die Art der Vertriebskanäle auf die Umsetzung einer Downstream-Bewegung hat. Im Hinblick auf den Entscheidungsprozeß liegt hiermit eine im Rahmen der Ausgestaltung des Vermarktungsprozesses beim Performance Contracting zu beachtende Fragestellung vor. Die Vorgehensweise der Downstream-Analyse kann exemplarisch anhand des Unternehmens GE Locomotive verdeutlicht werden. In *Abb. 4-2* sind hierzu die entsprechenden Ausprägungen der Kennzahlen eingezeichnet. Es zeigt sich, daß der Großteil der Gesamtwertschöpfung im Bereich der Dienstleistungen und nicht der Produkte liegt, so daß eine hohe Attraktivität des Downstream-Business besteht. Die Konzentration auf der Nachfragerseite bedingt zudem, daß die Etablierung einer festen Kundenbeziehung von essentieller Bedeutung ist. Da GE Locomotive die Produkte direkt an die Kunden vertreibt, erweist sich der Aspekt der Vertriebskanäle als unkritisch. Vgl. *Wise, R./Baumgartner, P.*, Go Downstream – The New Profit Imperative in Manufacturing, in: HBR, No. 5, September-October, 1999, S. 140.

Die grundsätzliche Attraktivität von Downstream-Aktivitäten beurteilen die Autoren anhand von drei Kennzahlen. Mit der Kennzahl "Life cycle economic avticity as a multiple of product costs" betrachten die Autoren das Verhältnis der beim Kunden im Produktlebenszyklus anfallenden Kosten zu den Anschaffungskosten für das Produkt. Dies korrespondiert mit der von uns verwendeten Kennzahl des „Anteils der Anschaffungskosten für ein Gut an den gesamten Lebenszykluskosten".

Als weitere Kennzahl betrachten *Wise/Baumgartner* das Verhältnis der Anzahl installierter Produkte (installed base) zur jährlichen Anzahl neuverkaufter Produkte. Ein stagnieren der Produktnachfrage (als Stammmarkt der produzierenden Unternehmen) in Verbindung mit einer zunehmenden Anzahl installierter Produkte[172] führt dazu, daß sich die wirtschaftlich attraktive Geschäftstätigkeit von der Produktherstellung zum Angebot von Dienstleistungen, die zum Betreiben der Produkte erforderlich sind, verlagert.[173] Je höher das Verhältnis ist, desto stärker ist die Verlagerung und desto attraktiver sind Downstream-Aktivitäten.

Diese Kennzahl erweist sich auch als Indikator für die grundsätzliche Attraktivität des Performance Contracting-Geschäftsmodells als relevant. Durch Performance Contracting-Angebote nutzt ein Anbieter die Wertschöpfungspotenziale, die im Betreiben der Produkte liegen. Die Ausschöpfung dieser Wertschöpfungspotenziale ist dabei beim Leistungsergebnisverkauf durch das Übernehmen aller für das Betreiben eines Produkts notwendigen Tätigkeiten größer als beim Leistungsverkauf. Durch das Angebot, die Leistung zur Verfügung zu stellen, partizipiert ein Industriegüterhersteller somit an der zukünftigen Entwicklung der installed base. Die Potenziale der bestehenden installed base können zusätzlich durch das Angebot genutzt werden, diese bereits beim Kunden existierenden Produkte aufzukaufen und im Rahmen einer Performance Contracting-

---

172 Zu einer starken Zunahme der installed base kommt es in vielen Branchen aufgrund der Akkumulation vergangener Käufe und einem Ansteigen der Produktlebensdauer. *Wise/Baumgartner* nennen hierfür als Beispiele die Branchen Automobilindustrie, Flugzeugindustrie, Traktorenindustrie und Eisenbahnindustrie. Vgl. *Wise, R./Baumgartner, P.*, Go Downstream – The New Profit Imperative in Manufacturing, in: HBR, No. 5, September-October, 1999, S. 134.

173 Vgl. *Wise, R./Baumgartner, P.*, Go Downstream – The New Profit Imperative in Manufacturing, in: HBR, No. 5, September-October, 1999, S. 134.

Lösung dem Kunden wieder zur Verfügung zu stellen. Derartige Angebote bestehen z.B. bereits in der Flurförderzeugbranche.[174]

Die Attraktivität des Downstream-Business wird nach *Wise/Baumgartner* darüber hinaus durch die „difference between downstream margin und product margin“ bestimmt.[175] Im Hinblick auf das Performance Contracting-Geschäftsmodell stellt sich diesbezüglich jedoch das Problem, daß der Anbieter mit Performance Contracting-Angeboten neben neuen Leistungen insbesondere neue Risiken übernimmt.[176] Die Risikoübernahme beinhaltet ein erhebliches Verlustpotenzial und bestimmt somit entscheidend, ob die anvisierten Renditeziele auch erreicht werden können.[177] Eine Beurteilung dieser Kennzahl erfordert daher eine vorherige Analyse der entstehenden Anforderungen durch den Industriegüteranbieter.

Aus der Perspektive eines potenziellen Performance Contracting-Anbieters ist vor dem Eintritt in das neue Geschäftsmodell daher eine umfassende Analyse der Eintrittsentscheidung erforderlich, die über die Beurteilung einer grundsätzlich bestehenden Attraktivität des Performance Contracting-Geschäftsmodells hinausgeht. Es stellt sich daher die Frage, ob und inwieweit die Kriterien von *Wise/Baumgartner* den im Rahmen eines solchen Entscheidungsmodells zu berücksichtigenden Aspekten umfassend Rechnung tragen.

---

174 Vgl. z.B. http://www.lex-harvey.co.uk/explorer.htm, v. 28.12.01. Das Angebot, die bestehende Flotte eines Kunden aufzukaufen und in die Performance Contracting-Vereinbarung einzubeziehen besteht ebenfalls schon in der LKW-Branche. Vgl. http://www.charterway.co.uk, v. 31.03.01.

175 Vgl. *Wise, R./Baumgartner, P.*, Go Downstream – The New Profit Imperative in Manufacturing, in: HBR, No. 5, September-October, 1999, S. 139.

176 Vgl. Abschnitt 2.3.2.

177 Vgl. Abschnitt 2.4.2.

4.2 Ableitung von Entscheidungskriterien zur Prüfung des Eintritts in das Performance Contracting-Geschäftsmodell

4.2.1 Konzeptionelle Überlegungen

Performance Contracting wird nur erfolgreich sein, wenn es dem Kunden einen Zusatznutzen gegenüber dem Verkauf des Produkts liefert. Leitgedanke bei der Bewertung der Strategieoption Performance Contracting muß daher die Frage sein, ob ein Unternehmen durch Performance Contracting einen komparativen Konkurrenzvorteil (KKV) realisieren kann.[178] Als KKVs werden Wettbewerbsvorteile bezeichnet, die

- sich in den Augen der Nachfrager auf **wichtige Nutzendimensionen** beziehen,
- von den Nachfragern auch tatsächlich **wahrgenommen** werden,
- **dauerhaft** sind und
- bei denen die Auszahlungen für die Erzielung von KKVs geringer sind als die damit erzielbaren Einzahlungen und damit vom Unternehmen **effizient** erbracht werden können.[179]

Bei der Entscheidung über den Eintritt in das neue Geschäftsmodell Performance Contracting muß somit eine strikte Orientierung am vom Nachfrager empfundenen Nutzen gegeben sein. Dies erfordert eine umfassende Analyse der Kundenperspektive vor der Entscheidung über den Eintritt. Die Vorteile eines Performance Contracting-Angebots müssen zudem vom Kunden auch als solche wahrgenommen werden. Bei einer Entscheidung zugunsten des Performance Contracting-Geschäftsmodells sind im Rahmen der Vermarktung des Performance Contracting-Angebots die Leistungsvorteile des Anbieters daher auch entsprechend zu kommunizieren. Der Aspekt der Dauerhaftigkeit verdeutlicht, daß mit einem Eintritt in das neue Geschäftsmodell auch ein Wettbewerbsvorteil mit einer gewissen zeitlichen Konstanz erzielt werden muß, d.h. er darf nicht

---

178 *Backhaus* bezeichnet den KKV auch als Marktnavigator kundenorientierter Unternehmen. Vgl. *Backhaus, K.*, Industriegütermarketing, 6. Aufl., München 1999, S. 34.

179 Vgl. *Backhaus, K.*, Industriegütermarketing, 6. Aufl., München 1999, S. 34ff.

kurzfristig von konkurrierenden Unternehmen imitierbar sein.[180] Voraussetzung für das Vorliegen eines KKVs ist jedoch grundsätzlich die Erfüllung sowohl der notwendigen als auch der hinreichenden Bedingung.[181]

Die **notwendige Bedingung** für einen KKV ist die Existenz eines Vorteils für den Kunden (= Kundenvorteil) durch das Angebot des betrachteten Anbieters. Dies schließt die Betrachtung der Konkurrenzangebote ein. Beim Performance Contracting besteht jedoch die Besonderheit, daß der Anbieter nicht nur mit anderen Anbietern konkurriert, sondern insbesondere mit dem Nachfrager in eine Konkurrenz um Wertschöpfungspotenziale eintritt, da durch Performance Contracting bisher vom Nachfrager erbrachte Leistungen auf den Anbieter übertragen werden. Das Kundenproblem muß durch das Performance Contracting-Angebot eines Herstellers also besser gelöst werden als durch die bisher vom Nachfrager praktizierte Lösung. Der **Kundenvorteil**, den *Plinke*[182] auch als Effektivitätsvorteil bezeichnet, kann dabei in einem Nutzenvorteil und/oder einem Preisvorteil des betrachteten Performance Contracting-Anbieters bestehen.

Als **hinreichende Bedingung** bezeichnet *Backhaus*[183] die Frage, ob Kunden- bzw. Effektivitätsvorteile durch den einzelnen Anbieter auch effizient realisiert werden können. Die Auszahlungen für die Erzielung eines KKV müssen geringer als die damit erzielbaren Einzahlungen sein. Erst bei Erfüllung dieser **Effizienzbedingung** liegt ein KKV vor.

Die Bereitschaft eines Anbieters, in die Etablierung eines Performance Contracting-Angebots zu investieren, hängt somit letztlich davon ab, ob sich die Investitionsauszahlungen für den Aufbau des KKV amortisieren. Der Anbieter muß hierzu alle erwarteten Auszahlungen und Einzahlungen im Rahmen einer Investitionsrechnung vergleichen. Letztlich kommt es also auf die jeweilige Ermittlung dieser Größen an, die von einem potenziellen Performance Contracting-Anbieter für seinen konkreten Fall durchzuführen

---

180 Vgl. *Backhaus, K.*, Industriegütermarketing, 6. Aufl., München 1999, S. 36. *Backhaus* weist darauf hin, daß dauerhaft nicht mit ewig zu verwechseln ist, da nahezu jeder KKV auf Dauer einholbar ist. Vgl. *Backhaus, K.*, Industriegütermarketing, 6. Aufl., München 1999, S. 36.

181 Vgl. im Folgenden *Backhaus, K.*, Industriegütermarketing, 6. Aufl., München 1999, S. 28ff.

182 Vgl. *Plinke, W.*, Grundlagen des Marktprozesses, in: *Kleinaltenkamp, M./Plinke, W.* (Hrsg.), Technischer Vertrieb: Grundlagen des Business-to-Business Marketing, 2. Aufl., Berlin et al. 2000, S. 86f.

183 Vgl. *Backhaus, K.*, Industriegütermarketing, 6. Aufl., München 1999, S. 29.

ist.[184] Die vorliegende Untersuchung soll sich daher auf die Analyse der Frage fokussieren, welche grundsätzlichen Aspekte für die Erzielung des Kundenvorteils relevant sind.

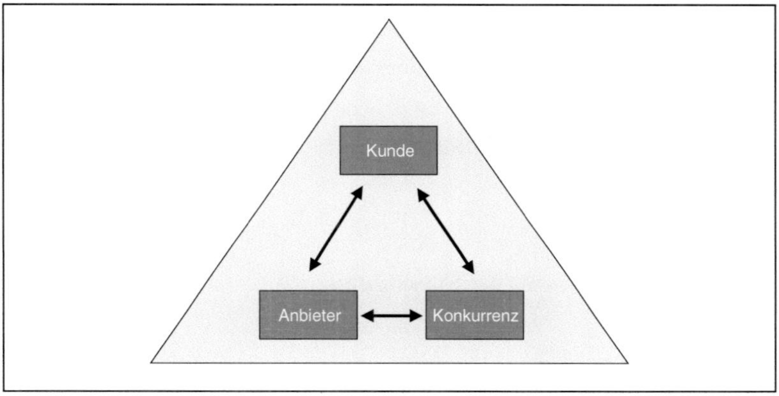

Abb. 4-3: Das Marketing-Dreieck: Stufen des Entscheidungsprozesses

Es hat sich gezeigt, daß das Ziel der Etablierung eines KKV die Berücksichtigung aller Komponenten des Marketing-Dreiecks (vgl. *Abb. 4-3*) bedingt. Der Ablauf des Entscheidungsmodells gliedert sich somit in drei Teile. Zuerst ist eine Analyse der Nachfragersituation erforderlich. Eine derartige Bedarfs- bzw. **Kundenanalyse** stellt den Ausgangspunkt der strategischen Überlegungen dar, da die Kundensicht die KKV-

---

184 Bei der Effizienzbeurteilung sind von einem potenziellen Performance Contracting-Anbieter verschiedene Problembereiche zu beachten. Inhaltlich kann es bei der Beurteilung der Effizienz zu Zurechnungsproblemen bei durchzuführenden Investitionen kommen, wenn diese nicht nur für das Performance Contracting-Angebot genutzt werden, sondern auch im Rahmen des herkömmlichen Geschäftsmodells Produktverkauf. Im Hinblick auf die Ermittlung der Auszahlungen ist zudem festzustellen, daß das Berichtswesen in vielen Unternehmen nicht oder nicht hinreichend in der Lage ist, Informationen über die zur Dienstleistungserstellung erfolgten Auszahlungen bereitzustellen. *Kriegbaum* stellt dies z.B. für den Maschinenbau fest. Vgl. *Kriegbaum, H.*, Produktbegleitende Dienstleistungen – Eine Chance für den deutschen Maschinenbau, in: Maschinenbau-Nachrichten, Nr. 5, 1996, S. 11. Vgl. zudem *Niemand, S.*, Target Costing für industrielle Dienstleistungen, München 1996, S. 24; *Oppermann, R.*, Marktorientierte Dienstleistungsinnovation: Besonderheiten von Dienstleistungen und ihre Auswirkungen auf eine abnehmerorientierte Innovationsgestaltung, Göttingen 1998, S. 223ff. *Lay* stellt für die Branchen Maschinenbau, Formenbau, Automobilzulieferindustrie und Elektrotechnik fest, daß eine Umgestaltung der bisher weitgehend auf die Sachleistungsproduktion ausgerichteten Rechnungssysteme und die Entwicklung neuer Controllinginstrumente erforderlich ist. Vgl. *Lay, G.*, Dienstleistungen in der Investitionsgüterindustrie – Konsequenzen für Betriebsorganisation und Personal, in: Arbeit, H. 4, 1998, S. 325ff. Ein grundsätzliches Problem stellt auch die Erfassung der Lebenszykluskosten eines Produkts in den Berichtssystemen dar. Vgl. *Welge, M. K./Amshoff, B.*, Neuorientierung der Kostenrechnung zur Unterstützung der strategischen Planung, in: *Franz, K.-P./Kajüter, P.* (Hrsg.), Wettbewerbsvorteile durch systematische Kostensteuerung, Stuttgart 1997, S. 65.

Position determiniert. Hieran schließt sich die **Anbieteranalyse** an, die die durch ein Performance Contracting-Angebot resultierenden Anforderungen an den Anbieter untersucht. Diese Fragestellung erweist sich als wesentlich für die Beurteilung der Möglichkeiten eines Anbieters zur Erzielung eines Kundenvorteils. Darüber hinaus ist bei der Strategiewahl im Rahmen der **Konkurrenzanalyse** zu berücksichtigen, ob und in welchem Maße die relevanten Konkurrenten den Problemlösungsbedarf der Kunden befriedigen. Dies kann wesentliche Konsequenzen für die Entscheidung des Herstellers nach sich ziehen.

4.2.2 Die Dimensionen der Entscheidung

4.2.2.1 Die Kundenanalyse

4.2.2.1.1 Die Analyse der Kundenpräferenzen

Die Outsourcing-Forschung[185] bietet mit der Anwendung des Kernkompetenzenansatzes einen Ansatzpunkt zur Beurteilung der Frage, ob das Angebot von Performance Contracting aus der Perspektive der Kunden eine in Frage kommende Option ist. Dies stellt die Voraussetzung für ein erfolgreiches Performance Contracting-Angebot eines Herstellers dar.

---

185 Im Rahmen der Outsourcing-Forschung erfolgt zumeist eine Konzentration auf die Nachfragerperspektive. Mit Hilfe unterschiedlicher Ansätze – wie etwa dem Kernkompetenzenansatz – wird die Fragestellung des Make-or-Buy bzw. des Outsourcens aus der Perspektive des Nachfragers analysiert. Vgl. z.B. *Schimpf, A.*, Strategisches Outsourcing im Kontext des Transformationsprozesses vom Massenproduzenten zur virtuellen Unternehmung, St. Gallen 1996, S. 63f.; *Beer, M.*, Outsourcing unternehmensinterner Dienstleistungen: Optimierung des Outsourcing-Entscheidungsprozesses, Wiesbaden 1998, S. 73ff.; *Hellinger, C.*, Kernkompetenzbasiertes Outsourcing in Kreditgenossenschaften – Eine transaktionskostenökonomische Analyse unter besonderer Berücksichtigung von Netzwerkstrukturen, Münster 1999, S. 26ff.; *Finken, T.*, Entscheidungskriterien für das Outsourcing der betrieblichen Datenverarbeitung, Düsseldorfer Schriften zum Controlling, Bd. 1, Düsseldorf 1996, S. 20; *Nagengast, J.*, Outsourcing von Dienstleistungen industrieller Unternehmen: eine theoretische und empirische Analyse, Hamburg 1997; *Baur, C.*, Make-or-Buy-Entscheidungen in einem Unternehmen der Automobilindustrie: Empirische Analyse und Gestaltung der Fertigungstiefe aus transaktionskostentheoretischer Sicht, München 1990; *Rennings, K./Fonger, M./Meyer, H.*, Make or Buy: Transaktionskostentheorie als Entscheidungshilfe für die Verkehrswirtschaft, Göttingen 1992; *Fischer, M.*, Make-or-Buy-Entscheidungen im Marketing: neue Institutionenlehre und Distributionspolitik, Wiesbaden 1993, S. 124f.; *Schätzer, S.*, Unternehmerische Outsourcing-Entscheidungen: eine transaktionskostentheoretische Analyse, Wiesbaden 1999, S. 222.

Grundlage der Kundenentscheidung, ob bestimmte Leistungen ausgelagert werden sollen oder nicht – und darum geht es aus Kundensicht beim Performance Contracting – ist insbesondere die Analyse, ob diese Leistungen zu den **Kernkompetenzen des Unternehmens** gehören.[186] Als Kernkompetenzen werden dabei solche Unternehmenskompetenzen bezeichnet, die für das Unternehmen eine grundlegende strategische Bedeutung besitzen, d.h. für die langfristige Wettbewerbsfähigkeit entscheidend sind.[187] Hierbei kann es sich beispielsweise um technisch-technologische Fähigkeiten, z.B. in der Form von Fertigungs-Know-how, oder um Managementfähigkeiten handeln.[188]

Eingeführt in die Diskussion der strategischen Unternehmensführung wurde das Konzept der Kernkompetenzen von *Hamel/Prahalad*.[189] Indem bei Outsourcingentscheidun-

---

186 Vgl. z.B. *Beer, M.*, Outsourcing unternehmensinterner Dienstleistungen: Optimierung des Outsourcing-Entscheidungsprozesses, Wiesbaden 1998, S. 72ff.; *Hellinger, C.*, Kernkompetenzbasiertes Outsourcing in Kreditgenossenschaften – Eine transaktionskostenökonomische Analyse unter besonderer Berücksichtigung von Netzwerkstrukturen, Münster 1999, S. 26ff.

187 Vgl. z.B. *Prahalad, C. K./Hamel, G.*, The Core Competence of the Corporation, in: HBR, No. 3, May-June, 1990, S. 79ff.; *Hellinger, C.*, Kernkompetenzbasiertes Outsourcing in Kreditgenossenschaften – Eine transaktionskostenökonomische Analyse unter besonderer Berücksichtigung von Netzwerkstrukturen, Münster 1999, S. 28; *Leonard-Barton, D.*, Core Capabilities and Core Rogodities: A Paradox in Managing New producr Development, in: Strategic Management Journal, Vol. 13, 1992, S. 111; *Friedrich, S. A.*, Ressourcen und Kompetenzen als Bezugspunkt strategischen Denkens und Handelns – zur Renaissance einer stärker potentialorientierten Führung, in: *Hinterhuber, H. H.* (Hrsg.), Die Herausforderungen der Zukunft meistern: Globalisierung, Potentialorientierung und Fokussierung, Frankfurt a.M. 1995, S. 329; *Meckl, R.*, Orientierung an Kernkompetenzen, in: Personalwirtschaft, H. 1, 1997, S. 16.

188 Vgl. *Bogaschewsky, R.*, Strategische Aspekte der Leistungstiefenoptimierung, in: *Koppelmann, U.* (Hrsg.), Outsourcing, Stuttgart 1996, S. 126. In der Literatur hat sich ein umfangeicher Katalog herausgebildet, was Kernkompetenzen auszeichnet. Kernkompetenzen werden als überwiegend intangibel und immateriell, unternehmensspezifisch, multifunktional, kulturverwurzelt und kundennutzengenerierend charakterisiert. Vgl. *Hellinger, C.*, Kernkompetenzbasiertes Outsourcing in Kreditgenossenschaften – Eine transaktionskostenökonomische Analyse unter besonderer Berücksichtigung von Netzwerkstrukturen, Münster 1999, S. 28f. Nach *Prahalad/Hamel* lassen sich Kernkompetenzen bei Vorliegen von drei Bedingungen als solche identifizieren. Es muß die Möglichkeit des Einsatzes auf verschiedenen Märkten, die Generierung eines signifikaten Zusatznutzens beim Kunden sowie eine Resistenz gegenüber Imitation und Substitution gegeben sein. Vgl. *Prahalad, C. K./Hamel, G.*, The Core Competence of the Corporation, in: HBR, No. 3, May-June, 1990, S. 83f. *Beer* weist darauf hin, daß allerdings in der betriebswirtschaftlichen Literatur bisher keine einheitliche Defintion des Begriffs Kernkompetenz besteht. Vgl. *Beer, M.*, Outsourcing unternehmensinterner Dienstleistungen: Optimierung des Outsourcing-Entscheidungsprozesses, Wiesbaden 1998, S. 76/80. Auch *Hamel* weist darauf hin, daß es verschiedene Möglichkeiten gibt, Kernkompetenzen zu charakterisieren. Vgl. *Hamel, G.*, The Concept of Core Competence, in: *Hamel, G./ Heene, A.* (Hrsg.), Competence-based competition, Sussex 1994, S. 11/16.

189 Vgl. *Hamel, G./Prahalad, C. K.*, Competing for the future, Boston 1994, S. 202ff.; *Hamel, G.*, The Concept of Core Competence, in: *Hamel, G./ Heene, A.* (Hrsg.), Competence-based competition, Sussex 1994, S. 11ff.; *Beer, M.*, Outsourcing unternehmensinterner Dienstleistungen: Optimierung

gen die Kernkompetenzen eines Unternehmens berücksichtigt werden, wird dem Risiko entgegengewirkt, daß es zu einer Kompetenzerosion in einem Unternehmen kommt, die die langfristige Wettbewerbsfähigkeit des Kunden nachhaltig zerstören kann.[190] Die Analyse der Kunden im Hinblick auf ihre Kernkompetenzen stellt somit für einen potenziellen Performance Contracting-Anbieter einen wesentlichen Schritt dar, weil Leistungen, die als Kernkompentenz anzusehen sind, von den Kunden für eine Auslagerung wahrscheinlich nicht in Betracht gezogen werden.

Im Fall des LKW-Herstellers Scania wurden die Wertschöpfungsaktivitäten der Kunden im Hinblick auf die Kompetenzen des Kunden und die strategische Bedeutung der Leistungen untersucht (vgl. *Abb. 4-4*).[191] Am Beispiel der Kundengruppe „Logistiker" zeigt sich, daß die Abwicklung interkontinentaler Transporte, der sichere Umgang mit Gefahrgütern sowie das Lagermanagement durch eine hohe strategische Bedeutung und eine hohe relative Kompetenz der Kundengruppe gekennzeichnet sind. Eine Auslagerung dieser Kernkompetenzen kommt aus Kundensicht nicht in Betracht. Die Tätigkeiten Finanzierung, Flottenmanagement, Wartung und Fahrerservice stellen hingegen Outsourcingpotenziale dar. Die Leistungen, die ein Performance Contracting-Angebot eines LKW-Herstellers in Form des Leistungsverkaufs und des Leistungsergebnisverkaufs umfassen würde, stehen damit von der Kundenseite her grundsätzlich für eine Outsourcinglösung zur Verfügung.

---

des Outsourcing-Entscheidungsprozesses, Wiesbaden 1998, S. 74; *Prahalad, C. K./Hamel, G.*, The Core Competence of the Corporation, in: HBR, No. 3, May-June, 1990, S. 79ff.

190 Vgl. z.B. *Hellinger, C.*, Kernkompetenzbasiertes Outsourcing in Kreditgenossenschaften – Eine transaktionskostenökonomische Analyse unter besonderer Berücksichtigung von Netzwerkstrukturen, Münster 1999, S. 57; *Beer, M.*, Outsourcing unternehmensinterner Dienstleistungen: Optimierung des Outsourcing-Entscheidungsprozesses, Wiesbaden 1998, S. 85. Die Berücksichtigung der Kernkompetenzen eines Unternehmens wirkt damit den Gefahren eines ausschließlich kostenorientierten Outsourcings entegegen. Vgl. z.B. *Hellinger, C.*, Kernkompetenzbasiertes Outsourcing in Kreditgenossenschaften – Eine transaktionskostenökonomische Analyse unter besonderer Berücksichtigung von Netzwerkstrukturen, Münster 1999, S. 57.

191 Vgl. *Rick, J.*, Vom Dienstleistungsangebot zum Performance Contracting, Vortrag auf dem Symposium „Vom Hersteller zum Dienstleister" des Betriebswirtschaftlichen Instituts für Anlagen und Systemtechnologien, Münster 2000.

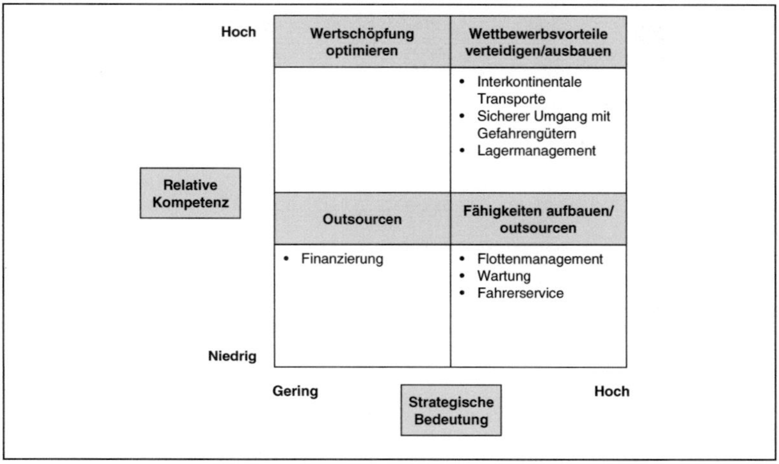

Abb. 4-4: Untersuchung des Wertschöpfungsportfolios der Scania-Kunden „Logistiker"[192]

Neben der Analyse der Kernkompetenzen der Kunden eines Unternehmens ist jedoch weitergehend eine **Analyse der Kundenpräferenzen** erforderlich. Aufgabenfelder, die nicht zu den Kernkompetenzen eines Kunden gehören, müssen nicht notwendigerweise in Form des Performance Contracting – d.h. im Rahmen einer umfassenden Gesamtlösung an einen Lieferanten – ausgelagert werden. Eine Analyse der Kernkompetenzen und damit möglicher Outsourcingpotenziale ist also nicht ausreichend. Vor diesem Hintergrund muß im Rahmen einer Marktanalyse bzw. -studie überprüft werden, ob eine Nachfrage nach Problemlösungen in Form des Performance Contracting in der Branche des vor der Entscheidung stehenden Herstellers gegeben ist. Hersteller sehen sich hierbei häufig der Situation gegenüber, daß ihre Kunden den Bedarf nach Problemlösungen im Sinne von Performance Contracting noch nicht artikulieren.[193] Eine über die nationalen Grenzen hinausgehende Analyse kann u.U. aufzeigen, daß international die Entwicklung bei Kunden und Anbietern bereits weiter fortgeschritten ist. So hat die Daim-

---

[192] Vgl. *Rick, J.*, Vom Dienstleistungsangebot zum Performance Contracting, Vortrag auf dem Symposium „Vom Hersteller zum Dienstleister" des Betriebswirtschaftlichen Instituts für Anlagen und Systemtechnologien, Münster 2000.

[193] Vgl. *Stauch, V.*, Produktbegleitende Dienstleistungen – Anspruch und Wirklichkeit, in: Reihe VDMA-Entscheidungshilfen, Heft „Vom Lieferanten zum Wertschöpfungspartner – Dienstleistung im Maschinenbau", 2000, S. 26.

lerChrysler AG 1992 mit CharterWay ein Kundenbedürfnis aufgegriffen, welches insbesondere in den USA bereits festzustellen, jedoch zu diesem Zeitpunkt in Europa kaum ausgeprägt war.[194]

Ein Anbieter sollte darüber hinaus im Rahmen einer Kundenanalyse untersuchen, welche **Gründe auf Kundenseite für die Nachfrage nach Performance Contracting** vorliegen, um das letztliche Potenzial für den Absatz eines Performance Contracting-Angebots abschätzen zu können. Neben grundsätzlichen Vorteilen des Performance Contracting, wie der Risikoübertragung, einem Flexibilitätsgewinn, der Freisetzung von Ressourcen etc.[195], oder dem Ziel einer Kostensenkung[196] können situationsspezifische Gründe die Nachfrage nach Performance Contracting auslösen und das Absatzpotenzial erhöhen. Dies wird am Beispiel des Flurförderzeug-Herstellers Lansing Linde LTD. deutlich:

> „It may well be thought that there is no budget for replacement of ageing equipment but there will certainly be a budget for maintaining the existing fleet and paying the operators.
>
> A thorough Fleet Solutions analysis will invariably show that investing in a smaller fleet of new, high performance Lansing Linde equipment with fewer operators, lower maintenance costs and higher productivity requires a smaller budget than your current expenditure.“[197]

Budgetrestriktionen der Kunden führen in dieser Branche dazu, daß neue Produkte zwar nicht gekauft, jedoch im Rahmen einer (günstigeren) Performance Contracting-Lösung für das Unternehmen eingesetzt werden können. Vom Performance Contracting-Anbieter können somit zusätzliche Absatzpotenziale für sein Kernprodukt erschlossen

---

194 Vgl. *Fietzek, P. K. M.*, Vom Nutzfahrzeughersteller zum Systemanbieter: Dienstleistungen im Nutzfahrzeugmarketing, in: *Simon, H.* (Hrsg.), Industrielle Dienstleistungen, Stuttgart 1993, S. 104f.; *Fietzek, P. K. M.*, Vom Nutzfahrzeughersteller zum Systemanbieter – Dienstleistungen gewinnen im Nutzfahrzeugmarketing zunehmend an Bedeutung, in: *Droege, W.* (Hrsg.), Strategien für Investitionsgütermärkte, Landsberg/Lech 1993, S. 373f.

195 Vgl. Abschnitt 2.4.1.

196 Vgl. z.B. *Stauch, V.*, Produktbegleitende Dienstleistungen – Anspruch und Wirklichkeit, in: Reihe VDMA-Entscheidungshilfen, Heft „Vom Lieferanten zum Wertschöpfungspartner – Dienstleistung im Maschinenbau“, 2000, S. 25ff.; *Häfner, W.*, Einsparpotenziale im Fuhrpark erkennen – Umfassendes Gesamtkonzept für die Optimierung der Unternehmensflotte, in: Handelsblatt, Nr. 79, 24.04.2001, S. B 12.

197 *Lansing Linde LTD.*, Lower your materials handling costs with Lansing Linde, Basingstoke 1998, S. 6.

werden. Generell ist im Rahmen des Entscheidungsprozesses zu analysieren, inwiefern die Kundenpräferenzen dazu führen können, daß durch ein Performance Contracting-Angebot neue Kunden(gruppen), d.h. neue Absatzpotenziale erschlossen werden können.

4.2.2.1.2 Die Identifikation der relevanten Marktsegmente

Aus der Perspektive eines potenziellen Performance Contracting-Anbieters ist die Analyse der Kundenpräferenzen durch eine **Marktsegmentierung**[198] zu vertiefen. Es besteht somit die Frage, ob Segmente zu identifizieren sind, die im Hinblick auf ihre Präferenzen in sich homogen, aber gegenüber anderen Segmenten heterogen und somit abgrenzbar sind. Im Rahmen der Marktauswahl ist dann gegebenenfalls die Frage zu beantworten, welchen Segmenten überhaupt Performance Contracting-Lösungen angeboten werden sollten und welche Form des Performance Contracting jeweils anzubieten ist.

Bei den Kunden können etwa regionale Präferenzunterschiede auftreten, die eine entsprechende Differenzierung des Angebots erfordern. Für das Beispiel der Lack-Hersteller ist festzustellen, daß europäische Automobilhersteller ihre Kernkompetenzen eher in der Produktion sehen, amerikanische hingegen stärker in der Produktion nachgelagerten Bereichen. Dies hat eine regional unterschiedliche Marktbearbeitung zur Folge.[199]

Eine Angebotsdifferenzierung kann auch aufgrund unterschiedlicher Tätigkeitsbereiche der Kunden erforderlich werden. Eine Analyse der Flurförderzeugbranche zeigt, daß verschiedene Kunden – wie etwa Handelsunternehmen – erwarten, daß die Flurförderzeug-Hersteller ihre Läger betreiben. Das Anbieten von Performance Contracting erscheint daher möglich und sinnvoll. Ein Großteil der Produktion an Gabelstaplern wird aber auch an Logistikanbieter verkauft, d.h. an Unternehmen, die für ihre Kunden die

---

198 Vgl. z.B. *Meffert, H.*, Marketing – Grundlagen marktorientierter Unternehmensführung: Konzepte – Instrumente – Praxisbeispiele, 9. Aufl., Wiesbaden 2000, S. 181ff.

199 Vgl. Gesprächsprotokoll BASF Coatings AG, S. 2.

Logistik abwickeln.[200] Das Angebot eines Flurförderzeug-Herstellers, die Läger zu betreiben, erzeugt bei diesen Kunden allerdings nicht den erwarteten Nutzen, wenn die Logistikanbieter im Betrieb der Läger eine Kernkompetenz sehen, die sie nicht gewillt sind abzugeben.[201] Zudem erwarten die Kunden der Logistikanbieter u.U., daß diese Aufgaben vom Logistikanbieter selbst für sie abgewickelt werden. Für die Flurförderzeugproduzenten bedeutet dies, daß der Einstieg in diese Form des Performance Contracting bei diesen Kunden nicht sinnvoll ist. Eine differenzierte Marktbearbeitung ist somit auch hier erforderlich.

Weiterführend ist zu hinterfragen, ob Interdependenzen zwischen den identifizierten Kundengruppen bestehen. Ein Flurförderzeughersteller, der sich dazu entschließen sollte, das Betreiben der Läger allen Kunden außer den Logistikanbietern anzubieten, könnte in Konkurrenz zu seinen eigenen Kunden, den Logistikanbietern, treten. Dann besteht die Gefahr des Verlusts dieser wichtigen Kunden. Es kann somit für Flurförderzeugproduzenten vorteilhaft sein, ihren Kunden im Rahmen des Performance Contracting lediglich die Ausgestaltungsform Leistungsverkauf anzubieten. Dieses Beispiel verdeutlicht, daß eine detaillierte Analyse der Marktsituation notwendig ist.

4.2.2.1.3 Die Berücksichtigung spezifischer Rahmenbedingungen

Grundsätzlich sind auch spezifische Rahmenbedingungen eines Unternehmens oder einer Branche zu berücksichtigen. Diese können dazu führen, daß Performance Contracting-Angebote eine interessante und u.U. sogar notwendige Maßnahme aus Anbieterperspektive darstellen.

Zeigt etwa die Analyse der Kundenstruktur eines Unternehmens eine hohe Abhängigkeit des Anbieters von wenigen Nachfragern, dann kann die Bindung dieser Nachfrager an das Unternehmen zu einer wesentlichen Komponente der Unternehmensstrategie wer-

---

200 Vgl. Gesprächsprotokoll Linde AG, S. 5f.

201 Dies zeigt sich beispielsweise im Rahmen der diskutierten Untersuchung der Logistiker als Kundengruppe der LKW-Hersteller (vgl. *Abb. 4-4*). Das Lagermanagement wird hierbei von den Logistikern als Kernkompetenz eingestuft. Vgl. Abschnitt 4.2.2.1.1.

den. Die Analyse der Auswirkungen des Performance Contracting-Geschäftsmodells auf die Geschäftsbeziehung hat verdeutlicht, daß Performance Contracting-Angebote ein hohes Kundenbindungspotenzial besitzen.[202] Performance Contracting-Angebote können sich daher für dieses Kundensegment als empfehlenswerte bzw. sogar notwendige Maßnahme erweisen. Kennzahlen, die auf die Notwendigkeit der Bindung dieser Kunden hinweisen, finden sich im Rahmen der von *Wise/Baumgartner* entwickelten Downstream-Analyse.[203] Die Autoren betrachten im Rahmen des Kriteriums „Importance of Customer Relationships“ drei Kennzahlen, die darauf hinweisen, daß die Sicherung der Kundenbeziehung über Downstream-Aktivitäten wichtig ist.[204] Hierbei handelt es sich zum einen um die Kennzahl „Magnitude of product-based differentiation“, die eine sich verändernde Fähigkeit der Differenzierung über das Produkt berücksichtigt. Ist diese gering, dann ist eine Bindung des Kunden über Downstream-Aktivitäten anzustreben. Im Hinblick auf die Identifizierung einer Kundenstruktur, die eine hohe Abhängigkeit von wenigen Nachfragern zur Folge hat, erweisen sich insbesondere die Kennzahlen „Market share of top five customers“ und „Share of total profit earned from top 20% of customers“ als relevant. Bei hohen Werten für diese Kennzahlen besteht eine große Abhängigkeit von wenigen Anbietern, was dazu führt, daß Downstream-Aktivitäten notwendig werden.[205] Performance Contracting-Angebote stellen angesichts ihres Kundenbindungspotenzials in dieser Situation eine wichtige Strategie dar. Über die Notwendigkeit der Bindung dieser Kundengruppe hinaus kann es für einen Hersteller aber auch interessant sein, weitere Kundengruppen über ein Performance Contracting-Angebot stärker an das Unternehmen zu binden.

Ein zwingender Grund für den Eintritt in das Performance Contracting-Geschäftsmodell kann gegeben sein, wenn auf Kundenseite Bedenken gegen das Produkt eines Herstellers wegen des schlechten Rufs des Produkts im Hinblick auf die Gefährdung der Umwelt bestehen. Dies kann dazu führen, daß Kunden die Produkte nicht mehr erwerben

---

202 Vgl. Abschnitt 2.4.3.

203 Vgl. Abschnitt 4.1; *Wise, R./Baumgartner, P.*, Go Downstream – The New Profit Imperative in Manufacturing, in: HBR, No. 5, September-October, 1999, S. 133ff.

204 Vgl. auch *Abb. 4-2* in Abschnitt 4.1.

205 Vgl. *Wise, R./Baumgartner, P.*, Go Downstream – The New Profit Imperative in Manufacturing, in: HBR, No. 5, September-October, 1999, S. 140.

und der Anbieter erhebliche Marktanteilsverluste erleidet. Dies zeigt sich z.B. im Fall des Verbrauchsguts Lösemittel.[206] Chlorierte Lösemittel können bei einem unsachgemäßen Einsatz gefährlich für Personen und umweltschädlich sein.[207] Trotz der sehr guten Produkteigenschaften bestand Anfang der 90er Jahre die Gefahr, daß wegen des schlechten Rufs hinsichtlich der Umweltverträglichkeit diese Produkte erhebliche Marktanteile verlieren würden.[208] Die SafeChem Umweltservice GmbH hat daher Performance Contracting in Form des Leistungsverkaufs für chlorierte Lösemittel eingeführt. Den Kunden wird durch die Übernahme der Verantwortung für die Entsorgung etc. durch den Performance Contracting-Anbieter eine Problemlösung geboten, die die Umweltschutzproblematik für den Kunden löst. Dieser kann die chlorierten Lösemittel weiter verwenden, ohne auf seiner Seite Imageschäden aufgrund des Einsatzes dieser umweltgefährdenden Produkte befürchten zu müssen. Auf Seiten des Anbieters der chlorierten Lösemittel konnten durch die Einführung des Performance Contracting-Angebots drohende Marktanteilsverluste verhindert werden.[209]

Im Rahmen des Entscheidungsprozesses ist auch zu beachten, wie im betrachteten Markt die **Modalitäten der Auftragsvergabe** durch den Kunden ausgestaltet sind. Performance Contracting-Angebote können diese verändern und so Umsatzsteigerungen erleichtern. Dies zeigt sich etwa im Fall der Lack-Hersteller. Die Automobilindustrie

---

206 Im Hinblick auf eine ausführliche Erläuterung des bestehenden Angebots in diesem Fall vgl. Abschnitt 3.2.3.

207 Vgl. *Denker, H.*, Der geschlossene Produktkreislauf, in: *Hockerts, K./Petmecky, A./Hauch, S./Seuring, S./Schweitzer, R.* (Hrsg.), Kreislaufwirtschaft statt Abfallwirtschaft: optimierte Nutzung und Einsparung von Ressourcen durch Öko-Leasing und Servicekonzepte, Schriften der Bayreuther Initiative für Wirtschaftsökologie e.V., Band 1, Ulm 1994, S. 144; *SafeChem Umwelt Service GmbH*, CKW – mit Sicherheit eine saubere Problemlösung, Düsseldorf 2001, S. 2.

208 Vgl. Gesprächsprotokoll SafeChem Umwelt Service GmbH, S. 2.

209 Im Fall der Hersteller des Verbrauchsguts Pestizide bestand das Problem, daß sich die Kunden durch eine falsche Anwendung der Produkte vergifteten. Um einem drohenden Marktverbot zu begegnen entschloß sich daher eine schweizer Chemiefirma, anstatt der Produkte nur noch das Leistungsergebnis „unkrautfreie und ungezieferfreie Felder" zu verkaufen. Da durch den Einsatz eigenen Personals die Gefahren für den Kunden unterbunden wurden, konnte die drohende negative Konsequenzen eines Marktverbots für das Unternehmen vermieden werden. Vgl. *Stahel, W. R.*, Innovation für Nachhaltigkeit braucht Langsamkeit, in: *Backhaus, K./Bonus,H.* (Hrsg.), Die Beschleunigungsfalle oder der Triumph der Schildkröte, Stuttgart 1998, S. 172; *Seuring, S.*, Ertragsversicherungen statt Pestizidverkauf, in: *Hockerts, K./Petmecky, A./Hauch, S./Seuring, S./Schweitzer, R.* (Hrsg.), Kreislaufwirtschaft statt Abfallwirtschaft: optimierte Nutzung und Einsparung von Ressourcen durch Öko-Leasing und Servicekonzepte, Schriften der Bayreuther Initiative für Wirtschaftsökologie e.V., Band 1, Ulm 1994, S. 217f.

vergibt beim traditionellen Geschäftsmodell Lackverkauf Aufträge über einzelne Farbtöne in den Werken.[210] Eine Umsatzsteigerung ist somit für den Lackhersteller nur in kleinen Schritten durch die Gewinnung einer bestimmten Anzahl neuer Farbtöne im Werk eines Herstellers möglich. Durch das Angebot des Leistungsergebnisverkaufs[211] akquiriert ein Lackhersteller demgegenüber das vollständige Werk.[212] Der Performance Contracting-Markt ist somit in diesem Fall auch dadurch attraktiv, daß dieses Geschäftsmodell größere Schritte bei der Steigerung des Unternehmensumsatzes ermöglicht.

Die abschließende *Abb. 4-5* faßt die im Rahmen der Kundenanalyse zu berücksichtigenden Aspekte zusammen.

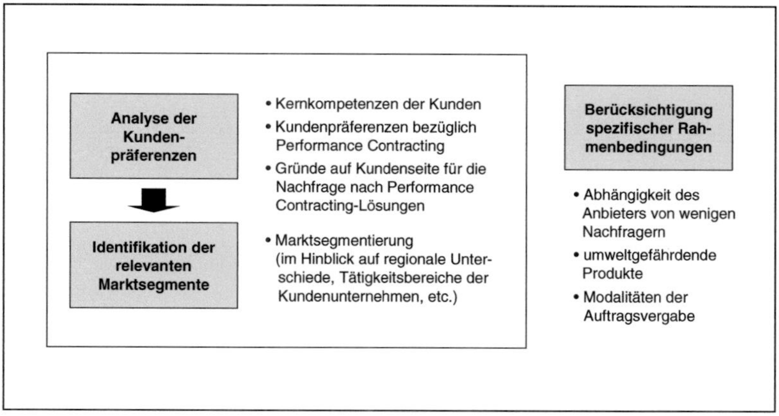

Abb. 4-5: Schritte der Kundenanalyse

4.2.2.2 Die Anbieteranalyse

Hat sich aus der Betrachtung der Kundenseite die Attraktivität und/oder Notwendigkeit eines Performance Contracting-Angebots ergeben, ist vom Hersteller zu analysieren, ob

---

[210] Vgl. Gesprächsprotokoll BASF Coatings AG, S. 4.

[211] Zum Angebot des Leistungsergebnisverkaufs bei Lacken vgl. Abschnitt 3.2.4.

[212] Vgl. Gesprächsprotokoll BASF Coatings AG, S. 4.

er in der Lage ist, ein derartiges Angebot auch mit dem notwendigen Kundenvorteil[213] anzubieten.

Die Ausgestaltungsformen des Performance Contracting erfordern vom Anbieter im Vergleich zum traditionellen Geschäftsmodell das Erbringen zusätzlicher Leistungen. Im Rahmen des Entscheidungsprozesses ist vom potenziellen Performance Contracting-Anbieter zu überprüfen, ob er das Know-how und die Kapazitäten besitzt oder aufbauen kann, diese Anforderungen zu erfüllen. Hierbei ist nicht nur zu analysieren, ob die gegenüber dem Kunden zu erbringenden zusätzlichen Dienstleistungen – wie z.B. Finanzdienstleistungen oder Personalbereitstellungsleistungen – erstellt werden können. Vielmehr bedingt das Angebot von Performance Contracting auch den zusätzlichen Aufbau intern erforderlichen Know-hows für Tätigkeiten, welche im Außenverhältnis zum Kunden nicht direkt sichtbar werden, wie etwa umfangreiche Administrationsleistungen.

Die Notwendigkeit eines Kundenvorteils hat zur Folge, daß durch ein Performance Contracting-Angebot Nutzen- und/oder Preisvorteile gegenüber der bisherigen Lösung des Kundenproblems realisiert werden müssen. Lediglich die Fähigkeit, die zusätzlich erforderlichen Leistungen zu erbringen, ist somit nicht ausreichend. Das grundsätzliche Ziel des Anbieters muß vielmehr sein, in jedem Element der übernommenen Wertschöpfung einen Vorteil zu erzielen. Gelingt dies nicht im Rahmen der Eigenerstellung bestimmter Wertschöpfungsbestandteile, ist vom Anbieter zu überprüfen, ob ein Fremdbezug der betroffenen Leistungen dies ermöglicht. Letztendlich ist jedoch entscheidend, ob das Kundenproblem insgesamt besser gelöst werden kann. Einzelne Nachteile bei bestimmten Wertschöpfungsbestandteilen können durch Vorteile bei anderen Bestandteilen der Wertschöpfung überkompensiert werden. Diese Kompensation kann auch dadurch notwendig werden, daß bestimmte Leistungen vom Performance Contracting-Anbieter nicht fremdvergeben werden können, da es sich beispielsweise um strategisch wichtige Leistungen, wie Koordinationsleistungen, handelt.

Die Fähigkeit, einen Kundenvorteil zu erzielen, kann jedoch nur beurteilt werden, wenn nicht nur die Anforderungen, sondern auch grundsätzliche Lösungsprinzipien aufgezeigt werden. Erst eine derartige Konkretisierung ermöglicht dem Anbieter eine Abschätzung,

---

[213] Vgl. Abschnitt 4.2.2.1.

ob bisher unausgeschöpfte Verbesserungspotenziale in den einzelnen Wertschöpfungsbestandteilen bestehen und somit Vorteile – in Form geringerer Kosten und/oder einer besseren Leistung des Anbieters – gegenüber den bisherigen Problemlösungen der Kunden erzielbar sind. Im Gegensatz zur Perspektive eines Dienstleistungsunternehmens sind hierbei die weitergehenden Einflußmöglichkeiten eines Herstellers zu beachten, der auch die Produktgestaltung festlegen bzw. modifizieren kann.

Grundlage eines Performance Contracting-Angebots eines Industriegüterherstellers sind seine Produkte. An erster Stelle ist daher dieser Aspekt im Hinblick auf die Erfordernisse des Performance Contracting zu analysieren. Diese Frage ist verbunden mit der Betrachtung der vom Anbieter zu erbringenden produktbezogenen Dienstleistungen. Auf dieser Basis können die einzelnen Ausgestaltungsformen des Performance Contracting einer Analyse unterzogen werden. Die bei einer Ausgestaltungsform abgeleiteten Anforderungen gelten dabei auch für die nachfolgenden umfassenderen Formen des Performance Contracting. *Abb. 4-6* verdeutlicht dies durch die Umschließung der einfacheren durch die umfangreicheren Formen des Performance Contracting. Schließlich muß ein Anbieter im Rahmen seines Entscheidungsprozesses auch die Frage der Weiterverwendung des Produkts nach Beendigung einer Performance Contracting-Vereinbarung bedenken. Die *Abb. 4-6* gibt den Aufbau der Anbieteranalyse wieder.

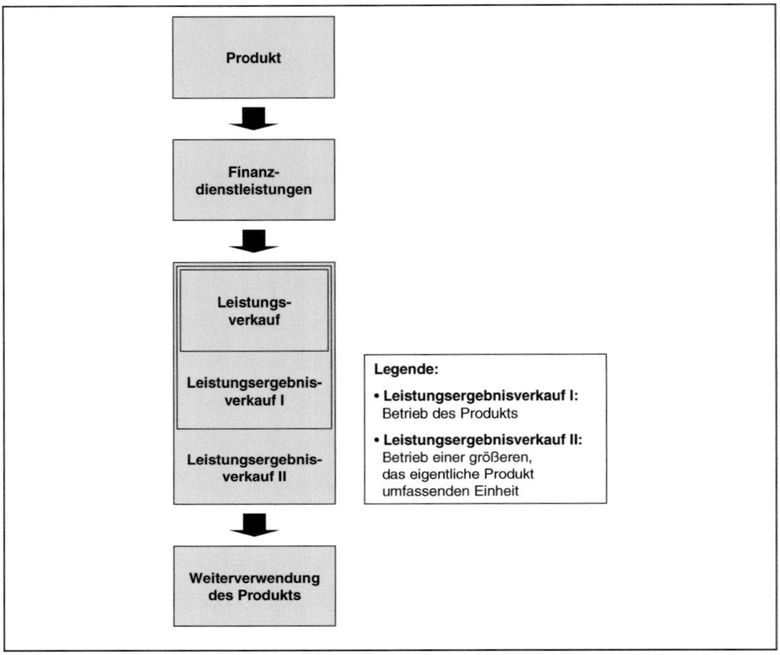

Abb. 4-6: Schritte der Anbieteranalyse

4.2.2.2.1 Das Produkt

Im Rahmen des Entscheidungsprozesses ist von einem potenziellen Performance Contracting-Anbieter zu überprüfen, ob die Produkte des Unternehmens für das Performance Contracting-Konzept geeignet sind. Das Geschäftsmodell Performance Contracting dehnt die Verantwortung des Herstellers über die Produktionsphase hinaus aus. Der Hersteller trägt ebenfalls die (Kosten-)Risiken während der Nutzungsphase seiner Produkte. Damit müssen auch die der Produktion nachgelagerten Phasen des Produktlebenszyklusses Gegenstand der Optimierungsbestrebungen des Herstellers sein. Die Analyse des Performance Contracting hat zudem gezeigt, daß dieses Geschäftsmodell mit einer erhöhten Abhängigkeit vom Kunden einhergeht.[214] Aus der Herstellerperspek-

[214] Vgl. Abschnitt 2.4.3.

tive ist somit zu prüfen, ob der Spezifitätsgrad der Produkte gesenkt und damit die Austauschbarkeit der Kunden erhöht werden kann, um eine Reduktion der Abhängigkeit des Anbieters zu bewirken.

Das Risiko, dieses neue Geschäftsmodell ohne eine Ausrichtung des Produktdesigns auf das Performance Contracting-Konzept umzusetzen, kann am Beispiel der Werkzeugmaschinenbranche aufgezeigt werden. Entschließt sich ein Werkzeugmaschinenhersteller, seinen Kunden die Leistung der Drehmaschinen für einen fixen Mietpreis zur Verfügung zu stellen (Leistungsverkauf), trägt er das Risiko für den Fall, daß ab einem bestimmten Alter seine Drehmaschinen nicht mehr zu den kalkulierten Kosten zu unterhalten sind. Bietet er an, die Drehmaschinen selbst zu betreiben (Leistungsergebnisverkauf), ist er gezwungen, etwa Ersatz zu stellen oder eine Pönale zu bezahlen, wenn die Maschinen mit zunehmendem Alter auch längere Ausfallzeiten aufweisen und so das vereinbarte Leistungsergebnis nicht erbracht werden kann. Dieser Fall kann eintreten, wenn bei der Produktkonzeption die Minimierung der Herstellkosten in den Vordergrund gestellt wurde und daher auf haltbarere Materialien oder Konstruktionsprinzipen mit geringeren Folgekosten verzichtet wurde. Die Ausdehnung der Kostenverantwortung erfordert somit eine **Lebenszykluskostenorientierung**[215] des Herstellers. Diese muß bereits in der Konzeptions- bzw. Konstruktionsphase der Produkte realisiert werden[216], da am Ende der Konzeptionsphase der Großteil der späteren Kosten bzw. kumulativen Produktlebenskosten bereits determiniert ist. Der Anteil dieser festgelegten Kosten beträgt i.d.R. zwischen 70 und 85 Prozent.[217] Die Voraussetzungen für ein erfolgreiches Performance Contracting-Angebot werden dementsprechend bereits im Rahmen der Produktkonzeption geschaffen.

---

215 Lebenszykluskosten (Life Cycle Costs) umfassen die totalen Kosten, die ein Produkt oder System während seiner gesamten Lebensdauer verursacht. Vgl. *Pfohl, H.-C./Wübbenhorst, K. L.*, Lebenszykluskosten: Ursprung, Begriff und Gestaltungsvariablen, in: JfB, H. 3, 1983, S. 142.

216 Vgl. z.B. *Lansing Linde LTD.*, Lower your materials handling costs with Lansing Linde, Basingstoke 1998, S. 4.

217 Vgl. *Pfohl, H.-C./Wübbenhorst, K. L.*, Lebenszykluskosten: Ursprung, Begriff und Gestaltungsvariablen, in: JfB, H. 3, 1983, S. 142; *Franck, E./Bagschik, T.*, Marktaktives Unternehmertum und die Entstehung produktnaher Dienstleistungen – Eine ökonomische Betrachtung, Freiberger Arbeitspapiere, Nr. 18, 1998, S. 26.

Im Rahmen des Lebenszykluskostenansatzes wird unter Akzeptanz höherer Herstellkosten (z.B. bedingt durch das Ziel größerer Zuverlässigkeit) und höherer Entwicklungskosten über eine Senkung der Folgekosten (z.B. aufgrund längerer Wartungsintervalle) insgesamt eine Reduktion der Lebenszykluskosten angestrebt.[218] In der Praxis stellt sich allerdings häufig das Problem, daß eine Konstruktion im Hinblick auf die Lebenszykluskosten noch nicht erfolgt. Dies hat sich im Rahmen der Branchenanalysen abgezeichnet[219] und findet sich auch in verschiedenen Publikationen bestätigt.[220] So hat eine Studie des *Instituts für Unternehmensplanung der Universität Hannover* für die industrielle Anlagenwirtschaft aus dem Jahr 1999 ergeben, daß anlagenlebenszyklusbezogene Kosten im Rahmen der Anlagenplanung – wenn überhaupt – nur unzureichend berücksichtigt werden.[221]

Werden die Produkte eines Herstellers den aufgezeigten Anforderungen des Performance Contracting nicht gerecht, ist zu überprüfen, ob und wie zukünftig diese Anforderungen erfüllt werden können. Dies bedingt die Präzisierung der Anforderungen und die Berücksichtigung grundsätzlicher Lösungsprinzipien bzw. -konzepte. Hierdurch kann ein Hersteller entscheiden, ob er die durch Performance Contracting-Angebote an das Produkt gestellten Anforderungen erfüllen kann und somit in der Lage ist, in das Geschäftsmodell Performance Contracting einzutreten.

Da der Performance Contracting-Anbieter die Verantwortung für die Betriebskosten – etwa in Form steigender Wartungskosten oder Ausfallzeiten – trägt, besteht von seiner Seite die Anforderung einer hohen Zuverlässigkeit bzw. Verfügbarkeit an die Produk-

---

218 Vgl. *Pfohl, H.-C./Wübbenhorst, K. L.*, Lebenszykluskosten: Ursprung, Begriff und Gestaltungsvariablen, in: JfB, H. 3, 1983, S. 146; *Fritsch, H.*, Was kostet eine Pumpe wirklich? – Pumpenauswahl nach den Lebenszykluskosten, http://www.lewa.de/ger/literature/article1.htm.

219 Vgl. Gesprächsprotokoll DMG Vertriebs und Service GmbH, S. 3; Gesprächsprotokoll Linde AG, S. 5.

220 Vgl. *Schmohl, H.-P.*, Die weltweite Konzentration der Flurförderzeuge-Hersteller geht weiter, in: *VDI-Gesellschaft Fördertechnik, Materialfluss, Logistik* (Hrsg.), 11. Heidelberger Tagung der Flurföderzeugbetreiber, Düsseldorf 2001, S. 5; *Granthien, M./Höft, J./Schimmelpfeng, K.*, Lebenszyklusorientierte Kostenbetrachtung im Rahmen der industriellen Anlagenwirtschaft, in: krp, H. 4, 1999, S. 236ff.

221 Im Rahmen der Studie wurden 23 Unternehmen u.a. aus der Metallverarbeitung, der Elektroindustrie, der Verfahrenstechnik, der chemischen Industrie sowie der Energierezeugung befragt. Vgl. *Granthien, M./Höft, J./Schimmelpfeng, K.*, Lebenszyklusorientierte Kostenbetrachtung im Rahmen der industriellen Anlagenwirtschaft, in: krp, H. 4, 1999, S. 235.

te.[222] Dies erfordert eine geringe Standzeit, lange Wartungsintervalle und eine Minimierung des Verschleisses.[223] Für eine Optimierung der vom Anbieter zu tragenden Betriebskosten erweist sich darüber hinaus eine wartungs- und reparaturgerechte Gestaltung als wesentlich. Ein möglichst kostengünstiger Ersatz defekter oder verschlissener Bauteile ist hierdurch realisierbar.[224] Das Produktkonzept muß aus Anbieterperspektive zudem eine Anpassung der Produkte an neue technische Entwicklungen ermöglichen, um eine schnelle Entwertung der Produkte zu vermeiden. Dies erweist sich als wichtig, da die Produkte beim Performance Contracting-Geschäftsmodell im Eigentum des Herstellers verbleiben und dieser somit das Restwertrisko trägt.

Ansätze zur Erfüllung dieser Anforderungen bzw. eines Life-Cycle-Engineering und damit zur Realisierung von Performance Contracting-Angeboten ergeben sich in der Literatur aus den Publikationen zur Sustainability-Forschung.[225] Das Themengebiet des Performance Contracting wird in den letztgenannten Publikationen zwar vorrangig unter einer umweltpolitischen Perspektive betrachtet, jedoch wird auch der für eine betriebswirtschaftliche bzw. anbieterorientierte Analyse wichtige Aspekt der konstruktiven Voraussetzungen auf der Anbieter- bzw. Produktseite analysiert.[226]

---

222 Vgl. Gesprächsprotokoll DaimlerChrysler AG, S. 3; Gesprächsprotokoll Lansing Linde LTD, S. 3; Gesprächsprotokoll Linde AG, S. 4; Gesprächsprotokoll DMG Vertriebs und Service GmbH, S. 3.

223 Vgl. Gesprächsprotokoll DaimlerChrysler AG, S. 3; Gesprächsprotokoll Lansing Linde LTD, S. 3; Gesprächsprotokoll Linde AG, S. 4; Gesprächsprotokoll DMG Vertriebs und Service GmbH, S. 3.

224 Vgl. hierzu auch *Deutsch*, der für den Fall der PKW-Branche darauf hinweist, daß mit dem Übergang vom Finanz- zum Nutzenleasing das Interesse der Leasinggesellschaften an soliden, reparaturfreundlichen und wartungsarmen PKW steigt. Vgl. *Deutsch, C.*, Abschied vom Wegwerfprinzip: die Wende zur Langlebigkeit in der industriellen Produktion, Stuttgart 1994, S. 57.

225 Vgl. Abschnitt 2.5.

226 Vgl. z.B. *Deutsch, C.*, Abschied vom Wegwerfprinzip: die Wende zur Langlebigkeit in der industriellen Produktion, Stuttgart 1994, S. 56ff.; *Franck, E./Bagschik, T./Opitz, C./Pudack, T.*, Strategien der Kreislaufwirtschaft und mikroökonomisches Kalkül, Stuttgart 1999, S. 76ff.; *Behrendt, S./Pfitzner, R./Kreibich, R.*, Wettbewerbsvorteile durch ökologische Dienstleistungen: Umsetzung in der Unternehmenspraxis, Berlin et al. 1999, S. 19f.; *Hiessl, H./Meyer-Krahmer, F./Schön, M.*, Auf dem Weg zu einer ökologischen Stoffwirtschaft – Teil II: Die Rolle einer ganzheitlichen Produktpolitik, in: GAIA, H. 2, 1995, S. 94.

Im Prinzip der **Modularisierung**[227] bzw. einem sogenannten Baukastensystem wird ein wesentliches Konzept zur Optimierung der Lebenszykluskosten gesehen.[228] Derartig konstruierte Produkte ermöglichen eine einfache und zerstörungsfreie Demontage und Remontage von Produktbestandteilen und damit eine einfache, schnelle und kostengünstige Wartung und Reparatur und tragen dadurch zu einer Reduktion der Betriebskosten bei.[229] Zudem ist hierdurch eine einfache Anpassung der Produkte an neue technische Entwicklungen realisierbar, da es oftmals ausreicht, einzelne Module weiterzuentwikkeln und auszutauschen.[230] Eine schnelle Entwertung der bei Performance Contracting herstellereigenen Produkte wird so vermieden.

Der Hersteller Xerox Corp. hat für sein Performance Contracting-Angebot in Form des Leistungs- und Leistungsergebnisverkaufs mit dem „Xerox Life Cycle Design" ein neues Konstruktionsprinzip eingeführt, welches das Prinzip der Modularisierung ver-

---

227 Modularisierung bedeutet dabei eine Strukturierung des Produkts in Bausteine, die möglichst wenig Verbindungen untereinander besitzen. Vgl. z.B. *Schirrmeister, E.*, Produktgestaltung und Produktentwicklung, in: *Fleig, J.*, Zukunftsfähige Kreislaufwirtschaft: mit Nutzenverkauf, Langlebigkeit und Aufarbeitung ökonomisch und ökologisch wirtschaften, Stuttgart 2000, S. 136. *Schirrmeister* präzisiert daß unter Modularisierung „eine Strukturierung des Produkts in Bauteile, Baugruppen und Module, die ergänzend an verschiedene Basiskomponenten mit dem geringsten Aufwand angepasst werden können [zu verstehen ist]. Baugruppen und Module sind hierbei Kombinationen aus bestimmten Komponenten auf niedriger Komplexitätsebene, aber mit möglichst wenig Verbindungen extern von Baugruppe zu Baugruppe bzw. Modul zu Modul. Mit der Modularisierung wird erreicht, daß eigenständige Bausteine entstehen, die zu anderen Bauteilen, Baugruppen oder Modulen nur über genau definierte Schnittstellen in Verbindung stehen." *Schirrmeister, E.*, Produktgestaltung und Produktentwicklung, in: *Fleig, J.*, Zukunftsfähige Kreislaufwirtschaft: mit Nutzenverkauf, Langlebigkeit und Aufarbeitung ökonomisch und ökologisch wirtschaften, Stuttgart 2000, S. 136.

228 Vgl. z.B. *Franck, E./Bagschik, T./Opitz, C./Pudack, T.*, Strategien der Kreislaufwirtschaft und mikroökonomisches Kalkül, Stuttgart 1999, S. 81ff.; *Fleig, J.*, Strategische Planung im Unternehmen, in Fleig, J., Zukunftsfähige Kreislaufwirtschaft: mit Nutzenverkauf, Langlebigkeit und Aufarbeitung ökonomisch und ökologisch wirtschaften, Stuttgart 2000, S. 101; *Hiessl, H./Meyer-Krahmer, F./Schön, M.*, Auf dem Weg zu einer ökologischen Stoffwirtschaft – Teil II: Die Rolle einer ganzheitlichen Produktpolitik, in: GAIA, H. 2, 1995, S. 94.

229 Vgl. *Schirrmeister, E.*, Produktgestaltung und Produktentwicklung, in: *Fleig, J.*, Zukunftsfähige Kreislaufwirtschaft: mit Nutzenverkauf, Langlebigkeit und Aufarbeitung ökonomisch und ökologisch wirtschaften, Stuttgart 2000, S. 137; *Franck, E./Bagschik, T./Opitz, C./Pudack, T.*, Strategien der Kreislaufwirtschaft und mikroökonomisches Kalkül, Stuttgart 1999, S. 82.

230 Vgl. *Franck, E./Bagschik, T./Opitz, C./Pudack, T.*, Strategien der Kreislaufwirtschaft und mikroökonomisches Kalkül, Stuttgart 1999, S. 82; *Schirrmeister, E.*, Produktgestaltung und Produktentwicklung, in: *Fleig, J.*, Zukunftsfähige Kreislaufwirtschaft: mit Nutzenverkauf, Langlebigkeit und Aufarbeitung ökonomisch und ökologisch wirtschaften, Stuttgart 2000, S. 139.

folgt.[231] Neben einer Modularisierung wird darüber hinaus vom Hersteller eine Standardisierung von Komponenten nach Funktionen über die verschiedenen Kopiergeräte angestrebt.[232] Das Prinzip der **Standardisierung von Modulen** über die verschiedenen Produkte findet sich auch beim Beispiel Werkzeugmaschinen.[233] Vorteile dieses Konstruktionsprinzips bestehen darin, daß die gleichen Module in mehreren Produkten verwendet werden und somit höhere Produktionszahlen erreicht werden. Hierdurch können Einsparungen bei den Herstellkosten im Sinne von economies of scale[234] und Qualitätsvorteile durch die große Erfahrung erzielt werden. Qualitätsvorteile tragen wiederum aus der Perspektive eines Performance Contracting-Anbieters über eine höhere Zuverlässigkeit der Produkte zu einer Senkung der Betriebskosten bzw. einer Beherrschung des Betriebskostenrisikos bei. Darüber hinaus ist durch die geringere Anzahl unterschiedlicher Teile eine Verminderung der Lagerkosten sowie eine Senkung der Schulungskosten für die Wartungsabteilung realisierbar. Verschiedene Branchen, wie der Flugzeugbau, japanische PKW oder elektronische Güter sind Beispiele für eine derartige Standardisierung. Ein Auslöser war in diesen Fällen in den Anforderungen von Leasinggesellschaften und Flottenbetreibern zu sehen.[235]

Die Verantwortung des Performance Contracting-Anbieters für die Lebenszykluskosten bedingt, daß eine Lebenszykluskostenoptimierung nicht auf die Konstruktionsphase eines Produkts begrenzt sein darf. Vielmehr ist diese als ein **kontinuierlicher Prozeß** anzusehen. DaimlerChrysler CharterWay erfaßt etwa die gesamten Fahrzeugdaten und analysiert die Lebensläufe der Fahrzeuge. Die Anfälligkeit jeder Komponente wird untersucht und gegebenenfalls werden hausinterne Empfehlungen zu Verbesserungspoten-

---

231 Vgl. *Landesanstalt für Umweltschutz Baden-Württemberg*, Allgemeine Kreislauf- und Rückstandswirtschaft, Beispielband, Handbuch Abfall 1, Karlsruhe 1996, S. 43A.

232 Vgl. *Landesanstalt für Umweltschutz Baden-Württemberg*, Allgemeine Kreislauf- und Rückstandswirtschaft, Beispielband, Handbuch Abfall 1, Karlsruhe 1996, S. 44A.

233 Vgl. z.B. *Schirrmeister, E.*, Produktgestaltung und Produktentwicklung, in: *Fleig, J.*, Zukunftsfähige Kreislaufwirtschaft: mit Nutzenverkauf, Langlebigkeit und Aufarbeitung ökonomisch und ökologisch wirtschaften, Stuttgart 2000, S. 149f.

234 Vgl. z.B. *Beer, M.*, Outsourcing unternehmensinterner Dienstleistungen: Optimierung des Outsourcing-Entscheidungsprozesses, Wiesbaden 1998, S. 33.

235 Vgl. *Landesanstalt für Umweltschutz Baden-Württemberg*, Allgemeine Kreislauf- und Rückstandswirtschaft: Intelligente Produktionsweisen und Nutzungskonzepte, Handbuch Abfall 1, Karlsruhe 1996, S. 299.

zialen ausgesprochen.[236] Im Fokus der **permanenten Produktinnovation** steht somit im Performance Contracting-Geschäftsmodell insbesondere eine Senkung der Lebenszykluskosten.[237]

Das Konzept des Performance Contracting stellt nicht nur bei Gebrauchsgütern neue Anforderungen an die Produkte eines Unternehmens. Dies zeigt sich beispielhaft beim Lack-Hersteller BASF. Dieser hat in Kooperation mit dem Anlagenbauer Dürr Systems die Verantwortung für den Lackierprozess der Mercedes Benz A-Klasse im Werk Rastatt übernommen. Bedingung für den Auftragserhalt war die Einhaltung eines Zielpreises pro Karosserie, der – bei Beibehaltung des bisherigen Qualitätsniveaus – die Kostenkomponenten Material (Lack und weitere Chemikalien), Personal, Energie und Investition umfaßte. Für die Kooperation stellte sich damit das Problem, wie dieses Leistungsergebnis erreicht werden konnte. Die Kostenverantwortung bzw. das Eigeninteresse der Anbieter an einer kostenoptimalen Lösung bedingten nicht nur verschiedene Innovationen im Bereich der Anlagen-/Prozeßtechnik, sondern auch im Bereich des Lackmaterials. Als Lösung wurde schließlich der Einsatz der sogenannten Dünnschicht-Technologie gefunden, welche den Materialverbrauch erheblich verringerte.[238] Perfor-

---

236 Vgl. *Wagner, P.-J.*, Flottenmanagement von Nutzfahrzeugen, in: *Fleig, J./Krause, U.* (Hrsg.), Innovative Marktkonzepte für die Kreislaufwirtschaft, Karlsruhe 1997, S. 61f.

237 Der LKW-Hersteller Scania hat dies mit dem „Opticruise System" realisiert. Das Ergebnis der Zielsetzung einer Optimierung der Betriebskosten stellte die ladegewichtsabhängige Steuerung von Motor und Getrieb dar. Dieses „Opticruise System" ermöglicht eine Verringerung des allgemeinen Verschleisses, eine höhere Reifenlaufleistung und einen geringeren Benzinverbrauch. Vgl. *Rick, J.*, Vom Dienstleistungsangebot zum Performance Contracting, Vortrag auf dem Symposium „Vom Hersteller zum Dienstleister" des Betriebswirtschaftlichen Instituts für Anlagen und Systemtechnologien, Münster 2000. Dies zeigt sich auch am Beispiel der Kopiergerätehersteller. Bei einem Kopiergerät, welches im traditionellen Geschäftsmodell vermarktet wird, muß ein Kunde nach ca. 100.000 Kopien den Toner nachfüllen und die Bildtrommel wechseln lassen. Bei einem Gerät, welches im Rahmen des Performance Contracting-Geschäftsmodells vermarktet wird, ist ein Wechsel der Bildtrommel dagegen erst nach 1,5 Millionen Kopien notwendig. Vgl. *Deutsch, C.,* Abschied vom Wegwerfprinzip: die Wende zur Langlebigkeit in der industriellen Produktion, Stuttgart 1994, S. 58. *Stahel* formuliert zu Beispiel der Kopiergerätehersteller: „Wenn er Nutzen verkauft verliert der Verkäufer jedes Mal Geld, wenn er jemanden schicken muß. Hat er dagegen das Geräte verkauft, verdient er am Service – er kann dann Fahrtspesen, den Stau auf der Autobahn, die Ersatzteile und vieles mehr verrechnen." *Stahel, W. R.,* Erkenntnisse der Studie: Vermeidung von Abfällen im Bereich der Produkte, Vertiefungsstudie zur Langlebigkeit und zum Materialrecycling, in: *Ministerium für Umwelt Baden-Württemberg* (Hrsg.), Tagungsbericht Wirtschaft und Staat: Zusammen Lösungen zur Abfallvermeidung anpacken, Reihe Luft-Boden-Abfall, H. 16, Stuttgart 1991, S. 66.

238 Vgl. Gesprächsprotokoll BASF Coatings AG, S. 5.

mance Contracting-Angebote können somit auch im Fall der Verbrauchsgüter Änderungen im Produktbereich erfordern.

Im Hinblick auf die (schnelle) Realisierung des Life-Cycle-Engineering und damit der Voraussetzungen für ein erfolgreiches Performance Contracting-Angebot bestehen jedoch verschiedene **Umsetzungsprobleme**. Für die Realisierung des Life-Cycle-Engineering ist ein „Betreiber-Know-how", d.h. die Kenntnis der Betriebsdaten erforderlich. Werden Informationen über Betriebskosten etc. nicht bereits im Rahmen von Wartungsleistungen erfaßt oder können sie nicht vom Kunden akquiriert werden, ist über Pilotprojekte dieses Wissen erst zu generieren.

Ein weiteres Problem stellt die begrenzte Kapazität der Konstruktionsabteilungen der Hersteller dar.[239] Die Kapazität dieser Abteilungen ist nicht auf eine Neukonstruktion oder Überarbeitung aller Produkte eines Unternehmens innerhalb kurzer Zeit ausgelegt. Dies kann bei einem breiten Produktprogramm zu einem erheblichen Zeitbedarf für die Vorbereitung des neuen Geschäftsmodells führen. Ein umfassendes Performance Contracting-Angebot bedarf somit häufig einer längeren Vorlaufzeit.

Zur Reduzierung des aus der Übernahme der Verantwortung für die Lebenszykluskosten resultierenden Risikos benötigt ein Performance Contracting-Anbieter zudem Angaben über die Fehleranfälligkeit zugelieferter Teile. Es ist allerdings festzustellen, daß die Lieferanten dazu häufig noch nicht in der Lage oder nicht gewillt sind.[240]

Insgesamt zeigt sich, daß von einem potenziellen Performance Contracting-Anbieter zu überprüfen ist, ob die auf seiner Seite bestehenden Produkte den Anforderungen des Performance Contracting-Konzepts im Sinne einer Lebenszykluskostenoptimierung bereits entsprechen. Eine Überprüfung der Produktkonstruktion im Hinblick auf die Aspekte Modularisierung der Produkte, Standardisierung von Modulen und austauschgerechte Konstruktion liefert dabei wesentliche Hinweise, ob Performance Contracting-Angebote bereits heute oder zukünftig aus Anbieterperspektive realisiert werden können. Durch eine Anpassung der Produktkonzeption auf die Erfordernisse des neuen Ge-

---

239 Vgl. Gesprächsprotokoll Linde AG, S. 5.

240 Vgl. Gesprächsprotokoll DMG Vertriebs und Service GmbH, S. 5.

schäftsmodells ist es erst möglich, die mit einem Performance Contracting-Angebot zu übernehmenden (Kosten-)Risiken zu beherrschen und derartige Problemlösungen am Markt anzubieten. Die Modularisierung der Produkte, Standardisierung von Modulen und austauschgerechte Konstruktion hat zudem geringere Umrüstungskosten bei einem veränderten Einsatz eines Produkts zur Folge und verringern damit die Abhängigkeit des Anbieters vom Kunden. *Abb. 4-7* faßt die zu beachtenden Aspekte zusammen.

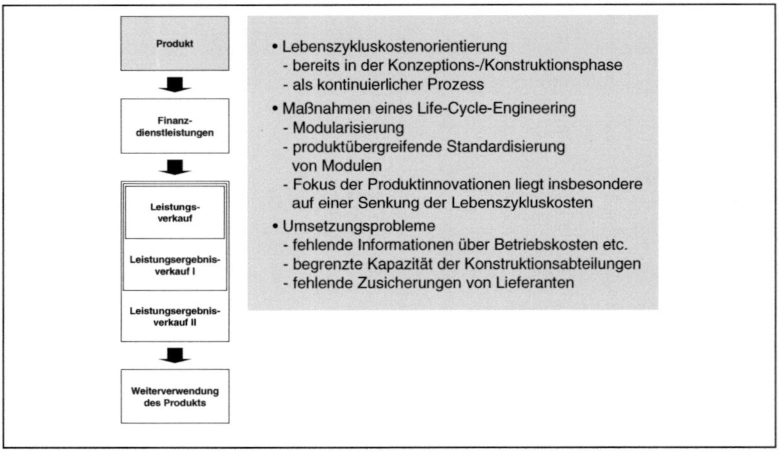

Abb. 4-7: Anbieteranalyse: Das Produkt

Eine spezifische Situation besteht, wenn Hersteller bereits Vorteile bei ihren Produkten in Form geringerer Lebenszykluskosten besitzen, aber die Kunden diese Vorteile nicht honorieren. Dies kann in Informationsdefiziten der Nachfrager begründet liegen oder darin, daß sowohl die Einschätzung des Nutzens als auch der gesamten Kosten des Verbrauchs komplexer Produkte für den Nachfrager problematisch ist. Performance Contracting-Angebote können dann dazu beitragen, diese Problemstellung für einen Hersteller zu beheben, da hierdurch das Angebot für den Nachfrager in eine leicht beurteilbare Standarddienstleistung transformiert wird. Aus komplexen Investitionen in LKWs, Fotokopierer etc. werden dann einfache Markttransaktionen, die nach den Kriterien

„Preis pro km“, „Preis pro Kopie“ etc. ohne Fehlwahlprobleme abgewickelt werden können.[241]

4.2.2.2.2 *Finanzdienstleistungen*

Der Hersteller erhält beim Performance Contracting die Kosten für die Produktherstellung nicht direkt erstattet, sondern es erfolgt vielmehr eine Erstattung durch die Entrichtung von Nutzungsgebühren.[242] Er muß somit beim Performance Contracting-Geschäftsmodell die Produkte nicht nur bis zu ihrer Fertigstellung bzw. bis zum Verkaufszeitpunkt vorfinanzieren, sondern darüber hinaus bis zu ihrer endgültigen Amortisation. Der Performance Contracting-Anbieter übernimmt somit dem Kunden gegenüber eine **Finanzierungsfunktion**, d.h. er erbringt eine Finanzdienstleistung.

Im Rahmen des Entscheidungsprozesses ist zu prüfen, ob in diesem Anforderungsbereich Potenziale zur Realisierung eines Kundenvorteils bestehen. Diese können in möglichen Größenvorteilen des Anbieters bei der Bereitstellung der Finanzierung im Vergleich zu den Kunden liegen. Im Hinblick auf die Realisierung von Größenvorteilen ist von einem potenziellen Performance Contracting-Anbieter insbesondere zu beachten, ob diese selbst erzielt werden können oder ob eine Kooperation mit einem spezialisierten Institut notwendig ist.

Beispiele für die Strategieoption der Eigenerstellung stellen die Neugründungen von Finanzinstituten der großen Unternehmen der Automobilindustrie dar.[243] Ein Beispiel für den Fremdbezug dieser Leistungen ist die Kooperation des Flurförderzeug-Herstellers Lansing Linde LTD. mit der Barclays Bank.[244] Leasinggesellschaften, wie

---

241 Vgl. *Franck, E./Bagschik, T.*, Marktaktives Unternehmertum und die Entstehung produktnaher Dienstleistungen – Eine ökonomische Betrachtung, Freiberger Arbeitspapiere, Nr. 18, 1998, S. 1ff.

242 Zu den Möglichkeiten einer unterschiedlichen Gestaltung der Nutzungsgebühr und einer damit verbundenen Variation der Regelmäßigkeit bzw. Kontinuität des Anfalls der Nutzungsgebühren vgl. Abschnitt 2.4.2.

243 Vgl. *Kimmel, G.*, Finanzwirtschaftliche Beratungsleistungen der KFZ-Hersteller: alternative KFZ-Finanzierungsformen aus der Sicht des Kunden, Idstein 1993, S. 36.

244 Vgl. Gesprächsprotokoll Lansing Linde LTD, S. 4.

die Deutsche Leasing AG, bieten zudem speziell für Hersteller oder Händler Kooperationsmodelle zur Entwicklung von Leasingmodellen an. Das Angebot an Ausgestaltungsmöglichkeiten dieser Kooperationsmodelle ist vielfältig und beinhaltet u.a. die Gründung von Gemeinschaftsunternehmen.[245]

Bei der Entscheidung über eine Eigenerstellung der Finanzdienstleistung ist von einem Hersteller auch zu berücksichtigen, ob er überhaupt das erforderliche Finanzierungs-know-how aufbringen kann.[246] Im Fall des Fremdbezugs kann der Hersteller auf das Know-how des spezialisierten Partners zurückgreifen.[247] Die Erbringung der Finanzdienstleistung für den Kunden hat insgesamt die Bindung erheblicher personeller und vor allem finanzieller Ressouren zur Folge.[248] Können diese von einem Unternehmen nicht aufgebracht werden, ist eine Kooperation mit einem spezialisierten Institut zwingend. Kann ein Hersteller eine derartige Kooperation nicht realisieren, dann erweist sich ein Eintritt in das Performance Contracting-Geschäftsmodell als nicht möglich.

4.2.2.2.3 Leistungsverkauf: Technischer Betrieb des Produkts

Beim Angebot des Leistungsverkaufs wird dem Kunden die Leistung eines Produkts zur Verfügung gestellt. Über die Maßnahmen der Produktgestaltung hinausgehend stellt sich die Frage, ob Potenziale für Vorteile gegenüber bisher bei Kunden realisierten Lösungen bestehen und somit Performance Contracting-Angebote mit dem notwendigen Kundenvorteil etabliert werden können. Hierzu sind von einem Hersteller die unterschiedlichen Anforderungsbereiche beim Leistungsverkauf im Hinblick auf Effektivitäts- und/oder Effizienzvorteile gegenüber dem Kunden zu prüfen.

---

245 Vgl. *Creutzburg, E.*, Internationaler Partner des Mittelstands, in: business global, Sonderausgabe Deutsche Leasing, 2001, S. 5; *Deutsche Auto-Leasing GmbH*, Unsere Ideen begleiten Sie in Europa und weltweit, Bad Homburg 2001, S. 5; http://www.deutsche-leasing-ag.de/dl-equip/body_kooperationen.html, v. 02.04.01.

246 Vgl. *Kimmel, G.*, Finanzwirtschaftliche Beratungsleistungen der KFZ-Hersteller: alternative KFZ-Finanzierungsformen aus der Sicht des Kunden, Idstein 1993, S. 36.

247 Vgl. *Kimmel, G.*, Finanzwirtschaftliche Beratungsleistungen der KFZ-Hersteller: alternative KFZ-Finanzierungsformen aus der Sicht des Kunden, Idstein 1993, S. 33.

248 Vgl. Abschnitt 2.4.2.

Mit dem Angebot zum Leistungsverkauf muß der Hersteller zum einen alle notwendigen Leistungen zur Gewährleistung der Verfügbarkeits des Produkts erbringen, d.h. er übernimmt die Dienstleistungen Wartung und Reparatur inklusive aller Kosten für die Kunden.[249] Diese Leistungen werden vielfach noch durch kundeneigene Wartungsabteilungen erbracht.[250] *Picot/Hardt* zeigen auf, daß Dienstleistungsanbieter – in diesem Fall der Performance Contracting-Anbieter – gegenüber einzelnen Kunden häufig Größenvorteile erzielen zu können.[251] Dies kann etwa darin begründet liegen, daß Kunden die Wartungskapazitäten nicht immer vollständig auslasten können. Der Performance Contracting-Anbieter besitzt aufgrund größerer Nachfragemengen zudem Preisvorteile beim Erwerb der notwendigen Betriebsstoffe, wie Reifen oder Schmierstoffe. Die Existenz von kundeneigenen Wartungsabteilungen kann daher als wesentlicher Hinweis für Potenziale zur Verbesserung der bisherigen Kundenlösung gesehen werden. Dies stimmt auch mit den Erfahrungen von Performance Contracting-Anbietern überein.[252] Performance Contracting-Angebote können dann von einem Hersteller mit dem notwendigen Kundenvorteil erbracht werden.

Picot/Hardt weisen weiterführend auf das häufige Problem hin, daß die benötigte Kapazität vor Ort beim Kunden so gering ist, daß eine Spezialisierung ökonomisch nicht sinnvoll ist.[253] Im Hinblick auf Performance Contracting-Angebote bestand bisher so beispielsweise das Problem, daß gerade kleinere Wartungsaufgaben oder Kontrollen an den Maschinen für den Hersteller nur mit vergleichsweise hohen Kosten durchzuführen waren. Eigene Wartungsabteilungen des Kunden besaßen diesbezüglich bisher Vorteile.

---

[249] Vgl. Abschnitt 2.3.2.1.

[250] Vgl. Gesprächsprotokoll Linde AG, S. 6; Gesprächsprotokoll BASF Coatings AG, S. 5; Gesprächsprotokoll DMG Vertriebs und Service GmbH, S. 3; Gesprächsprotokoll Paul Consulting GmbH & Co., S. 1f.; Gesprächsprotokoll Deutsche Leasing AG, S. 2.

[251] Vgl. *Picot, A./Hardt, P.*, Make-or-Buy-Entscheidungen, in: *Meyer, A.* (Hrsg.), Handbuch Dienstleistungs-Marketing, Bd. 1, Stuttgart 1998, S. 637. Das Vorliegen von Größenvorteilen hängt dabei im jeweiligen Fall davon ab, auf wieviele spezialisierte Dienstleister sich die bestehenden Marktpotenziale konzentrieren. Vgl. *Picot, A./Hardt, P.*, Make-or-Buy-Entscheidungen, in: *Meyer, A.* (Hrsg.), Handbuch Dienstleistungs-Marketing, Bd. 1, Stuttgart 1998, S. 637.

[252] Vgl. Gesprächsprotokoll Linde AG, S. 6; Gesprächsprotokoll DMG Vertriebs und Service GmbH, S. 3; Gesprächsprotokoll Paul Consulting GmbH & Co., S. 2; Gesprächsprotokoll Deutsche Leasing AG, S. 2.

[253] Vgl. *Picot, A./Hardt, P.*, Make-or-Buy-Entscheidungen, in: *Meyer, A.* (Hrsg.), Handbuch Dienstleistungs-Marketing, Bd. 1, Stuttgart 1998, S. 637.

Durch die Entwicklung in der Informations- und Kommunikationstechnik werden Dienstleistungen jedoch in immer größerem Maße telekommunikativ transportfähig, d.h. auf Telebasis abwickelbar. Größen- und Faktorpreisvorteile sowie Know-how-Vorteile lassen sich so besser nutzen.[254]

Eine wesentliche Rolle bei der Entscheidung über den Eintritt in das Performance Contracting-Geschäftsmodell kommt daher der Frage zu, ob **Teleservice-Systeme** bestehen oder entwickelt werden können, um so Größenvorteile eines Herstellers nutzen und Performance Contracting-Angebote mit dem notwendigen Kundenvorteil realisieren zu können. Unter dem Begriff Teleservice[255] faßt man dabei die telekommunikative Unterstützung der Inbetriebnahme, Störfallbeseitigung, Wartung und Reparatur von Maschinen und Anlagen.[256] Der Anbieter spart durch derartige Systeme Kundenbesuche (z.B. für Wartungsaufgaben oder Softwareänderungen) und damit Reisekosten ein. Er kann zudem durch eine Problemanalyse vor dem Monteurbesuch die Reparaturzeit und dementsprechend die Arbeitskosten verringern. Teleservice-Systeme tragen auch zu einer Einhaltung der zugesicherten Verfügbarkeiten bei, da aufgrund der bereitgestellten Informationen eine Verkürzung der Reaktionszeit bei Störfällen sowie eine präventive

---

254 Vgl. *Picot, A./Hardt, P.*, Make-or-Buy-Entscheidungen, in: *Meyer, A.* (Hrsg.), Handbuch Dienstleistungs-Marketing, Bd. 1, Stuttgart 1998, S. 637.

255 Der Begriffsbestandteil „tele“ stammt aus der griechischen Sprache und ist mit fern oder weit bzw. „über eine größere Entfernung folgend“ zu übersetzen. Dies verdeutlicht, daß ein Teleservice-System die Standortbindung, die bisher zur Erbringung einer Dienstleistung erforderlich war, versucht aufzuheben. Vgl. *Jaschinski, C./Spieß, M.*, Teleservice – Eine Einführung, Sonderdurck Forschungsinstitut für Rationalisierung an der RWTH Aachen, 5. Aufl., Aachen 1998, S. 3.

256 Vgl. *Berger, R./Krüger, J./Neubert, A.*, Internet-basierter Teleservice, in: Industrie Management, H. 3, 1998, S. 37. Technisch beinhaltet Teleservice die automatische Erkennung und Aufnahme von Maschinen- und Prozeßdaten sowie deren Weiterleitung über ein Datennetz an Verarbeitungs- und Analyseprogramme beim Hersteller oder beim Kunden. Inhaltlich resultieren hieraus verschiedene mögliche Funktionen bzw. Teleservicedienste. Unterschieden werden die Funktionen Inbetriebnahmeunterstützung, Ferndiagnose, Fernwartung, Fernprogrammierung (Übertragung von Befehlen, Programmcodes oder ganzen Softwareprogrammen), Modernisierung der Basissoftware (Update-Funktion), Online-Recherche in elektronischen Wissensdatenbanken sowie Fernschulungs- und Fernweiterbildungsmaßnahmen. Vgl. *Hudetz, W./Harnischfeger, M./Michler, T./Hermes, P./Hillebrand, S./Quast, H.*, Teleservice für die industrielle Produktion – Potentiale und Umsetzungshilfen – Leituntersuchung innerhalb des Rahmenkonzepts „Produktion 2000“, Wissenschaftliche Berichte FZKA-PFT 186, Karlsruhe 1997; *Maßberg, W./Hermsen, M.*, Globale Nähe: Dienstleistungen über Datenautobahnen, in: Rubin, H. 2, 1998, S. 41; *Jaschinski, C./Spieß, M.*, Teleservice – Eine Einführung, Sonderdurck Forschungsinstitut für Rationalisierung an der RWTH Aachen, 5. Aufl., Aachen 1998, S. 4.

Wartung möglich ist. Durch die optimierte Wartung kann darüber hinaus der Wiederverkaufswert der Maschine gesteigert werden.[257]

Internet-Dienst	Anwendung beim Teleservice
World Wide Web WWW	Multimediales Informationssystem für Maschinendaten, Ersatzteil- und Bestellwesen.... Plattformunabhängige Prozeßvisualisierung (Java, VRML) Bildtelephonie zur gemeinsamen Fehleranalyse
Internet Relay Chat IRC	Textbasierte online-Kommunikation zwischen dem Servicetechniker „vor Ort" und dem Experten des Anlagenherstellers
Electronic-Mail (E-Mail)	Versenden kurzer Textmitteilungen, Kommunikation mit Experten
News Newsgroups	Textbasierter Erfahrungsaustausch zwischen Anwendern und Experten des Herstellers. Beratung zu einer speziellen Fehlerbeseitigung
Telnet	Kontrolle laufender Prozesse. Analyse von Log-Dateien
File Transfer Protocol (FTP)	Sicherung von Inbetriebnahmedaten, Upload von NC-Programmen, Bereitstellung von Software-Updates

Abb. 4-8: Internet-Basisdienste und Anwendungen beim Teleservice[258]

Ein zusätzliches Kostensenkungspotenzial ergibt sich für den Hersteller, wenn Internet-Technologien für ein Teleservice-System genutzt werden können. Der Hersteller kann hierbei die Kosten im Vergleich zu herkömmlichen Teleservice-Lösungen dadurch senken, daß vorhandene technische Lösungen genutzt werden können, anstatt diese neu entwickeln zu müssen (vgl. *Abb. 4-8*).[259]

Insgesamt ist festzustellen, daß die technische Entwicklung im Bereich der Computer-, Software- und Telekommunikationstechniken (z.B. bei der Bildübertragung) erlaubt, den Standortnachteil des Herstellers zunehmend aufzuheben, d.h. die Kosten des Anbieters für die Bereitstellung der Leistung zu senken. Hierdurch können Kostenvorteile

---

257 Vgl. *Kinkel, S./Schneider, R./Wengel, J.*, Regionale Vernetzung und produktbegleitende Dienstleistungen im Zeichen der Globalisierung, in: Zeitschrift für Unternehmensentwicklung und Industrial Engineering, H. 5, 1998, S. 279; *Barkowsky, P.*, Über Teleservice, Multimedia und Service-Portale, in: VDMA Maschinenbau-Nachrichten, Nr. 6, 2000, S. 27; *Stoll, V.*, Technologische Trends für die Überwachung und Diagnose komplexer Systeme, in: *Westkämper, E./Sihn, W./Stender, S.* (Hrsg.), Instandhaltungsmanagement in neuen Organisationsformen, Berlin et al. 1999, S. 123; *Sontow, K./Spieß, M./May, S.*, Teleservice – Wirtschaftlichkeitsbetrachtung, Sonderdurck Forschungsinstitut für Rationalisierung an der RWTH Aachen, 3. Aufl., Aachen 2000, S. 3ff.

258 Vgl. *Berger, R./Krüger, J./Neubert, A.*, Internet-basierter Teleservice, in: Industrie Management, H. 3, 1998, S. 37.

259 Vgl. *Berger, R./Krüger, J./Neubert, A.*, Internet-basierter Teleservice, in: Industrie Management, H. 3, 1998, S. 37/39.

gegenüber bisherigen Kundenlösungen vielfach erst erzielt und damit Performance Contracting-Angebote ermöglicht werden.

Beim Leistungsverkauf gehen die Anforderungen an den Anbieter allerdings über den Bereich der direkt gegenüber dem Kunden zu erbringenden Dienstleistungen, d.h. der Wartungs- und Reparaturleistungen, hinaus. Eine Analyse im Hinblick auf mögliche Effektivitäts- und/oder Effizienzvorteile eines Herstellers gegenüber den Kunden – etwa aufgrund von Größenvorteilen – muß vielmehr weitergehend berücksichtigen, inwieweit Verbesserungsmöglichkeiten gegenüber bisherigen Kundenlösungen im Bereich **Administration/Koordination** realisierbar sind. Auch Vorteile in diesen Bereichen können dazu führen, daß ein Hersteller sich für den Eintritt in das Performance Contracting-Geschäftsmodell entscheidet.[260]

Der Hersteller entlastet den Kunden durch Performance Contracting administrativ, organisatorisch und buchhalterisch in erheblichem Umfang,[261] da auf den Performance Contracting-Anbieter durch die Bereitstellung lediglich der Leistung auch alle hierfür notwendigen Aufgaben im administrativen Bereich übergehen. Dies zeigt sich etwa an den Aufgabengebieten, die ein PKW-Hersteller mit einem Performance Contracting-Angebot übernimmt. Im Rahmen des Flottenmanagements ist vom Hersteller ein Belegmanagement aufzubauen, welches eine kostengünstige Rechnungskontrolle, Kontierung, Buchung und Reklamationsbearbeitung ermöglicht. Darüber hinaus ist der Bereich Tankmanagement mit der Abrechnung und Kontrolle des Verbrauchs einzurichten. Im Rahmen des Werkstattmanagements ist zudem ein Know-how zur Prüfung und Abrechnung der Wartungs- und Instandsetzungsrechnungen erforderlich.[262]

---

260 Erfahrungen von Performance Contracting-Anbietern bestätigen, daß im indirekten Bereich ein großes Potenzial für Effektivitäts-/Effizienzvorteile gegenüber den bisher von Kunden realisierten Problemlösungen besteht. Vgl. z.B. *Häfner, W.*, Einsparpotenziale im Fuhrpark erkennen – Umfassendes Gesamtkonzept für die Optimierung der Unternehmensflotte, in: Handelsblatt, Nr. 79, 24.04.2001, S. B 12.

261 Vgl. Gesprächsprotokoll DaimlerChrysler AG, S. 2; Gesprächsprotokoll Linde AG, S. 3; Gesprächsprotokoll Deutsche Leasing AG, S. 2; Gesprächsprotokoll DaimlerChrysler Services Fleet Management GmbH, S. 3; *Damerow, R.*, Mehrwert durch Zusatzleistungen, in: Handelsblatt, Nr. 79, 24.04.2001, S. B 13.

262 Vgl. *Damerow, R.*, Mehrwert durch Zusatzleistungen, in: Handelsblatt, Nr. 79, 24.04.2001, S. B 13f.

Ein potenzieller Performance Contracting-Anbieter muß im Rahmen seines Entscheidungsprozesses überprüfen, ob er durch eine Vereinfachung und Standardisierung sämtlicher Prozesse eine Reduktion der Prozeßkosten im administrativen Bereich realisieren kann. Ist ihm dies möglich, kann ein Kundenvorteil in diesem Anforderungsbereich erzielt werden. Ein grundsätzliches Potenzial für Vorteile eines Performance Contracting-Anbieters besteht dabei darin, daß auf Kundenseite eine in Anlehnung an *Franck/Bagschik* als Geringfügigkeitsproblem[263] bezeichnete Problematik auftritt. Die vergleichsweise niedrige Zahl von jeweils gleichartigen Transaktionen macht es für die Kunden unrentabel, gezielt in die Optimierung der betroffenen Prozesse zu investieren. Dieses Geringfügigkeitsproblem verhindert Investitionen in Administrations- aber auch in Wartungsprozesse. Der Performance Contracting-Anbieter hat hingegen aufgrund seiner Größenvorteile Anreize, die Prozesse optimal zu gestalten. Investitionen in EDV-Systeme für den Bereich Administration stellen diesbezüglich eine wesentliche Maßnahme dar. Der Performance Contracting-Anbieter kann hierbei den Vorteil nutzen, daß er Erfahrungen im Rahmen zahlreicher Projekte erlangen bzw. Lerneffekte erzielen, wohingegen der Kunde jeweils nur am Einzelfall Know-how erwerben kann. Vorteile auf der Herstellerseite ergeben sich nicht nur bei der Abwicklung der Einzelleistungen, sondern insbesondere auch bei der Koordination der einzelnen Leistungen, da gerade für eine erfolgreiche Koordination eine große Erfahrung notwendig ist.

Ein zu berücksichtigendes Potenzial für Vorteile von Performance Contracting-Konzepten im administrativen Bereich stellt auch die Verminderung der Datenredundanz dar. Hat der Kunde bisher seine Maschine selbst verwaltet und zudem verschiedene Unternehmen mit der Erbringung einzelner Dienstleistungen beauftragt, wurden die notwendigen Daten mehrfach verwaltet. Die hierdurch entstandenen mehrfachen Verwaltungskosten werden letztlich vom Kunden getragen. Beim Performance Contracting erbringt und koordiniert der Anbieter alle Leistungen und verringert so die Datenredundanz und damit auch die Prozeßkosten.

---

263 Der Begriff und der Sachverhalt des Geringfügigkeitsproblems können in Anlehnung an den Vergleich privater Nachfrager und Unternehmen bei *Franck/Bagschik* auch im Hinblick auf das Verhältnis der Performance Contracting-Anbieter zu ihren industriellen Kunden angewendet werden. Vgl. *Franck, E./Bagschik, T.,* Marktaktives Unternehmertum und die Entstehung produktnaher Dienstleistungen – Eine ökonomische Betrachtung, Freiberger Arbeitspapiere, Nr. 18, 1998, S. 8f./23f.

Aus Anbieterperspektive ist jedoch zu bedenken, daß für die Beherrschung der mit Performance Contracting-Angeboten verbundenen Risiken bzw. eine kostenoptimale Abwicklung des Angebots eine Integration der kaufmännischen und der technischen Daten (z.B. aus dem Teleservice-System) in einem umfassenden **Controlling-System** erforderlich ist.[264] Die Zusammenführung aller Daten ermöglicht z.B., den maximal noch in die Reparatur eines Produkts zu investierenden Betrag bzw. den optimalen Ersatzzeitpunkt eines Produkts festzustellen.[265] Derartige Optimierungen werden von Kunden häufig nicht durchgeführt[266], weil der Aufwand häufig höher als der daraus resultierende Nutzen ist.

Ein Performance Contracting-Anbieter muß zudem in der Lage sein, dem Kunden belegen zu können, daß die garantierte Verfügbarkeit auch eingehalten wurde. Hierzu sind im Controlling-System sowohl die Zeiten der Verfügbarkeit als auch die Ausfallzeiten und die hierfür verantwortlichen Gründe zu dokumentieren. Dabei ist es entscheidend, daß der Anbieter darlegen kann, wann sein Produkt aufgrund eines Fehlverhaltens des Kunden nicht einsetzbar war und deswegen die garantierte Verfügbarkeit nicht erreicht wurde. Dies kann etwa passieren, wenn ein Problem am Produkt auftritt und der Kunde das Produkt dennoch weiter nutzt und so erst einen gravierenden Schaden verursacht, der zu einem längeren Ausfall des Produkts führt. Die Haftung für die Verfügbarkeit seiner Produkte kann ein Hersteller letztlich nur übernehmen – und damit Performance Contracting-Angebote unterbreiten –, wenn er kontrollieren kann, daß die Produkte vom Kunden sachgerecht genutzt werden. Die technische Voraussetzung hierfür stellen häufig Telematik-Systeme dar. Über diese Systeme ist somit eine Kontrolle und „Disziplinierung" des Nutzungsverhalten des Kunden bzw. dessen Mitarbeiter herbeizuführen.

---

264 Vgl. z.B. *Damerow, R.*, Mehrwert durch Zusatzleistungen, in: Handelsblatt, Nr. 79, 24.04.2001, S. B 13f.

265 *Wagner* weist darauf hin, daß für eine Bestimmung des optimalen Ersatzzeitpunkts die Zusammenführung kaufmännischer und technischer Informationen notwendig ist. Der Hersteller benötigt hierzu Informationen über den Wertverlust, die Reparaturkosten sowie die zu erfassenden Ausfallzeiten. Der ökonomisch optimale Ersatzzeitpunkt kann dann anhand des Minimums der Durchschnittskosten bestimmt werden. Vgl. *Wagner, P.-J.*, Flottenmanagement von Nutzfahrzeugen, in: *Fleig, J./Krause, U.* (Hrsg.), Innovative Marktkonzepte für die Kreislaufwirtschaft, Karlsruhe 1997, S. 63f.

266 Vgl. Gesprächsprotokoll Linde AG, S. 6; Gesprächsprotokoll Deutsche Auto-Leasing GmbH, S. 2.

Die Systeme stellen des weiteren die Informationen bereit, um eine Performance Contracting-Abrechnung auf Basis der Nutzung (z.B. auf Stundenbasis) anbieten zu können.

Von einem Hersteller ist im Rahmen der Entscheidung über den Eintritt in das neue Geschäftsmodell Performance Contracting somit zu beachten, ob ein derartiges Controlling-System bereit gestellt werden kann. Zudem ist zu berücksichtigen, ob ein solches Controlling-System von den Kunden akzeptiert wird. Ist dies nicht gegeben, dann muß der Performance Contracting-Anbieter den Kunden die Notwendigkeit eines derartigen Systems für die Realisierbarkeit einer Performance Contracting-Lösung darlegen. Eine hieraus resultierende Akzeptanz auf Kundenseite schafft dann die Voraussetzung für die Realisierung eines Performance Contracting-Angebots. Das Vorliegen dieser Bedingungen für einen Eintritt in das neue Geschäftsmodell bzw. die Umsetzung der aufgezeigten Anforderungen, zeigt sich im Fall des Flurförderzeug-Herstellers Lansing Linde LTD. Dieser setzt hierfür die Systeme data logger, fleet management und MIDAS ein.[267] Beim data logger handelt es sich um einen auf dem Fahrzeug angebrachten Datenspeicher, der Daten für den Service, wie den Bremsverschleiß, die Temparaturen der Motoren, die Entladung der Batterien oder den Druckaufbau an Filtern erfaßt und an den Hersteller übermittelt. Dies erlaubt z.B. den rechtzeitigen Austausch der Teile. Das System fleet management speichert alle auftretenden Ausfallzeiten, die Reparaturzeiten sowie die benötigten Ersatzteile. Es ermöglicht, die notwendigen Kostenanalysen durchzuführen und dem Kunden die Verfügbarkeit der Fahrzeuge aufzuzeigen. Eine Kontrolle des Nutzungsverhaltens der Kunden ist etwa dadurch durchführbar, daß der Zugriff auf die Fahrzeuge durch in den data logger einzugebende Identitätsnummern auf bestimmte Personen beschränkt werden kann. Der Mißbrauch der beim Performance Contracting herstellereigenen Fahrzeuge wird so unterbunden. Unfälle etc. können einzelnen Personen zugeordnet werden. Es besteht zudem die Möglichkeit, über das Telematik-System das Fahrzeug abzustellen und so eine Fehlnutzung zu unterbinden.

---

267 Vgl. *Lansing Linde LTD.*, MIDAS – STRATOS, Lansing Linde makes IT better, in: Lansing Linde in focus, summer 1999, S. 6; *Kulick, B.*, Kostenreduzierung beim Einsatz von Flurförderzeugen, in: *VDI-Gesellschaft Fördertechnik, Materialfluss, Logistik* (Hrsg.), 10. Heidelberger Tagung der Flurföderzeugbetreiber, Düsseldorf 1999, S. 22ff.; *Lansing Linde LTD.*, Lower your materials handling costs with Lansing Linde, Basingstoke 1998, S. 5ff.; *Lansing Linde LTD.*, service express – new technology produces improved customer service, Basingstoke 1999, S. 1f.; *Kulick, B.*, Kostenreduzierung beim Einsatz von Flurförderzeugen, in: Reihe VDMA-Entscheidungshilfen, Heft „Vom Lieferanten zum Wertschöpfungspartner – Dienstleistung im Maschinenbau", 2000, S. 19ff.

Das „Mobile Interactive Data Access System" (MIDAS) stellt die vorhandenen Informationen den Servicemitarbeitern zur Bewertung der Situation beim Kunden zur Verfügung. Jeder Monteur des Unternehmes führt einen Laptop im Service-Fahrzeug mit sich und ist während seiner Arbeitszeit permanent online an die Zentrale angebunden. Der Monteur kann z.B. prüfen, für welchen Einsatz das vermietete Fahrzeug beim Kunden eigentlich vorgesehen war und damit die vereinbarungsgemäße Verwendung. Ebenso erhält er Daten darüber, wie lange das Fahrzeug bereits im Einsatz ist, welche Schäden bisher am Fahrzeug aufgetreten sind und welcher Betrag maximal noch für eine Reparatur ausgegeben werden darf. Eine kostenoptimale Abwicklung des Performance Contracting-Angebots wird hierdurch realisiert.[268]

Insgesamt hat die Analyse des Leistungsverkaufs gezeigt, daß die Existenz von Größenvorteilen eines potenziellen Performance Contracting-Anbieters eine zentrale Rolle im Rahmen der Eintrittsentscheidung spielt. Die Analyse im Hinblick auf erzielbare Kundenvorteile erstreckt sich dabei auf die Anforderungsbereiche Gewährleistung der Verfügbarkeit (Wartung, Reparaturen, etc.) und Administration/Koordination (vgl. *Abb. 4-9*). Können Effektivitäts- und/oder Effizienzvorteile gegenüber bisherigen Kundenlösungen durch den Hersteller realisiert werden, dann erweist sich ein Angebot von Performance Contracting in der Form des Leistungverkaufs als relevante Strategieoption. Bei der Entscheidung ist allerdings zu bedenken, daß die aufgezeigten Anforderungen an den Anbieter – aufgrund des hohen Entwicklungsaufwands und der hieraus resultierenden längeren Entwicklungszeit – nicht kurzfristig umgesetzt werden können. Grundsätzlich ist von einem Hersteller auch zu bedenken, daß er vielfach im Hinblick auf die Risikoübernahme ein besserer „Versicherer" ist als der Kunde. Der Betrieb einer großen Anzahl an Produkten läßt die Betriebsrisiken für ihn im Vergleich zu einzelnen Kunden zu einer kalkulierbaren Größe werden. Der Ausfall eines Produkts bedeutet für einen Kunden ein unverhältnismäßig hohes Kostenrisiko. Für den Anbieter stellt dieses Risiko

---

268 Vgl. *Lansing Linde LTD.*, Lower your materials handling costs with Lansing Linde, Basingstoke 1998, S. 5ff.; *Lansing Linde LTD.*, service express – new technology produces improved customer service, Basingstoke 1999, S. 1f.; *Lansing Linde LTD.*, MIDAS – STRATOS, Lansing Linde makes IT better, in: Lansing Linde in focus, summer 1999, S. 6; *Kulick, B.*, Kostenreduzierung beim Einsatz von Flurförderzeugen, in: Reihe VDMA-Entscheidungshilfen, Heft „Vom Lieferanten zum Wertschöpfungspartner – Dienstleistung im Maschinenbau", 2000, S. 19ff.; *Kulick, B.*, Kostenreduzierung beim Einsatz von Flurförderzeugen, in: *VDI-Gesellschaft Fördertechnik, Materialfluss, Logistik* (Hrsg.), 10. Heidelberger Tagung der Flurföderzeugbetreiber, Düsseldorf 1999, S. 22ff.

jedoch häufig eine statistisch berechenbare Größe dar.[269] Ein Performance Contracting-Anbieter ist hierdurch in der Lage, seinen Kunden erhebliche Betriebsrisiken abzunehmen bzw. deren Konsequenzen gleichmäßig zu verteilen.

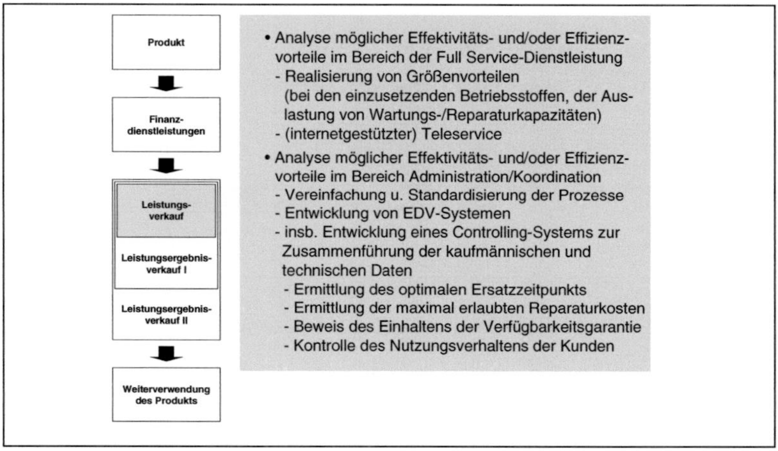

Abb. 4-9: Anbieteranalyse: Leistungsverkauf (Technischer Betrieb des Produkts)

4.2.2.2.4 Leistungsergebnisverkauf: Betrieb des Produkts

Bei dieser Form des Performance Contracting verkauft der Hersteller nur noch das garantierte Ergebnis eines Leistungsprozesses. Damit der Hersteller dieses Angebot erfolgreich am Markt absetzen kann, muß er den Leistungsprozeß effektiver und/oder effizienter erbringen können als die Kunden im Rahmen ihrer bisherigen Problemlösungen.

Basis hierzu sind die beim Leistungsverkauf diskutierten Anforderungsbereiche des Performance Contracting. Die Fragestellung, ob auf der Seite des Herstellers Größenvorteile bei den **Betriebsstoffen** erzielt werden können, weitet sich bei dieser Ausgestaltungsform des Performance Contracting auf den Bereich Energie/Kraftstoff aus. Ein Beispiel für erzielbare Vorteile stellt die betrachtete Branche der LKW-Hersteller dar (vgl. *Abb. 4-10*).

---

[269] Vgl. *Franck, E./Bagschik, T.,* Marktaktives Unternehmertum und die Entstehung produktnaher Dienstleistungen – Eine ökonomische Betrachtung, Freiberger Arbeitspapiere, Nr. 18, 1998, S. 18.

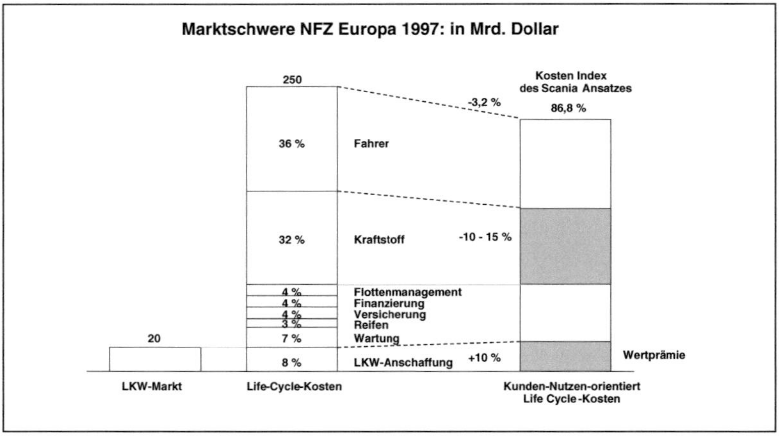

Abb. 4-10: Potenzial für Wertprämien bei Nutzfahrzeugen (NFZ)[270]

Die grundsätzlichen Überlegungen zu Potenzialen für Effektivitäts- und/oder Effizienzvorteile im Rahmen der **Administrations- und Koordinationsanforderungen**[271] müssen zudem auf den Bereich des Personalmanagements ausgedehnt werden. Der Hersteller ist beim Leistungsergebnisverkauf auch für die Bedienung der Produkte und damit das Personal zuständig. Er übernimmt somit weitere Koordinationsaufgaben, wie z.B. die Personaleinsatzplanung, aber auch Administrationsaufgaben, wie etwa die Verwaltung der Personaldaten oder die Personalentlohnung und die entsprechenden Buchhaltungsaufgaben.

Vor einem Eintritt in das neue Geschäftsmodell ist von einem potenziellen Performance Contracting-Anbieter in diesem Zusammenhang auch zu analysieren, ob er einerseits in der Lage ist, Personal in ausreichender Quantität und mit der notwendigen Qualifikation bereitzustellen, andererseits, ob bei der **Bereitstellung des Bedienpersonals** Kostenvorteile zu erzielen sind. Kosteneinsparungen (vgl. z.B. *Abb. 4-11*) können etwa durch im Vergleich zu den Kunden „günstigere“ Tarifverträge realisiert werden. Die Bedeutung dieser Fragestellung erhöht sich dabei mit der Anzahl der Arbeitsschichten bei ei-

---

270 Vgl. *Rick, J.*, Vom Dienstleistungsangebot zum Performance Contracting, Vortrag auf dem Symposium „Vom Hersteller zum Dienstleister“ des Betriebswirtschaftlichen Instituts für Anlagen und Systemtechnologien, Münster 2000.

271 Vgl. Abschnitt 4.2.2.2.3.

nem Kunden, da mit der Anzahl der Schichten auch der Anteil der Personalkosten an den gesamten Lebenszykluskosten eines Produkts steigt. Im Rahmen dieser Fragestellung ist zu prüfen, ob derartige Vorteile durch die Einbeziehung von Personaldienstleistern in das Performance Contracting-Konzept realisierbar sind.

Die Prüfung der Frage einer möglichen ausreichenden Bereitstellung von Personal hinsichtlich Quantität und Qualifikation schließt die Frage nach eigenen Schulungskapazitäten für das Personal mit ein. In der Praxis zeigt sich, daß das Problem der Akquisition einer ausreichenden Zahl hinreichend qualifizierten Personals nicht nur beim Bedienungspersonal besteht, sondern bereits beim Aufbau der Wartungs- bzw. Reparaturkapazitäten auftritt.[272] Bestehen derartige Probleme, dann sollte ein Hersteller nicht – zumindest nicht kurzfristig – in das Performance Contracting-Geschäftsmodell eintreten. Im Hinblick auf einen mittel- bzw. langfristigen Eintritt in dieses Geschäftsmodell ist allerdings zu prüfen, ob dieser durch Maßnahmen der Personalentwicklung realisiert werden kann.

Von einem Hersteller ist in diesem Zusammenhang zudem zu berücksichtigen, ob diese Probleme durch Kooperationen mit Personaldienstleistern gelöst und somit Performance Contracting-Lösungen angeboten werden können. CharterWay kooperiert z.B. mit der Dekra Arbeit, die die Fahrer der LKW stellt.[273] Das Angebot wird dem Kunden gegenüber über CharterWay abgewickelt, wobei eine interne Aufteilung der Verantwortlichkeiten zwischen CharterWay und der Dekra Arbeit erfolgt. Die Gründe für die Zusammenarbeit bestehen auf der Seite von CharterWay darin, daß die Dekra Arbeit über einen Fahrer-Pool verfügt und das für diesen Aufgabenbereich notwendige Know-how (z.B. Schulungs-Know-how) besitzt.[274]

In Bezug auf die Einbeziehung eines Personaldienstleisters sind noch weitere Überlegungen relevant. Aus Anbieterperspektive ist so zu prüfen, ob rechtlich gesehen die Einbeziehung eines Personaldienstleisters in einzelnen Ländern notwendig werden kann.

---

272 Vgl. Gesprächsprotokoll DMG Vertriebs und Service GmbH, S. 3; Gesprächsprotokoll Paul Consulting GmbH & Co., S. 2.

273 Vgl. Abschnitt 3.2.3.

274 Vgl. *o.V.*, CharterWay Miet und Fahr, in: Mercedes-Benz Transport Magazin, Nr. 2, 2001, S. IIf.

Dies kann aufgrund von gesetzlichen Regelungen notwendig werden, die nicht jedem Unternehmen erlauben, Personal zu verleihen, sondern eine entsprechende Zulassung des Unternehmens erfordern. Der Lack-Hersteller BASF setzt etwa eigenes Personal beim Kunden ein, welches je nach rechtlicher Lage entweder bei der BASF AG (wie zumeist im Ausland) oder bei Personaldienstleistern (wie z.B. in Deutschland) angestellt ist. Unabhängig davon übernimmt die BASF AG dem Kunden gegenüber jeweils die Verantwortung inklusive des Personals.[275]

Die **Übernahme von Personal** des Kunden stellt einen Problemkreis dar, der häufig beim Performance Contracting auftritt. Insbesondere beim Leistungsergebnisverkauf muß vielfach in erheblichem Umfang Bedienpersonal vom Kunden übernommen werden.[276] In geringerem Umfang kann das Problem der Personalübernahme auch bereits beim Leistungsverkauf entstehen, wenn bei den Kunden Wartungs-/Reparaturabteilungen bestehen und vom Anbieter eine Übernahme des dort beschäftigten Personals erwartet wird. Ein Hersteller muß somit vorab prüfen, ob er das Know-how besitzt oder aufbauen kann, diese Mitarbeiter des Kunden in sein Unternehmen zu integrieren. Ist ihm dies nicht möglich, dann sind Performance Contracting-Angebote nur für Kunden möglich, bei denen die Übernahme von Personal nicht erforderlich ist. Der reduzierte Kundenkreis kann dann u.U. einem Eintritt in das Performance Contracting-Geschäftsmodell entgegenstehen.

Lösungsansätze für dieses Problem werden im Rahmen der Outsourcing-Forschung diskutiert.[277] Das „Drei-Phasenmodell eines erfolgreichen Mitarbeitertransfers" wird hier-

---

275 Vgl. Gesprächsprotokoll BASF Coatings AG, S. 1.

276 Vgl. Gesprächsprotokoll Linde AG, S. 5; Gesprächsprotokoll BASF Coatings AG, S. 4; Gesprächsprotokoll DaimlerChrysler Services Fleet Management GmbH, S. 4; Gesprächsprotokoll Lansing Linde LTD, S. 4; Gesprächsprotokoll DMG Vertriebs und Service GmbH, S. 3; Gesprächsprotokoll Paul Consulting GmbH & Co., S. 2.

277 Obwohl sich die Forschung auf die Sicht des auslagernden Unternehmens konzentriert, sind auch Publikationen zu finden, die die Anbieterperspektive mit in die Betrachtung einbeziehen. So befassen sich z.B. *Cunningham/Fröschl* neben der Nachfragerperspektive ebenso mit für den Anbieter entstehenden Problemstellungen. Insgesamt erfolgt jedoch nur eine kurze und oberflächliche Analyse der Anbieterperspektive, die zudem auf den Bereich der Informationsdienstleistungen beschränkt ist. Es werden jedoch einzelne, auch im Rahmen des Entscheidungsprozesses eines potenziellen Performance Contracting-Anbieters relevante Aspekte angesprochen (z.B. personalwirtschaftliche Aspekte), jedoch wird keine systematische Vorgehensweise entwickelt. Vgl. *Cunningham, P. A./Fröschl, F.*, Outsourcing: strategische Bewertung einer Informationsdienstleistung, Frankfurt am Main 1995, S. 111ff. *Reinecke* hat das Thema IT-Outsourcing erstmals grundsätzlich aus der Anbieterperspekti-

bei häufig als Lösungsansatz verwendet (vgl. *Abb. 4-11*).[278] Die Abbildung verdeutlicht, daß der Performance Contracting-Anbieter in der Lage sein muß, eine Vielzahl an unterschiedlichen Leistungen zu erbringen. Grundsätzlich ist eine sorgfältige Prüfung und Auswahl der Mitarbeiter notwendig. Als entscheidend wird vor allem erachtet, bei den zu übernehmenden Mitarbeitern eine Service-Mentalität zu entwickeln. Hingewiesen wird diesbezüglich auf den Unterschied, als Mitarbeiter in einer Abteilung eines Unternehmens oder als externer Dienstleister tätig zu sein. Darüber hinaus erweist sich eine schnelle Einbindung der neuen Mitarbeiter in das Unternehmen als wichtig.[279]

Phase	Maßnahmen
1. Pre-Transition-Phase	**Personalübernahme vorbereiten:** - zeitlichen Ablauf festlegen; - Vorevaluationen: Kosten der Personalübernahme, Folgen für das Ansehen des Unternehmens, berufliche Zukunft der Mitarbeiter; - Analyse: Welche Mitarbeiter sollen übernommen werden? - offene Informationspolitik gegenüber Mitarbeitern und Betriebsrat.
2. Transition-Phase	**Mitarbeiter informieren:** - allgemeine Informationsveranstaltung; Partnerschaft bekanntgeben, Präsentation des Dienstleisters, allgemeine Informationen; - konkrete Übernahmeangebote mit Gruppen- und Individualgesprächen.
3. Post-Transition-Phase	**Mitarbeiter in die Dienstleistungsunternehmung integrieren:** - individuelle Entwicklungsmöglichkeiten analysieren; - konkrete Personalentwicklungsmaßnahmen aufgrund des individuellen Know-hows planen; - neue Mitarbeiter mit dem Servicegedanken vertraut machen.

Abb. 4-11: Drei-Phasenmodell eines erfolgreichen Mitarbeitertransfers[280]

ve untersucht. Im Rahmen seiner Analyse steht allerdings der Vermarktungsprozeß im Vordergrund und nicht die vorgelagerte Analyse der grundsätzlichen Fragestellung des Einstiegs in das neue Geschäftsmodell. Es zeigt sich allerdings auch hier, daß einzelne innerhalb des Entscheidungsprozesses eines potenziellen Performance Contracting-Anbieters zu beachtende Fragestellungen analysiert werden. Vgl. *Reinecke, S.*, Marketing für komplexe Informationstechnologie-Dienstleistungen: Management von IT-Outsourcing-Kooperationen aus Anbietersicht, St. Gallen 1996, S. 184ff./267.

278 Vgl. z.B. *Balzer, F. H.*, Outsourcing aus der Perspektive des Personalmanagements, in: *Berg, J./Gräber, H.* (Hrsg.), Outsourcing in der Informationstechnologie, Frankfurt am Main et al. 1995, S. 90ff.; *Reinecke, S.*, Marketing für komplexe Informationstechnologie-Dienstleistungen: Management von IT-Outsourcing-Kooperationen aus Anbietersicht, St. Gallen 1996, S. 189f.

279 Vgl. z.B. *Reinecke, S.*, Marketing für komplexe Informationstechnologie-Dienstleistungen: Management von IT-Outsourcing-Kooperationen aus Anbietersicht, St. Gallen 1996, S. 189f.

280 Vgl. *Reinecke, S.*, Marketing für komplexe Informationstechnologie-Dienstleistungen: Management von IT-Outsourcing-Kooperationen aus Anbietersicht, St. Gallen 1996, S. 189.

Die Analyse der Auswirkungen des Performance Contracting-Geschäftsmodells hat verdeutlicht, daß hierdurch Abhängigkeiten des Anbieters vom Kunden begründet werden.[281] Im Rahmen des Entscheidungsprozesses ist somit zu prüfen, ob eine Begrenzung dieser Abhängigkeitseffekte möglich ist und dadurch Performance Contracting-Angebote aus Anbieterperspektive u.U. erst realisiert werden können. Der Aufbau von Personalkapazitäten durch Neueinstellungen für eine Geschäftsbeziehung oder die Übernahme des Kundenpersonals stellen spezifische Investitionen in diese Geschäftsbeziehung dar, wenn keine andere Verwendung gegeben ist oder diese nur einen geringeren Wert besitzt. Insbesondere bei großen Kunden kann so eine erhebliche Abhängigkeit des Performance Contracting-Anbieters vom Kunden entstehen.[282] Durch die Einbeziehung eines Personaldienstleisters können die spezifischen Humankapitalinvestitionen auf diesen verlagert werden. Das Problem der Abhängigkeit des Performance Contracting-Anbieters kann so verringert und die Realisierung von Performance Conrtacting-Angebote erleichtert werden.

Das Übernehmen der Verantwortung für das Leistungsergebnis bedingt ein Interesse des Anbieters an der **Optimierung des Produktionsprozesses** beim Kunden. Erst eine derartige Produktionsoptimierung ermöglicht dem Hersteller als Betreiber, das Leistungsergebnis möglichst kostengünstig zu erstellen. Im Rahmen des Entscheidungsprozesses ist vom Hersteller somit die Prozeßkette der Kunden zu analysieren, um beurteilen zu können, ob Optimierungspotenziale vorhanden sind. Hierbei besteht die Frage, ob es dem Anbieter aufgrund von Größenvorteilen – durch das Anbieten von Performance Contracting-Lösungen für zahlreiche Kunden – möglich ist, Lösungen zu entwickeln, die zur Erzielung des notwendigen Kundenvorteils führen.

Ein wesentliches Potenzial für Effektivitäts- und/oder Effizienzvorteile des Anbieters ist wiederum in Entwicklungen im Bereich der Telematik zu sehen. Teleservice-Systeme ermöglichen z.B. eine Kontrolle des Bedienpersonals im Hinblick auf die Qualität ihrer Arbeitsleistung, wodurch Prozeßverbesserungen realisiert werden können. Das „Fleetboard"-System von DaimlerChrysler für Nutzfahrzeuge erlaubt etwa festzustellen, ob

---

281 Vgl. Abschnitt 2.4.3.

282 Vgl. Abschnitt 2.4.3.

ein Fahrer schlecht bremst oder unwirtschaftlich schaltet. Es bewertet hierbei die Fahrweise auf einer Skala von eins bis zehn.[283] Durch eine Auswertung dieser Informationen und Umsetzung in Hinweise und Schulungs- sowie gegebenenfalls Sanktionsmaßnahmen erfolgt die Erschließung weiterer Rationalisierungspotenziale.

Eine weitere Rationalisierung des Produktionsprozesses ist durch die Weiterentwicklung des Teleservice zum Telemanufacturing möglich. Hierbei wird das Anwendungsgebiet der Telematik auf die Produktionsfunktion ausgeweitet.[284] Diese Technologie erlaubt eine standortunabhängige Fernsteuerung eines Produkts. Das zentrale Betreiben seiner Produkte versetzt einen Hersteller u.U. erst in die Lage, den notwendigen Kundenvorteil zu erzielen. Dies kann wiederum anhand der von *Picot/Hardt* geschilderten Problematik verdeutlicht werden, daß die benötigte Kapazität beim Kunden vielfach so klein ist, daß eine Spezialisierung ökonomisch nicht sinnvoll ist.[285] Im Hinblick auf das Angebot zum Leistungsergebnisverkauf besteht häufig das Problem, daß das Bedienpersonal mit der Betreuung des Herstellerprodukts nicht ausgelastet ist und daher beim Kunden auch andere Aufgaben mit übernimmt. Das Bereitstellen eines Mitarbeiters durch den Hersteller, der ausschließlich für den Betrieb seiner Maschine verantwortlich ist, würde in diesem Fall eine Prozeßverteuerung mit sich bringen und daher eine Performance Contracting-Lösung verhindern. Die technische Weiterentwicklung zum Telemanufacturing löst durch den Wegfall des Bedienpersonals diese Problematik und ermöglicht so eine breitere Anwendung des Leistungsergebnisverkaufs.

Die Potenziale der technischen Entwicklung und damit die Verbesserung der Anwendungsmöglichkeiten des Performance Contracting-Geschäftsmodells werden anhand der LKW-Branche deutlich. Der Geschäftsbereich Powersystems der DaimlerChrysler AG hat den sogenannten „X-by-wire Actros“ entwickelt. Dieser LKW kann über Pedale, Schalthebel und Lenkrad gesteuert werden oder über eine Funkfernsteuerung, d.h. der

---

283 Vgl. *o.V.*, Der totale Durchblick, in: Mercedes-Benz Transport Magazin, Nr. 2, 2001, S. 24ff.

284 Vgl. *Westkämper E./Wieland, J.*, Neue Konzepte für Teleservice und Telemanufacturing: Der Maschinen- und Anlagenbau bietet seinen Kunden zunehmend Mehrwertdienste an, in: Industrie Management, H. 3, 1998, S. 9; *Westkämper E./Wieland, J.*, Neue Chancen durch Teleservice, in: Werkstatt und Betrieb, H. 6, 1998, S. 598.

285 Vgl. Abschnitt 4.2.2.2.3; *Picot, A./Hardt, P.*, Make-or-Buy-Entscheidungen, in: *Meyer, A.* (Hrsg.), Handbuch Dienstleistungs-Marketing, Bd. 1, Stuttgart 1998, S. 637.

LKW kann als fahrerloses Transportsystem eingesetzt werden. Den richtigen Weg findet der LKW mit Hilfe von GPS oder anhand von Funksendern entlang einer gewählten Strecke. In letztgenannter Funktion wird der LKW bereits im regulären Einsatz in einem Unternehmen getestet.[286] Die Potenziale des Telemanufacturing im Hinblick auf die Realisierbarkeit von Performance Contracting-Angeboten werden auch anhand des Kompressorenherstellers Boge Kompressoren deutlich. Dieser erwägt nicht mehr nur Anlagen, sondern auch Druckluft selbst zu verkaufen. Die Realisierung dieses Angebots zum Leistungsergebnisverkauf soll fernbetrieben über eine Teleservice-integrierte Druckluftstation erfolgen.[287]

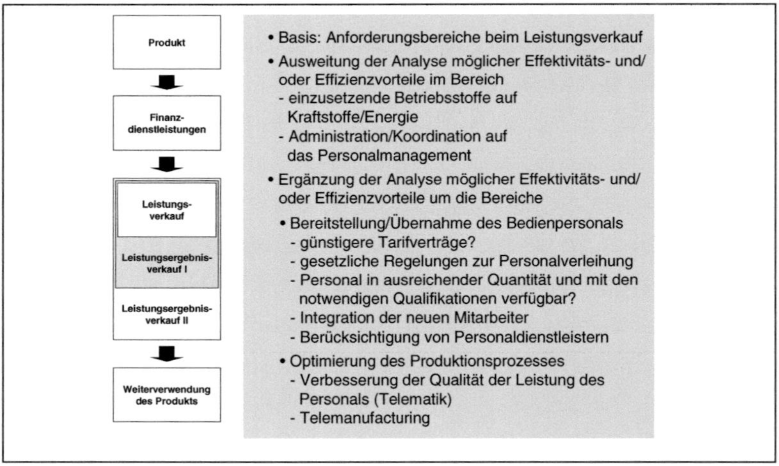

Abb. 4-12: Anbieteranalyse: Leistungsergebnisverkauf (Betrieb des Produkts)

Abb. 4-12 faßt abschließend die Anforderungsbereiche zusammen, die von einem potenziellen Performance Contracting-Anbieter auf die Erzielbarkeit von Effektivitäts- und/oder Effizienzvorteilen gegenüber den bisherigen Kundenlösungen zu überprüfen sind. Können derartige Vorteile und damit der notwendige Kundenvorteil realisiert wer-

---

286 Vgl. *Weise, H.*, Wie von Geisterhand: Fernsteuern und Selbststeuern von LKW ist dank moderner Elektronik kein Hexenwerk mehr – und die Logistik profitiert davon, in: TransGlobal – DaimlerChrysler Global Transport Review, Nr. 2, 2001, S. 16ff.

287 Vgl. *Barkowsky, P.*, Über Teleservice, Multimedia und Service-Portale, in: VDMA Maschinenbau-Nachrichten, Nr. 6, 2000, S. 27.

den, dann ist das Angebot von Performance Contracting in Form des Leistungsergebnisverkaufs aus Anbieterperspektive möglich.

4.2.2.2.5 Leistungsergebnisverkauf: Betrieb einer größeren, das eigentliche Produkt umfassenden Einheit

Kennzeichnend für diese Ausgestaltungsform des Performance Contracting ist, daß der Hersteller nicht nur sein ursprüngliches Kernprodukte selbst betreibt, sondern eine größere Einheit, die sein Kernprodukt lediglich beinhaltet. Dies bedingt für den Hersteller die Übernahme der Verantwortung für Produkte und Dienstleistungen, die bisher außerhalb seiner Geschäftstätigkeit lagen. Im Rahmen der Entscheidung über den Eintritt in diese Form des Performance Contracting ist somit zu überprüfen, welche Anforderungen hieraus an den Hersteller resultieren und ob diese erfüllt bzw. mit dem notwendigen Kundenvorteil erfüllt werden können. **Basis** der Analyse sind wiederum die Anforderungsbereiche der bereits diskutierten Formen des Performance Contracting.[288]

Eine Ausweitung der Betrachtung ist bei den zu erwerbenden Materialien im Hinblick auf die neben den Betriebsstoffen nunmehr zu beziehenden Produkte vorzunehmen. Hierbei ist zu prüfen, ob Größenvorteile des Herstellers beim Erwerb der **neben den eigenen Produkten notwendigen Güter** bestehen, welche die Erzielung eines Kundenvorteils ermöglichen. Im Fall der Flurförderzeughersteller sind z.B. Hochregallager-Systeme zum Betrieb der Läger notwendig. Vorteilspotenziale bestehen hierbei in der größeren Nachfragemenge und dem besseren Marktüberblick der Hersteller im Vergleich zu einzelnen Kunden.

Darüber hinaus ist im Rahmen des Entscheidungsprozesses zu hinterfragen, ob bei den in den zusätzlichen Aufgabengebieten zu erbringenden Dienstleistungen (wie z.B. dem

---

[288] Eine wesentliche Leistung des Performance Contracting-Anbieters besteht, wie beim Betrieb des eigenen Kernprodukts, in der Übernahme der **Personalverantwortung**. Vom Hersteller sind die Probleme der Personalakquisition in ausreichender Quantität und Qualität sowie der Integration zu übernehmender Mitarbeiter zu lösen. Durch den größeren Umfang der Problemlösung erhöhen sich jedoch die Anforderungen an den Anbieter. Im Bereich **Administration/Koordination** steigen durch die zusätzlich benötigten Güter die Anforderungen, da eine Koordination der Lieferanten bzw. im Falle einer Kooperation eine Koordination des Anbieternetzwerks erforderlich ist. Vorteile des Herstellers gegenüber den Kunden bestehen hierbei aufgrund des Erwerbs von Erfahrungen im Rahmen zahlreicher Projekte.

eigentlichen Lackiervorgang bei von Lack-Herstellern zu betreibenden Lackierstraßen) Vorteile gegenüber den bisherigen Kundenlösungen erzielt und Performance Contracting-Angebote dardurch etabliert werden können. Für den Hersteller können Potenziale zur **Optimierung des Produktionsprozesses** einerseits in Know-how-Vorteilen bestehen, da in Bezug auf diese Tätigkeiten für den Hersteller im Gegensatz zum Kunden die Möglichkeit besteht, Lerneffekte anhand vieler Projekte zu erzielen. Auf der anderen Seite besitzen die Nachfrager wiederum ein Geringfügigkeitsproblem, das vielfach Investitionen in die Optimierung dieser Abläufe bzw. Dienstleistungen verhindert.

Ein Beispiel hierfür stellen Investitionen in eine EDV-Unterstützung der Prozesse dar. Die BASF AG hat das Expertensystem ENSPHERE (Electronically Networked Systems for Process Harmonization and Enhanced REliability) entwickelt. Ziel des Systems ist es, einen Daten- und Kommunikationsverbund zwischen bisher unverknüpften Prozessen herzustellen. Dies sind die beim Rohmaterialhersteller, beim Lack-Hersteller und beim Lackverwender bestehenden Prozesse. Die Qualität des Endprodukts (lackierte Produkte) wird durch alle drei Prozesse beeinflußt. Der Betreiber der Lackieranlage hatte bisher jedoch nur die Daten seines Prozesses zur Verfügung. ENSPHERE ermöglicht nunmehr durch den Daten- und Informationsverbund zu ermitteln, wo der Grund für schlecht lackierte Karosserien liegt und trägt somit zu einer Gesamtprozeßoptimierung bei.[289]

Aus der Perspektive eines potenziellen Performance Contracting-Anbieters ist darüber hinaus mit der **Konzeptionierung** ein neuer Anforderungsbereich bei der Entscheidung über das Anbieten von Performance Contracting in Form des Betriebs einer größeren, das eigentliche Produkt umfassenden Einheit zu beachten. Grundlage der vom Performance Contracting-Anbieter erbrachten Leistung ist die Konzeptionierung der Problemlösung bzw. die Überprüfung der bisherigen Konzeption. Es handelt sich dabei i.d.R. um umfangreiche Problemlösungen. Flurförderzeug-Hersteller müssen z.B. in der Lage sein, das gesamte Lagerlayout optimal zu gestalten, um so möglichst kostengünstig das garantierte Leistungsergebnis zu realisieren. Hierbei ist zu prüfen, ob der Hersteller gegenüber seinen Kunden in Bezug auf diese Anforderung einen Know-how- bzw. Grö-

---

[289] Vgl. Gesprächsprotokoll BASF Coatings AG, S. 5.

ßenvorteil besitzt. Dies kann aufgrund zahlreicher Anwendungsfälle auf Anbieterseite gegeben sein. Es ist zu berücksichtigen, daß die Konzeptionierung für den Kunden eine seltene Aufgabenstellung darstellt, so daß auch hier das Geringfügigkeitsproblem Investitionen in Verbesserungsmaßnahmen verhindert.

Auf Herstellerseite ist zu analysieren, ob durch eine Standardisierung des Konzeptionsprozesses dieser effektiver und/oder effizienter durchgeführt werden kann, etwa mit Hilfe von speziell entwickelten EDV-Lösungen. Durch eine solche Standardisierung der Prozesse reduziert sich mit den Kosten auch die spezifische Investition „Konzeptionierung" des Hersteller in eine Geschäftsbeziehung und damit auch die Abhängigkeit vom Kunden.

Die Realisierbarkeit eines Kundenvorteils im Anforderungsbereich Konzeptionierung zeigt sich anhand der Flurförderzeugbranche. Die Kunden der Flurförderzeug-Hersteller besitzen zumeist den Nachteil, daß sie nicht über eine Software zur Lagergestaltung verfügen, sondern die Planung manuell durchführen müssen.[290] Verschiedene Flurförderzeug-Hersteller haben demgegenüber bereits eine Software zur Lagerplanung entwickelt, wie z.B. BT mit der Lagerplanungssoftware BT Compass. Da für die meisten Handlingaufgaben verschiedene Geräte und alternative Lösungsvorschläge für die Gestaltung des Lagers möglich sind, werden verschiedene Handlinglösungen simuliert. Das System berücksichtig neben den technischen Daten (erforderliche Lagerleistung, vorhandene Lager- und Ladeflächen, etc.) auch die Investitionskosten für Gebäude und Regalanlagen, Zinsen und Abschreibungsdauer sowie die Arbeitsschichten und Lohnkosten. Auf Basis dieser Daten errechnet BT Compass die jährlichen Betriebskosten der Lösungen und ermöglicht so die Auswahl der kostengünstigsten Alternative.[291] Der Hersteller Linde Lansing LTD. verfügt mit Stratos über ein vergleichbares System.[292]

Die *Abb. 4-13* gibt die Anforderungsbereiche wieder, die im Hinblick auf die Erzielbarkeit eines Effektivitäts- und/oder Effizienzvorteils zu prüfen sind. Können derartige

---

290 Vgl. Gesprächsprotokoll Lansing Linde LTD, S. 4.

291 Vgl. *BT Deutschland GmbH*, Handling Innovation, Ausgabe 8, Langenhagen 2000, S. 6.

292 Vgl. *Lansing Linde LTD.*, STRATOS – Warehouse planning and simulation system, Basingstoke 1998, S. 1ff.; *Lansing Linde LTD.*, MIDAS – STRATOS, Lansing Linde makes IT better, in: Lansing Linde in focus, summer 1999, S. 6.

Vorteile und somit ein Kundenvorteil realisiert werden, dann ist ein Angebot von Performance Contracting in Form des Betriebs einer größeren, das eigentliche Produkt umfassenden Einheit grundsätzlich möglich.

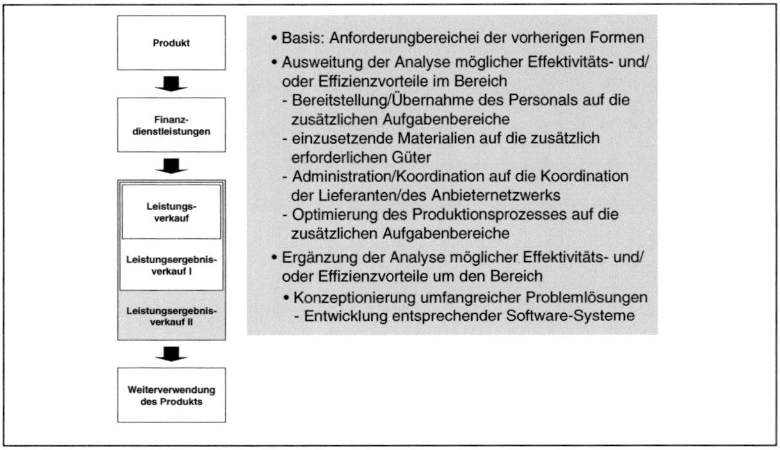

Abb. 4-13: Anbieteranalyse: Leistungsergebnisverkaufverkauf (Betrieb einer größeren, das eigentliche Produkt umfassenden Einheit)

4.2.2.2.6 Weiterverwendung des Produkts

Da das Konzept des Performance Contracting i.d.R. keinen Eigentumsübergang des genutzten Produkts auf den Kunden vorsieht, verbleibt die Verantwortung für die Produkte auch nach Abschluß der Nutzung durch den Kunden beim Hersteller. Dieser muß somit das Problem der Weiterverwendung der Produkte lösen. Der Hersteller muß somit vor dem Eintritt in das neue Geschäftsmodell eruieren, welche Lösungskonzepte bestehen und prüfen, ob diese Konzepte von ihm umgesetzt werden können.[293]

[293] In der Praxis zeigt sich, daß die Hersteller hierin einen wesentlichen zu berücksichtigenden Anforderungbereich bei Performance Contracting-Angeboten sehen.Vgl. z.B. *Großmann, M.*, Möglichkeiten der Wiederverwendung bei Personal-Computern, in: *Fleig, J./Krause, U.* (Hrsg.), Innovative Marktkonzepte für die Kreislaufwirtschaft, Karlsruhe 1997, S. 68f.; *Landesanstalt für Umweltschutz Baden-Württemberg*, Allgemeine Kreislauf- und Rückstandswirtschaft, Beispielband, Handbuch Abfall 1, Karlsruhe 1996, S. 43Aff.; *Fleig, J.*, Produkte aufarbeiten, umbauen, modernisieren, in: *Fleig, J.*, Zukunftsfähige Kreislaufwirtschaft: mit Nutzenverkauf, Langlebigkeit und Aufarbeitung ökonomisch und ökologisch wirtschaften, Stuttgart 2000, S. 247ff.

Ist das Ende der möglichen Nutzungsdauer eines Produkts mit Beendigung seines Einsatzes beim Kunden noch nicht erreicht, kommt einerseits eine **Weiterverwendung dieses Produkts bei anderen Kunden im Rahmen von Performance Contracting-Vereinbarungen** in Frage. Dies geschieht beispielsweise häufig im Markt für Flurförderzeuge[294] und auch CharterWay bietet mittlerweile Gebrauchtnutzfahrzeuge zum Mieten[295] an.

Andererseits ist es für den Hersteller möglich, die Produkte im traditionellen Geschäftsmodell (Verkauf von Produkten) über **Gebrauchtgütermärkte** einer weiteren Verwendung zuzuführen. Dies kann erforderlich sein, wenn die Produkte aus der Perspektive des Herstellers wirtschaftlich nicht mehr für eine Weiternutzung innerhalb des Geschäftsmodells Performance Contracting in Frage kommen, da beispielsweise ab einem bestimmten Zeitpunkt ein zu hohes Risiko bezüglich der Wartungs- und Reparaturkosten gegeben ist. Im Hinblick auf die Erzielung eines Kundenvorteils ist von einem Hersteller zu überprüfen, ob er Vorteile im Bereich des Gebrauchtmaschinenverkaufs besitzt oder zukünftig realisieren kann. Grundsätzlich bestehen Potenziale für Vorteile des Herstellers gegenüber den Kunden in einer besseren Kenntnis der Vertriebswege für Gebrauchtgüter.[296] Da ein Hersteller diese Vertriebswege permanent nutzen kann, ist für ihn der Aufbau eines diesbezüglichen Know-hows wirtschaftlich interessanter, als für einen Kunden, der nur unregelmäßig von einem derartigen Know-how Gebrauch ma-

---

294 Vgl. z.B. *Jungheinrich AG*, Jungheinrich: Stapeln – Transportieren – Lagern - Kommissionieren, Hamburg 2000, S. 146.

295 Vgl. *o.V.*, Europas größtes Gebrauchtwagencenter für Nutzfahrzeuge, in: DaimlerChrysler Global Transport Review, Nr. 3, 2001, S. 8.

296 Festzustellen ist z.B. für den Maschinen- und Anlagenbau, daß der Handel mit Gebrauchtgütern immer mehr an Bedeutung gewinnt. Er nimmt dabei nicht nur bei Maschinen zu, sondern erfaßt zunehmend auch Anlagen, wie z.B. Fertigungsstraßen oder komplette Werke. Die Nachfrage wird dabei sowohl von ausländischen als auch von inländischen Kunden getragen und geht nicht nur von kleineren Betrieben und Existenzgründern aus, sondern auch von großen Konzernen. Die Möglichkeiten für den Hersteller, die Produkte über Gebrauchtgütermärkte einer weiteren Verwendung zuzuführen, steigen somit. Vgl. *o.V.*, Maschinen aus zweiter Hand beliebter, in: FAZ, Nr. 100, 30.04.2001, S. 19; *o.V.*, Das Geschäft mit Gebrauchtmaschinen gewinnt in aller Welt an Bedeutung, in: FAZ, Nr. 278, 29.11.1999, S. 26.

chen könnte.[297] Ein Hersteller verfügt des weiteren über einen umfangreichen Kundenstamm und kennt die Bedürfnisse der Kunden. Kunden, die etwa eine Ersatzmaschine benötigen oder bei denen keine technisch auf dem neuesten Stand befindliche Maschine erforderlich ist, sind dem Hersteller bekannt. Diesen Kunden kann eine für sie günstigere Gebrauchtmaschine angeboten werden.

Für den Hersteller besteht zudem die Möglichkeit, die Absatzchancen seiner gebrauchten Produkte durch eine **Modernisierung der Produkte** zu erhöhen. Dies kann durch den Austausch einzelner Komponenten geschehen. Das bereits diskutierte Prinzip der Modularisierung[298] erweist sich somit auch für die Frage der Weiterverwendung der Produkte als wesentlich.

Ein modulares System kann für einen potenziellen Performance Contracting-Anbieter noch aus einem weiteren Gesichtspunkt wichtig sein. Neben der Strategie, gebrauchte Produkte aufzurüsten, d.h. Neuteile in Gebrauchtgüter einzubauen, kann ein Hersteller auch die Strategie verfolgen, **gebrauchte Komponenten in neue Produkte zu integrieren**. Dies ermöglicht dem Hersteller, Materialeinsparungen zu realisieren. Eine modulare Konstruktion erlaubt die dafür notwendige zerstörungsfreie und kostengünstige Demontage der Gebrauchtgüter. Diese Möglichkeit besteht für den Hersteller lediglich im Rahmen des Performance Contracting oder bei der normalen Vermietung von Produkten, da neue Produkte, die aus Altteilen bestehen, nicht als neu verkauft werden dürfen.[299] Ein Hersteller kann zudem die **gebrauchten Komponenten in gebrauchten Gütern weiterverwenden**.

---

297 Das größere Know-how im Hinblick auf die Vertriebswege für Gebrauchtgüter kann sich z.B. auf die Kenntnis ausländischer Gebrauchtgütermärkte beziehen. CharterWay verkauft beispielsweise viele Fahrzeuge in das osteuropäische Ausland oder nach Afrika. Gebrauchte Produkte stellen in diesen Ländern gegenüber den eingesetzten Gütern vielfach einen großen Fortschritt dar, so daß hier ein interessanter Absatzmarkt aus der Herstellerperspektive besteht. Vgl. Gesprächsprotokoll DaimlerChrysler AG, S. 3.

298 Vgl. Abschnitt 4.2.2.2.1.

299 Vgl. *Stahel, W. R.*, Innovation für Nachhaltigkeit braucht Langsamkeit, in: *Backhaus, K./Bonus,H.* (Hrsg.), Die Beschleunigungsfalle oder der Triumph der Schildkröte, Stuttgart 1998, S. 168; *Landesanstalt für Umweltschutz Baden-Württemberg*, Allgemeine Kreislauf- und Rückstandswirtschaft: Intelligente Produktionsweisen und Nutzungskonzepte, Handbuch Abfall 1, Karlsruhe 1996, S. 300.

Eine Umsetzung der aufgezeigten Lösungsprinzipien findet sich bei der Xerox Corp. im Bereich der Großkopierer, die in Form des Leistungsverkaufs vermietet oder mit Personal zur Verfügung gestellt (Leistungsergebnisverkauf) werden. Erste Priorität hat der erneute Einsatz der gebrauchten Geräte. Ist dies nicht mehr möglich, weil die Geräte nicht mehr vom Markt akzeptiert werden, erfolgt eine Hochrüstung der Geräte und schließlich eine Gerätedemontage und Wiederverwendung der Komponenten. Die Wiederverwendung der Komponenten ist dadurch möglich, daß das Unternehmen mit dem Xerox Life Cycle Design ein neues Konstruktionsprinzip eingeführt hat, bei dem alle Komponenten und Güter für die Mehrfachaufarbeitung entworfen werden.[300] Der Kopiergeräte-Hersteller Agfa-Gevaert AG verfolgt im Rahmen seines Performance Contracting-Konzepts „Mieting" ebenso die Strategie der Demontage und Wiederverwendung von Komponenten.[301]

Die Konzepte der Vermarktung gebrauchter Produkte, des Aufrüstens und der Weiterverwendung gebrauchter Komponenten stellen wichtige Lösungsprinzipien für einen potenziellen Performance Contracting-Anbieter dar, sind jedoch stets vor dem Hintergrund der Wirtschaftlichkeit dieser Alternativen zu prüfen. Sind derartige Strategien vom Anbieter nicht wirtschaftlich umsetzbar, stellt sich aufgrund der Verantwortung des Performance Contracting-Anbieters für die Produkte bei der Entscheidung über das Angebot von Performance Contracting die Frage, ob eine effiziente **Gestaltung des Recyclingprozesses** vom Anbieter realisierbar ist. Auch im Recyling der Stoffe kann allerdings ein Potenzial für Vorteile des Performance Contracting-Anbieters liegen. Dies zeigt sich im Fall des Verbrauchsgüterherstellers SafeChem.[302] Der Kunde bezahlt beim Konzept „Rent-a-chemical" gleichzeitig die Frischware und die Entsorgungskosten. Die gebrauchten Lösemittel gehen an den Anbieter zurück und können von diesem in einem

---

300 Vgl. *Landesanstalt für Umweltschutz Baden-Württemberg*, Allgemeine Kreislauf- und Rückstandswirtschaft, Beispielband, Handbuch Abfall 1, Karlsruhe 1996, S. 43Aff.; *Meffert, H./Kirchgeorg, M.*, Marktorientiertes Umweltmanagement: Konzeption – Strategie – Implementierung mit Praxisfällen, 3. Aufl., Stuttgart 1998, S. 705ff. Zur Weiterverwendung gebrauchter Komponenten vgl. auch: *Kirchgeorg, M.*, Marktstrategisches Kreislaufmanagement: Ziele, Strategien und Strukturkonzepte, Wiesbaden 1999, S. 269f.

301 Vgl. *Schweizerischer Bankverein*, Wirtschaftliche Strategie der Dauerhaftigkeit: Betrachtungen über die Verlängerung der Lebensdauer von Produkten als Beitrag zur Vermeidung von Abfällen, in: Bankverein-Heft, Nr. 32, 1987, S. 41.

302 Zum Beispeil der SafeChem Umweltservice GmbH vgl. auch Abschnitt 3.2.3.

Recyclingprozeß rein zurückgewonnen werden.[303] Anschließend erfolgt eine erneute Verwendung. Der Anbieter erhält somit die Rohstoffe für eine weitere Verwendung zurück und bekommt die Recyclingkosten erstattet, die für den Kunden auch bei einer Beauftragung eines spezialisierten Dienstleisters anfallen würden. Das Konzept des Performance Contracting bedingt damit auch eine Einbeziehung des Recyclingprozesses im Rahmen der Produkentwicklung, um diesen Prozeß kostengünstig abwickeln zu können.

Die Anforderungen im Rahmen der Weiterverwendung des Produkts bei Performance Contracting-Angeboten sind in *Abb. 4-14* zusammengefaßt. Durch eine Umsetzung der aufgezeigten Maßnahmen ist einem Performance Contracting-Anbieter eine Maximierung des Restwerts eines eingesetzten Produkts möglich. Im Hinblick auf die Geschäftsbeziehung mit einem Kunden bedeutet dies, daß sich der Wert einer Alternativverwendung erhöht. Die Maßnahmen tragen somit zu einer Reduktion der Abhängigkeit des Anbieters vom Kunden und damit zu einer Realisierbarkeit von Performance Contracting-Angeboten bei.

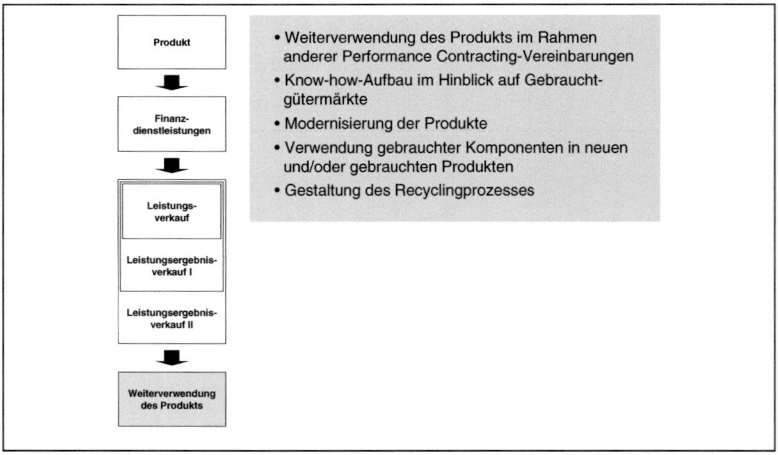

Abb. 4-14: Anbieteranalyse: Weiterverwendung des Produkts

---

[303] Vgl. *Denker, H.,* Der geschlossene Produktkreislauf, in: *Hockerts, K./Petmecky, A./Hauch, S./Seuring, S./Schweitzer, R.* (Hrsg.), Kreislaufwirtschaft statt Abfallwirtschaft: optimierte Nutzung und Einsparung von Ressourcen durch Öko-Leasing und Servicekonzepte, Schriften der Bayreuther Initiative für Wirtschaftsökologie e.V., Band 1, Ulm 1994, S. 145f.

4.2.2.3 Die Konkurrenzanalyse

Im Rahmen der Strategiebestimmung ist vom Hersteller zu berücksichtigen, ob und in welchem Maße die relevanten Anbieter am Markt den Problemlösungsbedarf der Kunden befriedigen.[304] Die Konkurrenzanalyse ist somit ein wesentlicher Bestandteil des Entscheidungsprozesses bezüglich der Strategieoption Performance Contracting.

Kotler identifiziert fünf wichtige Schritte der Konkurrenzanalyse (vgl. auch *Abb. 4-16*). Vom Anbieter sind zunächst die Konkurrenzunternehmen zu identifizieren (1. Schritt). Hierauf aufbauend sind die Ziele (2. Schritt) sowie die Strategien (3. Schritt) der Konkurrenten zu analysieren. Für die Ausrichtung der eigenen Strategie ist anschließend eine Untersuchung der Stärken und Schwächen der Konkurrenten (4. Schritt) und eine Abschätzung der Reaktionen der Konkurrenten auf die eigene Strategie vorzunehmen (5. Schritt).[305]

Im Rahmen der **Identifikation der Konkurrenten** (1. Schritt) ist es bei der Entscheidung über den Einstieg in das Performance Contracting nicht ausreichend, lediglich die Mitanbieter der eigenen Branche zu berücksichtigen. Das Konzept des Performance Contracting geht einher mit der Akquisition neuer Bestandteile der Wertschöpfungskette, die bisher von den Kunden oder anderen Unternehmen erbracht wurden. Die Option, durch Performance Contracting-Angebote die Position des Unternehmens in der Wertschöpfungskette auszubauen, besteht jedoch auch für die Unternehmen auf den anderen Wertschöpfungsstufen. Ebenso wie ein Lack-Hersteller anbieten kann, für die Automobilhersteller die Lackierstraßen zu betreiben, kann ein solches Angebot von den Maschinen- und Anlagenbau-Unternehmen (als Hersteller der Lackieranlagen) oder von den Chemikalien-Herstellern (als Lieferanten der Prozeßmaterialien) unterbreitet werden. Von einem Hersteller sind zudem auch reine Dienstleister in die Konkurrenzanaly-

---

304 Vgl. z.B. *Backhaus, K.*, Industriegütermarketing, 6. Aufl., München 1999, S. 165.

305 Vgl. *Kotler, P.*, Grundlagen des Marketing, 2. Aufl., London et al. 1999, S. 442ff. Eine ähnliche Definition der Konkurrenzanalyse findet sich bei *Porter*. Dieser unterscheidet vier diagnostizierende Elemente der Konkurrenzanalyse: zukünftige Ziele, gegenwärtige Strategie, Annahmen (Annahmen des Wettbewerbers über sich selbst sowie über die Branche und die anderen Unternehmen darin) und Fähigkeiten. *Porter* weist zudem darauf hin, daß vor Durchführung dieser Schritte festzulegen ist, welche Wettbewerber untersucht werden sollen. Das Verständnis der vier diagnostizierenden Elemente erlaubt schließlich eine begründete Vorhersage des Reaktionsprofils der Konkurrenten. Vgl. *Porter, M. E.*, Wettbewerbsstrategie: Methoden zur Analyse von Branchen und Konkurrenten, 10. Aufl., Frankfurt am Main/New York 1999, S. 87ff.

se einzubeziehen. Die Analyse der Dienstleistungsunternehmen hat gezeigt, daß diese in der Lage sind, Performance Contracting-Angebote zu unterbreiten, die den Angeboten der Hersteller entsprechen.[306]

Das Anbieten von Performance Contracting hat somit für einen Industriegüterhersteller im Vergleich zum traditionellen Geschäftsmodell eine Veränderung der Wettbewerbsstruktur zur Folge. Mit dem Geschäftsmodell Performance Contracting ist der Übergang vom Wettbewerb innerhalb gegebener Marktsegmente zum Wettbewerb innerhalb der Wertschöpfungskette verbunden.[307] Das Auftreten neuer potenzieller Konkurrenten steigert dabei die Komplexität der Konkurrenzanalyse.

Bei der **Untersuchung der Ziele der Konkurrenten** (2. Schritt) ist zu prüfen, inwiefern bei den identifizierten grundsätzlichen Konkurrenten tatsächlich das Ziel besteht, Performance Contracting anzubieten oder bereits ein entsprechendes Angebot vorhanden ist. Derartige (zukünftige) Angebote können einen direkten Einfluß auf die Entscheidung des Herstellers im Hinblick auf die Strategieoption Performance Contracting besitzen. Falls etwa die bisherigen Konkurrenten innerhalb der angestammten Branche bereits Performance Contracting anbieten, droht der Verlust von Marktanteilen beim bisherigen Kernprodukt eines Herstellers. Das Angebot von Performance Contracting kann dann notwendig werden, um den Absatz der eigenen Produkte auch zukünftig zu erhalten.

Ein direkter Einfluß auf die Entscheidung eines Herstellers ergibt sich auch, falls Hersteller aus anderen Wertschöpfungsstufen oder Dienstleistungsunternehmen Performance Contracting anbieten bzw. anbieten wollen. Diese übernehmen den Kunden gegenüber dann die Verantwortung für die gesamte Problemlösung und damit auch für die Produkte des Herstellers. Der Hersteller verliert damit den direkten Kundenkontakt und wird zu einem reinen „Zulieferer". Aus Sicht des Herstellers verringert sich durch die

---

306 Vgl. Abschnitt 2.3.1.

307 Vgl. z.B. *Rick, J.*, Vom Dienstleistungsangebot zum Performance Contracting, Vortrag auf dem Symposium „Vom Hersteller zum Dienstleister" des Betriebswirtschaftlichen Instituts für Anlagen und Systemtechnologien, Münster 2000.

bei den Performance Contracting-Anbietern gebündelte Nachfrage zudem die Anzahl seiner Kunden. Die gebündelte Nachfragemenge führt zu einer großen Marktmacht der Performance Contracting-Anbieter und damit zu einer hohen Abhängigkeit des Herstellers von diesen Anbietern. Die hohe Nachfragemacht kann zu Preisminderungsforderungen aber auch zu Forderungen nach technischen Änderungen des Produkts führen[308]. Forderungen nach einer anderen technischen Gestaltung der Produkte sind, wie aufgezeigt[309], durch die Anforderungen des Performance Contracting-Konzepts an die Produkte begründet.

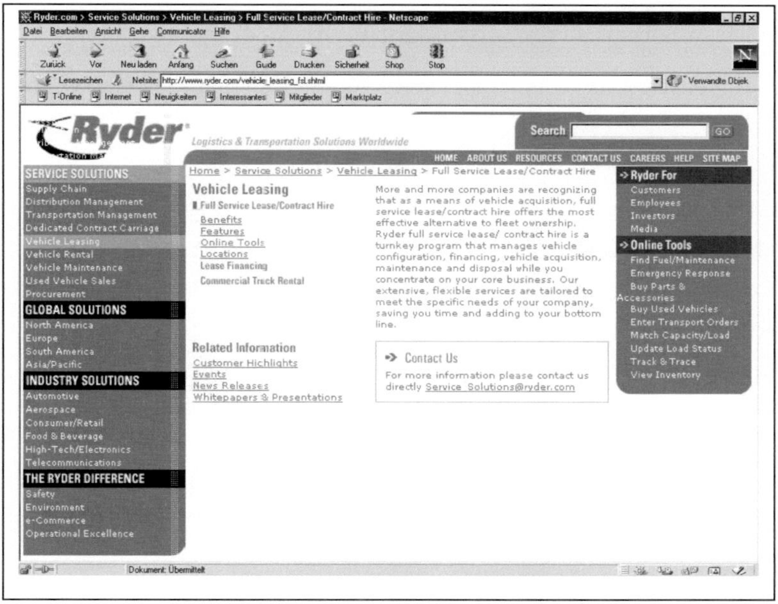

Abb. 4-15: Full Service Leasing/Contract Hire-Angebot bei Ryder

---

[308] Vgl. *Fleig, J.*, Kreislaufwirtschaft als Herausforderung und Chance für Unternehmen, in: *Fleig, J.*, Zukunftsfähige Kreislaufwirtschaft: mit Nutzenverkauf, Langlebigkeit und Aufarbeitung ökonomisch und ökologisch wirtschaften, Stuttgart 2000, S. 68.

[309] Vgl. Abschnitte 4.2.2.2.1 und 4.2.2.2.6.

Ein Beispiel für den Einfluß der Ziele der identifizierten Konkurrenten auf die Entscheidung des Herstellers stellt das CharterWay-Konzept der DaimlerChryler AG dar. Das Dienstleistungsunternehmen Ryder ist in den USA der Marktführer beim Full Service Leasing bzw. Flottenmanagement von Nutzfahrzeugen, Bussen etc. (vgl. *Abb. 4-15*). Das Unternehmen plante, seine Geschäftstätigkeit auf Europa auszudehnen und auch dort Performance Contracting anzubieten. Die damalige Mercedes-Benz AG wollte dem durch den Aufbau eines eigenen Full Service Leasing-/Flottenmanagement-Angebots vorbeugen. Mit Hilfe von CharterWay sollte der Kontakt mit dem Endkunden zumindest über das hauseigene Angebot bewahrt werden.[310]

Im Anschluß an die Identifikation der Ziele der Konkurrenten ist eine **Analyse der Strategien** (3. Schritt) notwendig, die diese Unternehmen verfolgen. Hierbei ist zu eruieren, ob von den konkurrierenden Unternehmen anderer Wertschöpfungsstufen Kooperationen angestrebt werden. Vom Hersteller ist dann die Alternative eines gemeinschaftlich erbrachten Performance Contracting-Angebots zu prüfen. Grundsätzlich besteht für einen Hersteller im Hinblick auf diese Unternehmen jedoch das Problem, daß deren Strategien häufig nur schwierig zu beurteilen sind, da traditionelle Informationsquellen, wie z.B. eigene Vertriebsmitarbeiter, nur wenig Informationen zu Konkurrenten aus anderen Wertschöpfungsstufen bereitstellen.

Wird ein Angebot von Performance Contracting aufgrund der geschilderten Konkurrenzlage zwingend, bestehen jedoch aufgrund der Ergebnisse der Anbieteranalyse Zweifel, ob Performance Contracting-Angebote erbracht bzw. mit dem notwendigen Kundenvorteil erbracht werden können, ist zu hinterfragen, warum Konkurrenten derartige Angebote erfolgreich erstellen können. Im Rahmen einer **Stärken/Schwächen-Analyse** der Konkurrenten (4. Schritt) ist zu untersuchen, in welchen Bereichen die Vorteile der Konkurrenten liegen. Als Strategie wird hierbei häufig das Benchmarking angewen-

---

310 Vgl. *Fleig, J.*, Kreislaufwirtschaft als Herausforderung und Chance für Unternehmen, in: *Fleig, J.*, Zukunftsfähige Kreislaufwirtschaft: mit Nutzenverkauf, Langlebigkeit und Aufarbeitung ökonomisch und ökologisch wirtschaften, Stuttgart 2000, S. 68f.

det.[311] Dieses bezeichnet einen kontinuierlichen Prozeß, bei dem Strategien, Produkte, Prozesse und Methoden betrieblicher Funktionen über mehrere Unternehmen hinweg verglichen werden.[312] Hierbei beschränt sich das Benchmarking nicht nur auf einen Vergleich mit den direkten Konkurrenten, sondern kann auch branchenübergreifend angewendet werden.[313]

Abschließender Bestandteil der Konkurrenzanalyse ist die **Abschätzung der Reaktionen** sowohl der bisherigen Branchenkonkurrenten als auch der durch ein Performance Contracting-Angebot eines Herstellers angegriffenen Konkurrenten aus anderen Wertschöpfungsstufen (5. Schritt). Besteht bei Letzteren die Gefahr, daß als Reaktion auf das eigene Performance Contracting-Angebot Konkurrenzangebote durch diese Unternehmen entwickelt werden, ist – in Abhängigkeit von den erwarteten Vor- oder Nachteilen des eigenen Performance Contracting-Angebots – wiederum zu prüfen, ob diese Unternehmen in eine Anbieterkooperation einbezogen werden können.[314]

Abb. 4-16 faßt die im Rahmen der Konkurrenzanalyse zu berücksichtigenden Aspekte zusammen.

---

311 Vgl. *Töpfer, A.*, Kernfragen des Benchmarking, in: *Töpfer, A.* (Hrsg.), Benchmarking: Der Weg zu Best Practice, Berlin et al. 1997, S. 3ff.; *Kotler, P.*, Grundlagen des Marketing, 2. Aufl., London et al. 1999, S. 446; *Pässler, K./Brumby, L.*, Benchmarking von industriellen Dienstleistungsunternehmen, in: io management, Heft 9, 2001, S. 57; *Leibfried, K. H. J./McNair, C. J.*, Benchmarking: Von der Konkurrenz lernen, die Konkurrenz überholen, Freiburg i. Br. 1993, S. 13ff.

312 Vgl. *Backhaus, K.*, Industriegütermarketing, 6. Aufl., München 1999, S. 176f.; *Camp, R. C.*, Benchmarking, München 1994, S. 13ff.; *Kotler, P.*, Grundlagen des Marketing, 2. Aufl., London et al. 1999, S. 446. *Ulrich* kennzeichnet Benchmarking ausführlich als „einen systematischen und kooperativen Prozeß, bei dem bestimmte Untersuchungsgegenstände einer Organisation mit anderen Organisationsbereichen oder fremden Organisationen verglichen werden. Durch diesen Vergleich sollen die Unterschiede zwischen den Vergleichspartnern auf Basis quantitativer Meßgrößen (benchmarks) offengelegt, die Ursachen für die identifizierten Unterschiede analysiert und die gewonnenen Erkenntnisse in Leistungsverbesserungen umgesetzt werden.“ *Ulrich, P.*, Organisationales Lernen durch Benchmarking, Wiesbaden 1998, S. 25.

313 Im Rahmen des externen Benchmarking kann ein Vergleich mit Wettbewerbern oder nicht Wettbewerbern der eigenen Branche erfolgen oder ein Vergleich mit branchenexternen Unternehmen. Zudem ist auch ein internes Benchmarking möglich, welches Effizienzunterschiede in den unterschiedlichen Geschäftsbereichen eines Unternehmens aufdecken soll. Vgl. *Ulrich, P.*, Organisationales Lernen durch Benchmarking, Wiesbaden 1998, S. 17.; *Schmidt, F.*, Strategisches Benchmarking: Gestaltungskonzeptionen aus der Markt- und der Ressourcenperspektive, Lohmar et al. 2000, S. 25ff.; *Backhaus, K.*, Industriegütermarketing, 6. Aufl., München 1999, S. 176f.; *Kotler, P.*, Grundlagen des Marketing, 2. Aufl., London et al. 1999, S. 446.

314 Vgl. Abschnitt 5.1.4.

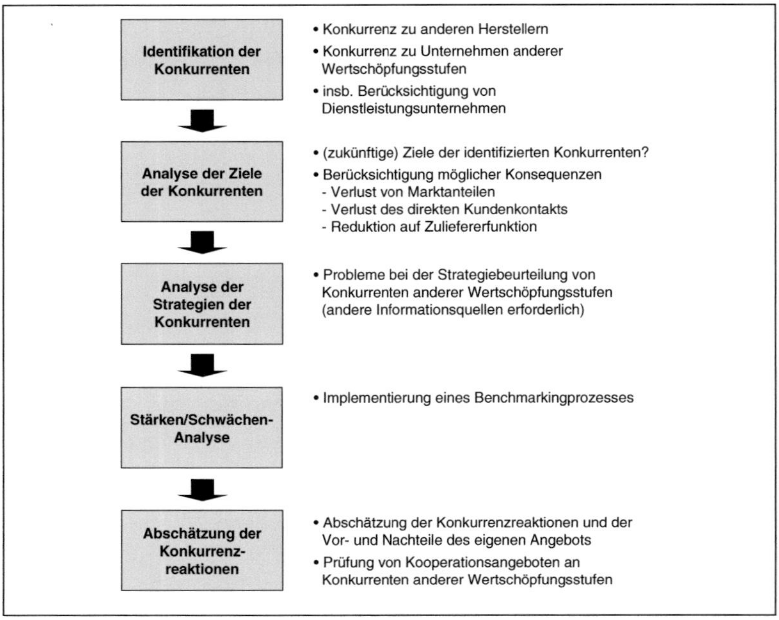

Abb. 4-16: Schritte der Konkurrenzanalyse

4.3 Verdichtung der Entscheidungskriterien in einem Entscheidungsmodell

Die Analyse der bei der Entscheidung über den Eintritt in das Performance Contracting-Geschäftsmodell relevanten Entscheidungskriterien hat gezeigt, daß eine Betrachtung der grundsätzlichen Marktattraktivität nicht ausreicht. Die aufgeworfene Frage, ob die Kriterien des Entscheidungsmodells von *Wise/Baumgartner* den im Rahmen der Entscheidung über den Eintritt in das Performance Contracting zu berücksichtigenden Aspekten ausreichend Rechnung tragen[315], ist daher zu verneinen. Das Entscheidungsmodell von *Wise/Baumgartner* fokussiert sich auf die Betrachtung der Marktattraktivität

---

315 Vgl. Abschnitt 4.1; *Wise, R./Baumgartner, P.*, Go Downstream – The New Profit Imperative in Manufacturing, in: HBR, No. 5, September-October, 1999, S. 140.

und ist damit nur bedingt im Sinne einer Entscheidungsunterstützung aus der Perspektive eines potenziellen Performance Contracting-Anbieters einsetzbar.

Im Rahmen der Analyse konnte vielmehr aufgezeigt werden, daß eine explizite Einbeziehung der Kunden-, Anbieter- und Konkurrenzperspektive in die Entscheidungsfindung erforderlich ist. Hierbei ist deutlich geworden, daß eine Vielzahl von strategischen Faktoren zu beachten ist. Diese Faktoren sind abschließend in einem Entscheidungsmodell zu verdichten, um so – wie es auch in der Downstream-Analyse von *Wise/Baumgartner* intendiert wird – eine strukturierte und systematische Entscheidungsfindung aus Anbieterperspektive zu ermöglichen.

Abb. 4-17 zeigt die vier zu berücksichtigenden Entscheidungsstufen des Entscheidungsprozesses auf. Die Entscheidungsstufen Analyse der Marktattraktivität, Kundenanalyse, Anbieteranalyse und Konkurrenzanalyse sind dabei im Rahmen eines sequentiellen Vorgehens zu durchlaufen.

1. Entscheidungsstufe:

Innerhalb der ersten Entscheidungsstufe ist von einem Industriegüterhersteller die grundsätzliche Attraktivität des Performance Contracting-Geschäftsmodells anhand der diskutierten Kennzahlen[316] – „Anteil der Anschaffungskosten für ein Gut an den gesamten Lebenszykluskosten“ sowie „Verhältnis der Anzahl installierter Produkte zur jährlichen Anzahl neuverkaufter Produkte“ – zu beurteilen. Als erste Anhaltspunkte für diese Entscheidung können die im Rahmen der Downstream-Analyse verwendeten Grenzwerte für die Kennzahlenausprägungen genutzt werden[317], da es sich beim Performance Contracting um eine Form der Downstream-Bewegung handelt. Anhand der

---

316 Vgl. Abschnitt 4.1.

317 Die Werte für die Kennzahlenausprägungen sind in *Abb. 4-17* in Klammern eingetragen. *Wise/Baumgartner* verwenden anstatt der Kennzahl „Anteil der Anschaffungskosten für ein Gut an den gesamten Lebenszykluskosten“ die Kennzahl „Life cycle economic activity as a multiple of product costs“, so daß eine Umrechnung der von den Autoren verwendeten Werte erforderlich wird. Bei einem Wert für diese Kennzahl von 1X („1fach“) erachten die Autoren eine Downstream-Bewegung als wenig attraktiv. Bei einem Wert von 5X („5fach“) hingegen gehen *Wise/Baumgartner* von einer hohen Attraktivität aus. Dies entspricht Werten von 50% und 16,67% für die Kennzahl „Anteil der Anschaffungskosten für ein Gut an den gesamten Lebenszykluskosten“. Vgl. *Wise, R./Baumgartner, P.*, Go Downstream – The New Profit Imperative in Manufacturing, in: HBR, No. 5, September-October, 1999, S. 140.

Kennzahlenausprägungen läßt sich feststellen, ab wann eine Downstream-Bewegung – und damit auch ein Performance Contracting-Angebot – attraktiv wird. *Wise/Baumgartner* sehen dabei im Bereich um die Werte 33,5 Prozent für die Kennzahl „Anteil der Anschaffungskosten für ein Gut an den gesamten Lebenszykluskosten" und 11fach[318] für die Kennzahl „Verhältnis der Anzahl installierter Produkte zur jährlichen Anzahl neuverkaufter Produkte" den Bereich, ab dem eine Downstream-Bewegung in Betracht zu ziehen ist.[319] Für die Kennzahl „Anteil der Anschaffungskosten für ein Gut an den gesamten Lebenszykluskosten" ist festzustellen, daß die Kennzahlenausprägungen für die betrachteten Beispielbranchen im als attraktiv gekennzeichneten Bereich liegen.[320]

Im Hinblick auf eine weitere Fundierung der kritischen Grenzwerte für das Performance Contracting-Geschäftsmodell sind allerdings empirische Untersuchungen wünschenswert, die sich auf das Performance Contracting fokussieren, um so eine Überprüfung der kritischen Werte für dieses Geschäftsmodell durchführen zu können. Hierzu sind in Expertengesprächen[321] die jeweils vorliegenden Kennzahlenausprägungen zu erheben. Expertengespräche bieten dabei den Vorteil, daß auch Daten erhoben werden können, die ansonsten nicht öffentlich zugänglich sind bzw. nicht publiziert werden oder im Unternehmen nicht explizit vorliegen – wie etwa die Verteilung der Lebenszykluskosten – und von den Experten dementsprechend geschätzt werden müssen. Zudem können diffe-

---

318 Der Ausdruck 11fach ist in *Abb. 4-17* mit der Bezeichnung „11X" abgekürzt.

319 Vgl. *Wise, R./Baumgartner, P.*, Go Downstream – The New Profit Imperative in Manufacturing, in: HBR, No. 5, September-October, 1999, S. 140.

320 Der Anteil der Anschaffungskosten liegt im Fall der LKW-Hersteller bei 10 Prozent, bei den Lösemittel-Herstellern bei 7 Prozent und bei den Lack-Herstellern bei 30 Prozent. Im Fall der PKW-Hersteller liegt der Anteil des Wertverlusts für die ersten 3 Jahre bei 34 Prozent, wobei dieser Anteil über einen längeren Betrachtungszeitraum aufgrund des höheren Wertverlusts in den ersten Nutzungsjahren abnimmt, so daß der Wert unter dem Gesichtspunkt einer Lebenszyklusbetrachtung zu relativieren ist. Vgl. Abschnitte 3.2.1, 3.2.2, 3.2.3 und 3.2.4. Anhand der Kennzahl ergibt sich damit für die betrachteten Beispielbranchen eine hohe Attraktivität des Performance Contracting-Geschäftsmodells, welche durch das existierende Angebot in diesen Branchen bestätigt wird.

321 Die Expertenbefragung bezeichnet die Befragung von Sachverständigen, d.h. Spezialisten, wobei *Hüttner* darauf hinweist, daß dieses Verfahren in etwa dem in der Statistik als Enquete bezeichneten Verfahren entspricht. Vgl. *Hüttner, M.*, Grundzüge der Marktforschung, 5. Aufl., München et al. 1997, S. 68.

renzierte Einschätzungen erfragt werden, ab wann das Geschäftsmodell Performance Contracting möglich, interessant oder u.U. sogar notwendig ist.

Innerhalb einer betrachteten Branche sind dabei unterschiedliche Unternehmen zu befragen. Durch die Einbeziehung mehrerer Experten aus verschiedenen Unternehmen kann Nachteilen von Expertengesprächen, wie der Gefahr des Wunschdenkens oder Schwankungen in den Einschätzungen der Experten, begegnet werden.[322] Darüber hinaus sind verschiedene Branchen in die Untersuchung einzubeziehen, um so zu grundsätzlichen, branchenübergreifenden Grenzwerten für die Kennzahlenausprägungen gelangen zu können. Bei der Auswahl der in die Untersuchung einzubeziehenden Branchen ist darauf zu achten, daß neben Branchen, in denen das Performance Contracting-Geschäftsmodell Anwendung findet, auch Branchen einbezogen werden, in denen dieses Geschäftsmodell keine Anwendung findet. Dies ermöglicht die Bestimmung der kritischen Grenzwerte, ab denen das Performance Contracting-Geschäftsmodell unattraktiv wird und damit kein Eintritt in dieses Geschäftsmodell erfolgen sollte.

2. Entscheidungsstufe:

Erweist sich das Performance Contracting-Geschäftsmodell aus Anbietersicht als grundsätzlich attraktiv, ist zu überprüfen, ob Performance Contracting bzw. bestimmte Formen des Performance Contracting auch aus Kundenperspektive grundsätzlich in Frage kommen. Die Kernkompetenzenperspektive determiniert dabei, ob die von Performance Contracting-Angeboten betroffenen Aufgabenbereiche überhaupt für eine Auslagerung in Betracht gezogen werden.[323] Liegen die Kernkompetenzen der Kunden in den betroffenen Bereichen, dann stellt das Angebot von Performance Contracting oder ggf. einzelner Performance Contracting-Formen für einen Industriegüterhersteller keine interessante Strategieoption dar, weil die Kunden i.d.R. nicht gewillt sind, Kernkompetenzen abzugeben.

---

322 Vgl. *Simon, H.*, Preismanagement: Analyse, Strategie, Umsetzung, 2. Aufl., Wiesbaden 1992, S. 110ff. Zu den Nachteilen des Verfahrens Expertengespräche vgl. auch *Hüttner, M.*, Grundzüge der Marktforschung, 5. Aufl., München et al. 1997, S. 68. Zu den Möglichkeiten bei der Durchführung von Expertengesprächen vgl. zudem *Kepper, G.*, Methoden der Qualitativen Marktforschung, in: *Herrmann, A./Homburg, C.*, Marktforschung: Methoden, Anwendungen, Praxisbeispiele, Wiesbaden 1999, S. 168.

323 Vgl. Abschnitt 4.2.2.1.1.

Die Analyse der Kundenpräferenzen zeigt im nächsten Schritt, ob dazu eine Auslagerung in Form des Performance Contracting aus Kundensicht in Frage kommt, d.h. eine Auslagerung an einen für die Gesamtlösung verantwortlichen Lieferanten.[324] Die durchgeführte Untersuchung hat zudem verdeutlicht, daß ggf. spezifische Rahmenbedingungen innerhalb der Kundenanalyse zu berücksichtigen sind, wie etwa die Abhängigkeit eines Anbieters von wenigen Nachfragern.[325]

3. Entscheidungsstufe:

Hat sich aus der Betrachtung der Marktattraktivität und der Kundenperspektive die Möglichkeit bzw. Attraktivität eines Angebots von Performance Contracting oder einzelner Performance Contracting-Formen ergeben, dann ist zu überprüfen, ob auf Anbieterseite auch die Voraussetzungen gegeben sind, dieses Angebot mit dem notwendigen Kundenvorteil[326] anzubieten. Grundlage hierfür ist die Frage, ob die Produkte des Unternehmens aus den Perspektiven der Lebenszykluskostenorientierung und der Weiterverwendungsmöglichkeiten für das Performance Contracting-Geschäftsmodell geeignet sind, da dieses determiniert, ob die Übernahme des Betriebskostenrisikos und des Restwertrisikos aus Anbieterperspektive möglich ist. Eine Beherrschung bzw. Senkung der Lebenszykluskosten ist etwa durch eine Modularisierung der Produkte gekennzeichnet, wobei die Lebenszykluskostenoptimierung zusätzlich durch eine produktübergreifende Standardisierung von Modulen verstärkt werden kann.

Ist diese Eignung gegeben, ist von einem potenziellen Performance Contracting-Anbieter zu überprüfen, ob in den mit Performance Contracting-Angeboten einher gehenden Aufgabengebieten – Dienstleistungen, Administration und einzusetzende Materialien – Größenvorteile gegenüber den Nachfragern erzielt werden können und dadurch die Realisierung von Nutzen- und/oder Preisvorteilen gegenüber den bisherigen Kundenlösungen möglich ist. *Abb. 4-17* zeigt die diesbezüglich einer Überprüfung zu unterziehenden Aufgaben, die in den Aufgabengebieten im Rahmen der jeweiligen Performance Contracting-Formen vom Anbieter zu übernehmen sind. Die Diskussion hat ver-

---

324 Vgl. Abschnitt 4.2.2.1.1.

325 Vgl. Abschnitte 4.2.2.1.2 und 4.2.2.1.3.

326 Vgl. Abschnitt 4.2.2.1.

deutlicht, daß Größenvorteile eines Herstellers gegenüber den Nachfragern unterschiedliche Ursachen haben können. So kann es sich etwa um economies of scale handeln, wie im Fall der einzusetzenden Materialien. Darüber hinaus können Größenvorteile in höheren Lerneffekten aufgrund einer größeren Projektzahl im Vergleich zu einzelnen Kunden – z.B. im Bereich Koordination – bestehen. Ebenso ermöglicht eine höhere Zahl von Anwendungsfällen dem Hersteller die Entwicklung von Lösungen zur Reduktion von Prozeßkosten, wie etwa von EDV-gestützten Administrations-/Controllingsystemen oder Teleservice- und Telemanufacturing-Lösungen.[327]

Auch im Rahmen der Anbieteranalyse sind ggf. spezifische Rahmenbedingungen zu beachten.[328] Hierbei handelt es sich insbesondere um Ressourcenbeschränkungen auf Anbieterseite. Dies kann im Bereich der finanziellen Ressourcen die Einbeziehung von Finanzdienstleistern bedingen. Begrenzte personelle Ressourcen können zudem die Einbeziehung von Personaldienstleistern erforderlich machen. Die Anbieteranalyse hat zudem gezeigt, daß eine Begrenzung der Abhängigkeit des Anbieters anzustreben ist. Je höher die Abhängigkeit des Anbieters ist, desto geringer sind seine Gestaltungsmöglichkeiten im Rahmen von Performance Contracting-Angeboten, wenn diese Abhängigkeit – etwa durch eine längere Vertragslaufzeit – abgesichert werden soll.

4. Entscheidungsstufe:

Eine Revision der auf Basis der ersten drei Entscheidungsstufen getroffenen Angebotsentscheidung kann aufgrund der Ergebnisse der Konkurrenzanalyse erforderlich werden. Ergibt diese, daß ein Angebot von Performance Contracting oder bestimmter Formen des Performance Contracting aufgrund von entsprechenden Angeboten anderer Unternehmen zwingend ist – da ansonsten etwa der Verlust von Marktanteilen beim bisherigen Kernprodukt eines Herstellers oder eine Reduktion des Industriegüterherstellers zum „Zulieferer“ erfolgt[329] – und ist auf Basis der vorherigen Entscheidungsstufen nicht das Angebot dieser Performance Contracting-Formen vorgesehen, dann ist ggf. eine Revision der bisherigen Angebotsentscheidung vorzunehmen, um die genannten

---

[327] Vgl. Abschnitte 4.2.2.2.3, 4.2.2.2.4 und 4.2.2.2.5.

[328] Vgl. im Folgenden Abschnitte 4.2.2.2.1, 4.2.2.2.2, 4.2.2.2.3, 4.2.2.2.4, 4.2.2.2.5 und 4.2.2.2.6.

[329] Vgl. Abschnitt 4.2.2.3.

negativen Konsequenzen zu vermeiden. Hierzu ist eine erneute Durchführung der Anbieteranalyse erforderlich, wobei zu untersuchen ist, warum Konkurrenten in der Lage sind, das entsprechende Performance Contracting-Angebot mit dem notwendigen Kundenvorteil zu erstellen.[330] Ist eine Schaffung der im Rahmen dieser Untersuchung deutlich werdenden Angebotsvoraussetzungen möglich, dann kann eine Revision der bisherigen Angebotsentscheidung erfolgen.

Falls sich aus der Konkurrenzanalyse kein Zwang zu einem Performance Contracting-Angebot ergibt oder der Bedarf mit der bisherigen Angebotsentscheidung übereinstimmt, erfolgt eine Bestätigung des Analyseergebnisses auf Basis der ersten drei Entscheidungsstufen.

---

330 Besteht ein Performance Contracting-Angebot durch konkurrierende Unternehmen, müßten die ersten beiden Stufen des Entscheidungsmodells – die Analyse der Marktattraktivität und die Kundenanalyse – zu einem positiven Ergebnis hinsichtlich der Angebotsentscheidung führen. Ohne ein positives Ergebnis der Kundenanalyse bestünde für die Performance Contracting-Angebote der konkurrierenden Unternehmen kein Absatzmarkt, so daß es zu keinen realisierten Performance Contracting-Lösungen kommen könnte. Eine fehlende Marktattraktivität würde ebenfalls aus der Perspektive der konkurrierenden Unternehmen die Etablierung bzw. die Aufrechterhaltung eines derartigen Angebots unterbinden. Aus der Perspektive des vor der Eintrittsentscheidung stehenden potenziellen Performance Contracting-Anbieters wird daher i.d.R. lediglich eine erneute Durchführung der Anbieteranalyse notwendig sein, welche um eine Stärken/Schwächen-Analyse der Konkurrenten zu ergänzen ist, um die Identifikation der Angebotsvoraussetzungen zu ermöglichen.

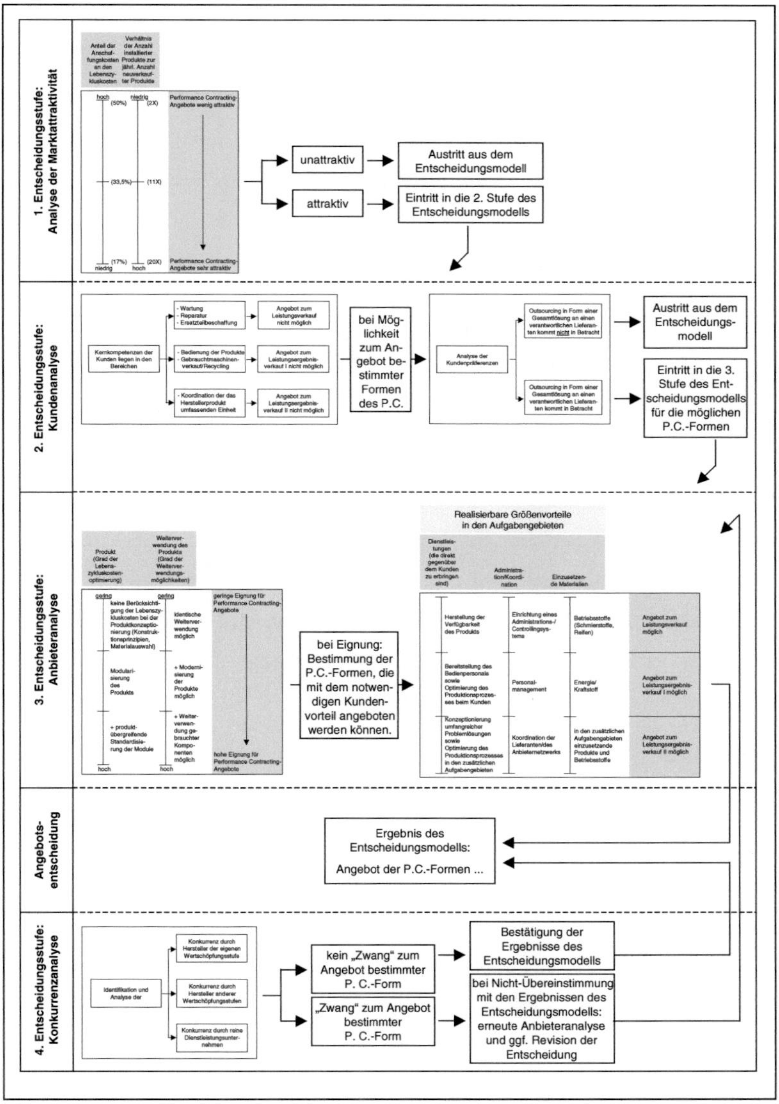

Abb. 4-17: Entscheidungsmodell für den Eintritt in das Performance Contracting [331]

---

331 Folgende Abkürzungen wurden in *Abb. 4-17* verwendet: Performance Contracting-Form (P.C.-Form); Betrieb des Produkts (Leistungsergebnisverkauf I); Betrieb einer größeren, das eigentliche Produkt umfassenden Einheit (Leistungsergebnisverkauf II).

4.4 Fazit

Die Diskussion der Entscheidungskriterien hinsichtlich des Eintritts in das Performance Contracting-Geschäftsmodell sowie die anschließende Verdichtung der Kriterien in einem Entscheidungsmodell haben die hohe Komplexität der Entscheidung bezüglich des Angebots von Performance Contracting-Lösungen für einen Industriegüterhersteller verdeutlicht.[332] Die Anbieteranalyse hat dabei aufgezeigt, daß das Performance Contracting-Konzept inhaltlich umfangreiche Anforderungen an den Anbieter stellt. Dies wird z.B. anhand der Anforderungen an das Produkt sichtbar, die bereits im Rahmen der Produktkonzeption umgesetzt werden müssen.[333] Die Anforderungen betreffen zudem nicht nur Bereiche, die traditionell von vielen Industriegüterherstellern als Kernkompetenz angesehen werden, wie die Produktkonzeption, sondern auch Bereiche, die vielfach bisher nicht im Fokus der Industriegüterhersteller standen. Von Herstellern müssen bei einem Eintritt in das Performance Contracting-Geschäftsmodell vielmehr neue Kernkompetenzen geschaffen oder vorhandene Kompetenzen ausgebaut werden in Bereichen wie der Administraton/Koordination, der Personalbereitstellung oder der Optimierung des Produktionsprozesses beim Kunden.[334] Dies bedingt eine erhebliche Vorbereitungszeit für den Eintritt in das neue Geschäftsmodell.

Die somit für ein erfolgreiches Performance Contracting-Angebot **notwendige langfristige Vorbereitung** erfordert wiederum, die langfristige Entwicklung der Kundenpräferenzen im Rahmen der Kundenanalyse zu beachten, da ein kurzfristiger Eintritt in das Performance Contracting-Konzept nicht realisierbar ist. Aus Anbieterperspektive sind daher die Kunden im Hinblick auf zukünftige (sich ändernde) Präferenzen zu analysieren. *Slywotzky/Morrison/Andelman* weisen dabei darauf hin, daß Basis einer Präferenzanalyse im Hinblick auf ein neues Geschäftsmodell häufig lediglich ein geringer Prozentsatz der Kunden ist – die Autoren sprechen von zwei bis drei Prozent –, deren heu-

---

332 Vgl. Abschnitte 4.2. und 4.3.

333 Vgl. Abschnitte 4.2.2.2.1 und 4.2.2.2.6.

334 Vgl. Abschnitte 4.2.2.2.2, 4.2.2.2.3, 4.2.2.2.4, 4.2.2.2.5 und 4.2.2.2.6.

tiges Agieren das zukünftige Handeln der Mehrzahl der Kunden vorwegnimmt.[335] Von einem Anbieter sind somit diese Kunden zu identifizieren.[336]

Die notwendige langfristige Vorbereitung und die resultierende Entwicklung spezifischer Ressourcen bedeuten jedoch auch, daß eine Ausrichtung der Dienstleistungsstrategie im Sinne des Performance Contracting nicht kurzfristig von Konkurrenten imitiert werden kann. Ein kurzfristiges Anbieten von Performance Contracting, ohne die notwendige grundsätzliche Ausrichtung der Fähigkeiten eines Unternehmens auf das Konzept, impliziert hohe Risiken. Performance Contracting-Angebote ermöglichen zwar die **Erzielung dauerhafter KKVs**.[337] Hierzu ist allerdings ein frühzeitiger Einstieg eines Herstellers in die Entwicklung des Performance Contracting-Angebots in Erwägung zu ziehen. Ansonsten besteht die Gefahr, daß Konkurrenten die Kundenpräferenzen früher aufgreifen und angesichts der notwendigen langfristigen Vorbereitung dauerhafte Wettbewerbsnachteile entstehen.

Aus Herstellerperspektive kann es dann erforderlich werden, eine **aktive Marketing-Strategie** zu verfolgen und Präferenzentwicklungen zu antizipieren und den Markt für Performance Contracting selbst zu entwickeln, um Wettbewerbsvorteile zu schaffen. *Stauch* weist aus Nachfragerperspektive darauf hin, daß Performance Contracting-Konzepte vom Markt häufig noch nicht nachgefragt werden, weil die Kunden derartige Angebote nicht kennen. Er verbindet dies mit der Aufforderung an die Anbieter, ent-

---

335 Vgl. *Slywotzky, A. J./Morrison, D. J./Andelman, B.*, The profit zone: how strategic business design will lead you to tomorrow´s profits, New York et al. 1997, S. 30f.

336 Im Rahmen der Markforschung sind somit sogenannte Lead-User zu identifizieren. Hierbei stellt sich die Aufgabe, Merkmale/Charakteristika zu ermitteln, die diese innovativen Anwender von den weiteren Anwendern differenzieren. Ansätze hierzu finden sich im Rahmen der Forschung zum Lead-User-Ansatz. Vgl. *Herstatt, C.*, Suchfelder für Innovationen mit Marktforschung erschliessen: Lead-User-Forschung zur Erkennung von radikalen Innovatoren, in: io management, Heft 9, 2001, S. 16/19; *Hippel, E. v.*, Lead Users: A Source of Novel Product Concepts, in: Management Science, No. 7, 1986, S. 791ff.; *Hippel, E. v./Urban, G. L.*, Lead User Analysis for the Development of New Industrial Products, in: Management Science, No. 5, 1988, S. 569ff.

337 Ein strategischer Vorteil (KKV) besteht nur, wenn der Vorteil eine gewisse zeitliche Konstanz aufweist. Hierbei ist „dauerhaft" nicht als „ewig" zu verstehen, da nahezu jeder KKV auf Dauer einholbar ist. Vgl. *Backhaus, K.*, Industriegütermarketing, 6. Aufl., München 1999, S. 36. Vgl. auch Abschnitt 4.2.1

sprechende Konzepte aktiv zu entwickeln und den Absatzmarkt für diese Angebote selbst zu schaffen.[338]

Ein früher Markteintritt bietet für den Hersteller den Vorteil, den Markt – in Abstimmung mit der Kundenseite – aktiv gestalten zu können (Marktgestaltungspotenzial). Hierdurch können Standards geschaffen werden, an denen sich die später in den Markt eintretenden Unternehmen zu orientieren haben.[339] Die Etablierung von Vertragsmustern stellt ein Beispiel dar. Durch einen frühen Markteintritt kann ein Anbieter zudem Erfahrungsvorsprünge realisieren, die zu Vorteilen bei der effizienten Umsetzung des Konzepts führen und als Markteintrittsbarrieren für hinzutretende Wettbewerber wirken[340]. Da durch Performance Contracting-Vereinbarungen eine langfristige Bindung der Kunden erfolgt, ist es auch unter diesem Gesichtspunkt wichtig, frühzeitig ein entsprechendes Angebot zu entwickeln, um bei der Aufteilung des Marktes nicht längerfristig den Zugang zu wesentlichen Marktpotenzialen zu verlieren.

Im Hinblick auf die Realisierbarkeit von Performance Contracting-Angeboten hat sich gezeigt, daß durch die fortschreitende Entwicklung der Computer-, Software- und Telekommunikationstechniken – in Form von Teleservice, Telemanufacturing, Softwaresystemen im Administrationsbereich etc. – die Schaffung von Vorteilen gegenüber den bisherigen Problemlösungen der Kunden vielfach erst möglich wird. Performance Contracting-Angebote, die bisher nicht realisierbar waren, sind nunmehr umsetzbar bzw. werden mit den zukünftigen Technologiefortschritten umsetzbar werden.

Durch den Einstieg in das Geschäftsmodell Performance Contracting können Industriegüterhersteller aber auch Vorteile im traditionellen Geschäftsmodell, d.h. dem Verkauf

---

338 Vgl. *Stauch, V.*, Produktbegleitende Dienstleistungen – Anspruch und Wirklichkeit, in: Reihe VDMA-Entscheidungshilfen, Heft „Vom Lieferanten zum Wertschöpfungspartner – Dienstleistung im Maschinenbau“, 2000, S. 26.

339 Vgl. *Freiling, J.*, Das Contracting als innovatives Instrument des Marketing industrieller Services und seine Implikationen bezüglich der Interaktionsgestaltung zwischen Anbieter- und Nachfragerseite, in: *Bruhn, M./Stauss, B.* (Hrsg.), Dienstleistungsmanagement Jahrbuch 2001: Interaktionen im Dienstleistungsbereich, Wiesbaden 2001, S. 467.

340 Vgl. *Freiling, J.*, Das Contracting als innovatives Instrument des Marketing industrieller Services und seine Implikationen bezüglich der Interaktionsgestaltung zwischen Anbieter- und Nachfragerseite, in: *Bruhn, M./Stauss, B.* (Hrsg.), Dienstleistungsmanagement Jahrbuch 2001: Interaktionen im Dienstleistungsbereich, Wiesbaden 2001, S. 468.

von Sachleistungen und produktbegleitenden Dienstleistungen, realisieren. So ermöglicht beispielsweise die Produktkonzeption gemäß dem Lebenszykluskostenkonzept dem Hersteller, diesen Aspekt auch als Verkaufsargument beim Verkauf der Sachleistung zu nutzen und auf diese Weise auch hier Wettbewerbsvorteile zu erzielen.[341] Eine Einbeziehung der Nach-Nutzungsphase in die Überlegungen zur Optimierung der Lebenzykluskosten stellt für den Hersteller im traditionellen Geschäftsmodell einen Vorteil dar, wenn Rücknahmeverpflichtungen für Produkte auch bei einem Verkauf der Produkte eingeführt werden. So werden beispielsweise Autokäufer zukünftig PKWs kostenlos an die Hersteller zur Entsorgung zurückgeben können.[342] Die Verbesserung der Restwerts der Produkte durch eine Performance Contracting-gerechte Produktgestaltung wirkt sich dann auch positiv im traditionellen Geschäftsmodell aus.

Insgesamt ist festzustellen, daß mit einer Realisierung von Performance Contracting-Angeboten auf den einzelnen Stufen der Wertschöpfung eine Bewegung downstream über die Gesamtwertschöpfungskette einer Industrie hinweg stattfindet. So betreiben etwa LKW-Hersteller ihre eigenen Produkte für den Kunden, übertragen aber Wertschöpfungsaktivitäten in der eigenen Produktion auf ihre Lieferanten. Performance Contracting-Lösungen finden sich dort, wenn Flurförderzeuge, Lackieranlagen oder Werkzeugmaschinen durch die Lieferanten betrieben werden. Die Performance Contracting anbietenden Unternehmen verlagern ihre Wertschöpfungsaktivitäten in der Gesamtwertschöpfungskette damit vertikal in Wertschöpfungsbereiche, in denen sie horizontal Potenziale für komparative Erfahrungs- und Größenvorteile besitzen. Ein LKW-

---

341 *Pfohl/Wübbenhorst* weisen beispielsweise darauf hin, daß in den USA schon seit längerem eine Entwicklung festzustellen ist, Beschaffungsentscheidungen unter dem Gesichtspunkt der Lebenszykluskosten zu treffen. Vgl. *Pfohl, H.-C./Wübbenhorst, K. L.*, Lebenszykluskosten: Ursprung, Begriff und Gestaltungsvariablen, in: JfB, H. 3, 1983, S. 143ff.

342 Nach dem von der Bundesregierung am 05.12.2001 und vom Bundesrat am 31.05.2002 verabschiedeten Gesetzentwurf zur Entsorgung von Altfahrzeugen, dem sog. Altfahrzeuggesetz, sind Autobauer und -importeure ab 2007 verpflichtet, Altautos unentgeltlich zurückzunehmen und umweltfreundlich zu entsorgen, wobei die Regelung für Neuwagen bereits ab dem 01.07.2002 gilt. Hiermit wurden die bisher geltenden Regelungen zur umweltgerechten Verwertung und Entsorgung von Altfahrzeugen, die insbesondere auf der Altauto-Verordnung vom 04.07.1997 beruhen, wesentlich erweitert. Vgl. http://www.bundesregierung.de/top/dokumente/Artikel/ix_64365.htm, v. 24.06.02; http://www.spiegel.de/auto/news/0,1518,171338,00.html, v. 05.12.01; *o.V.*, Schrottautos kostenlos zurück, in: Westfälische Nachrichten, Nr. 185, 11./12.08.2001, S. 1; *Kemminer, J.*, Lebenszyklusorientiertes Kosten- und Erlösmanagement, Wiesbaden 1999, S. 1; *Bierter, W.*, Die andere Rationalisierung – ökoeffiziente Dienstleistungen und Produkte, in: *Hoß, D./Schrick, G.* (Hrsg.), Wie rational ist Rationalisierung heute? Ein öffentlicher Diskurs, Stuttgart et al. 1996, S. 122.

Hersteller kann Lerneffekte im Vergleich zu einem Werkzeugmaschinenhersteller nur an seinen wenigen, in der Produktion eingesetzten Werkzeugmaschinen realisieren. Der Werkzeugmaschinenhersteller verfügt im Gegensatz dazu über zahlreiche Kunden und damit größere Möglichkeiten zur Optimierung der Nutzung des Produkts Werkzeugmaschine. Diese Überlegung gilt analog für die LKW-Hersteller und deren Nachfrager, aber auch für den Werkzeugmaschinenhersteller und dessen Lieferanten (z.B. einen Flurförderzeug-Hersteller). Dies bedeutet, daß es mit der Verbreitung von Performance Contracting-Lösungen zu einer **Verbesserung der Gesamtwertschöpfungskette** kommt.

Bestehen Vorteile eines Performance Contracting-Angebots gegenüber den bisherigen Kundenlösungen, müssen diese den Kunden gegenüber auch verdeutlicht werden können. Ein Performance Contracting-Angebot stellt erst dann einen KKV dar, wenn der Nutzen des Angebots vom Kunden auch wahrgenommen wird.[343] Ist das Performance Contracting-Konzept aus der Perspektive der Kunden- und Konkurrenzanalyse interessant und hat die Anbieteranalyse gezeigt, daß ein Angebot mit einem Kundenvorteil möglicht ist, stellt sich somit die Frage der Vermarktung des Performance Contracting-Angebots.

---

343 Vgl. Abschnitt 4.2.1.

5. Der Vermarktungsprozeß beim Performance Contracting

5.1 Gestaltung des Leistungsangebots als Grundlage der Vermarktung

5.1.1 Die Gestaltung der Preis-/Leistungspolitik

Im Rahmen der **Leistungspolitik** ist vom Anbieter die konkrete Ausgestaltung des Leistungsprogramms festzulegen. Die strategische Grundsatzentscheidung legt dabei fest, welche Formen des Performance Contracting grundsätzlich angeboten werden können. Darüber hinaus sind aber auch Entscheidungen über die konkrete Ausgestaltung des Performance Contracting-Angebots zu treffen. Des weiteren muß über das Angebot an produktbegleitenden Dienstleistungen und die Form der Integration dieses Angebots und des Performance Contracting-Angebots in ein Leistungsprogramm entschieden werden.

Auch bei einem Angebot von Performance Contracting ist das separate Anbieten von Produkten und produktbegleitenden Dienstleistungen nach wie vor erforderlich. Ein bedeutender – in Abhängigkeit von der betrachteten Branche variierender – Teil der Kunden wird auch weiterhin Produkte und produktbegleitende Dienstleistungen erwerben und somit das traditionelle Geschäftsmodell präferieren.[344] Aus der Perspektive eines Industriegüterherstellers ist somit auch zukünftig die Weiterentwicklung des diesbezüglichen Angebots erforderlich. Für den Industriegüteranbieter hat dies zur Folge,

---

[344] Vgl. z.B. Gesprächsprotokoll DaimlerChrysler AG, S. 2; Gesprächsprotokoll DMG Vertriebs und Service GmbH, S. 2; Gesprächsprotokoll Lansing Linde LTD, S. 2; *Lein, G.*, Prozessentwicklung – ein Schlüssel zur Partnerschaft in der Kunden-/Lieferanten-beziehung, in: Reihe VDMA-Entscheidungshilfen, Heft „Vom Lieferanten zum Wertschöpfungspartner – Dienstleistung im Maschinenbau“, 2000, S. 32f.; *Gießmann, J./Dürr, S.*, Cost of Ownership – Reduktion der Lebenszykluskosten durch produktbegleitende Dienstleistungen, in: Reihe VDMA-Entscheidungshilfen, Heft „Vom Lieferanten zum Wertschöpfungspartner – Dienstleistung im Maschinenbau“, 2000, S. 36ff.

daß er zwei Geschäftsmodelle parallel verfolgt.[345] *Ahlert/Backhaus/Meffert* bezeichnen dies auch als ein kombiniertes Geschäftsmodell.[346]

Produktbegleitende Dienstleistungen ermöglichen den Kunden zudem, sich dem für sie neuartigen Problemlösungsprinzip des Performance Contracting schrittweise anzunähern. Ein Kunde kann z.B. in einem ersten Schritt die Produkte noch erwerben und einen Service-Vertrag abschließen. Erweist sich dieser Schritt aus der Perspektive des Kunden als vorteilhaft, kann in einem nächsten Schritt auf den Eigentumserwerb verzichtet und damit die Lösung zum Performance Contracting-Modell Leistungsverkauf weiter ausgebaut werden. Ein **Baukastensystem** aus dem die Kunden gemäß ihren spezifischen Bedürfnissen Leistungsbausteine auswählen können, erweist sich somit als vorteilhaft für den Einstieg in ein Performance Contracting-Modell.

Auch innerhalb des Performance Contracting-Angebots sind aus der Kundenperspektive Module erforderlich. Dies kann anhand der Beispielbranche LKW-Hersteller verdeutlicht werden. Ein Logistikunternehmen, welches ein Interesse am Performance Contracting-Konzept besitzt, wird i.d.R. nicht in der Lage sein, die gesamte LKW-Flotte auf einmal auszutauschen. Deshalb wird dieser Kunde damit beginnen, eine bestimmte Anzahl an LKWs in Form des Leistungsverkaufs zu mieten. Da der Kunde die weiteren LKWs seiner Flotte weiterhin selbst verwalten muß, kann er den Leistungsbaustein „Flottenmanagement" noch nicht in Anspruch nehmen. Erst wenn die gesamte Flotte auf das Modell des Leistungsverkaufs umgestellt wurde, kann die eigene Abteilung aufgelöst und der Leistungsbaustein „Flottenmanagement" genutzt werden.[347]

---

345 Zum traditionellen Geschäftsmodell des Verkaufs von Produkten und produktbegleitenden Dienstleistungen vgl. Abschnitt 2.2. Zum Geschäftsmodell Performance Contracting vgl. Abschnitt 2.3.1.

346 Vgl. *Ahlert, D./Backhaus, K./Meffert, H.*, Geschäftsmodelle im E-Business – Modethema oder mehr?, in: Absatzwirtschaft, Sondernummer zum Deutschen Marketing-Tag 2001, Oktober 2001, S. 36.

347 Ein Beispiel für ein derartiges Baukastensystem findet sich etwa beim Performace Contracting-Angebot CharterWay der DaimlerChrysler AG. Gemäß der betrieblichen Situation des Kunden, seiner unternehmerischen Absichten und der Zusammensetzung seines Fuhrparks kann der Kunde aus den Modulen des Baukastensystems das für ihn passende Dienstleistungspaket zusammenstellen. Vgl. http://www.mercedes-benz.com/d/service/cpool/overview.htm, v. 03.11.01; http://www.mercedes-benz.com /d/service/cpool/detail.htm, v. 03.11.01.

Ein Baukastensystem erlaubt dem Kunden somit, gemäß seiner Problemstellung und seinen Präferenzen ein Leistungspaket zusammenstellen. Für den Anbieter besteht der Vorteil, daß durch die Möglichkeit einer schrittweisen Erweiterung der Problemlösung für den Kunden einer größeren Anzahl Kunden der Eintritt in umfassende Problemlösungen im Sinne des Performance Contracting ermöglicht wird. Der Anbieter kann von diesen Kunden weitere Wertschöpfungsanteile sukzessive akquirieren.

Mit der Entscheidung über die Leistungspolitik einher geht die Festlegung der Preispolitik. Bei der **Preispolitik** stellt sich das Problem, daß zuerst zu evaluieren ist, welche Preis- bzw. Zahlungsbereitschaften auf der Nachfragerseite bestehen. Anschließend hat vom Anbieter die konkrete Preisgestaltung unter Berücksichtigung der möglichen Preisstrukturen zu erfolgen.

Die notwendigen Informationen über die **Höhe der Zahlungsbereitschaften** bzw. die Nutzenvorstellungen der Kunden können durch verschiedene Methoden ermittelt werden.[348] Beim Performance Contracting-Konzept besteht die Besonderheit, daß es sich für den Kunden um ein – durch das Angebot umfassender Problemlösungen – sehr komplexes Angebot handelt. Für den Kunden ist es somit schwierig, den Nutzen des Performance Contracting-Angebots und damit seine Zahlungsbereitschaft einzuschätzen. Kunden versuchen daher häufig, sich an den mit einer Eigenerstellung verbundenen Auszahlungen bzw. der bisher realisierten Form der Problemlösung auf seiner Seite zu orientieren. Es zeigt sich jedoch, daß die Kunden vielfach diese Auszahlungen nicht oder nicht korrekt kennen bzw. ermitteln können.[349] Die Methoden der direkten Kundenbefragung und der Conjoint-Analyse zur Erhebung der Preisbereitschaften der Kunden erweisen sich in diesem Fall als unzureichend.

Der Anbieter muß vielmehr in der Lage sein, den Kunden bei der Ermittlung seiner Zahlungsbereitschaft zu unterstützen bzw. diese für ihn zu ermitteln. Im Rahmen von

---

348 Vgl. z.B. *Trachsler, S.*, Verrechenbarkeit industrieller Dienstleistungen, St. Gallen 1996, S. 141f.; *Simon, H.*, Preispolitik für industrielle Dienstleistungen, in: DBW, Heft 6, 1994, S. 723ff.; *Müller, R.*, Kommerzialisierung industrieller Dienstleistungen – dargestellt am Beispiel der Schweizer Werkzeugmaschinenindustrie, St. Gallen 1998, S. 184f.

349 Vgl. z.B. Gesprächsprotokoll DaimlerChrysler AG, S. 4; Gesprächsprotokoll Deutsche Auto-Leasing GmbH, S. 2; Gesprächsprotokoll BASF Coatings AG, S. 6.

Business Plänen[350] sind hierbei die Auszahlungen zu erfassen, die dem Kunden entstehen würden, wenn er die Dienstleistung Performance Contracting nicht in Anspruch nehmen würde. Das sind die mit der bisherigen Problemlösung in Zukunft verbundenen Auszahlungen. Durch einen Vergleich mit den Auszahlungen beim Performance Contracting kann der Anbieter die ökonomisch sinnvolle Zahlungsbereitschaft evident machen.

Das neue Geschäftsmodell Performance Contracting erfordert somit ein verändertes Vorgehen im Rahmen der Preispolitik. Es kann bei diesem Geschäftsmodell keine Festlegung der Preise anhand des „vom Kunden wahrgenommenen Werts" erfolgen, wie dies für Produkte und produktbegleitende Dienstleistungen vielfach möglich ist.[351] Das Performance Contracting-Konzept bedingt vielmehr eine „Orientierung an den beim Kunden bisher tatsächlich anfallenden Auszahlungen" im Sinne eines lebenszyklusbestimmten Zahlungsvergleichs zwischen konventionellem und Performance Contracting-Modell (Nettozahlungsvergleich).

Da es sich bei Performance Contracting-Lösungen häufig um individualisierte Lösungen handelt, erfolgt die Ermittlung des Nettozahlungsvergleichs zumeist erst in einem konkreten Anwendungsfall. Diese Situation besteht z.B., wenn ein Flurförderzeug-Hersteller die gesamte Flurförderzeugflotte eines Kunden übernimmt und somit auch individuell verschiedene Koordinationsleistungen hinzukommen. Als Ergebnis werden dann auch individuelle, fallbezogene Zahlungen vereinbart.

---

350 Zur Gestaltung des Business Plans vgl. Abschnitt 5.2.2.2. In diesem Abschnitt erfolgt auch die Diskussion der zweiten Funktion des Business Plans. Dieser legt im Sinne einer Vorteilhaftigkeitsanalyse zudem dar, daß das Performance Contracting-Angebot das Kundenproblem effizienter – d.h. mit geringeren Kosten und/oder besserem Ergebnis für den Kunden – als bisher löst.

351 Zur Festlegung des Angebotspreises bei Produkten und produktbegleitenden Dienstleistungen vgl. z.B. *Backhaus, K.*, Die Zahlungsbereitschaft des Kunden für produktbegleitende Dienstleistungen – Ergebnisse einer Kundenbefragung, in: *VDMA Verband Deutscher Maschinen- und Anlagenbau* (Hrsg.), Reihe Entscheidungshilfen Marktkommunikation, Heft 5, Frankfurt am Main 1996, S. 26ff; *Müller, A.*, Preisbildung bei Serviceleistungen im Investitionsgüterbereich – dargestellt am Beispiel der Chemischen Industrie, Arbeitspapier des Lehrstuhls für Angewandte BWL IV der Ruhr-Universität Bochum, Nr. 40, 2000; *Simon, H.*, Preispolitik für industrielle Dienstleistungen, in: DBW, Heft 6, 1994, S. 724ff.; *Backhaus, K./Erichson, B./Plinke, W./Weiber, R.*, Multivariate Analysemethoden – Eine anwendungsorientierte Einführung, 9. Aufl., Berlin et al. 2000, S. 564ff.; *Simon, H.*, Preismanagement: Analyse, Strategie, Umsetzung, 2. Aufl., Wiesbaden 1992, S. 118ff.

Die Ableitung eines Standardangebotspreises ist nur möglich, wenn der Leistungsgegenstand des Performance Contracting-Angebots von den Nachfragern in identischer Form nachgefragt wird. Dies kann etwa beim Leistungsverkauf der Fall sein, wenn einzelne LKWs von einem Hersteller für einen bestimmten Zeitraum vermietet werden. Dann besteht für den Anbieter die Möglichkeit, im Rahmen einer Marktanalyse die Zahlungsbereitschaften einer begrenzten Anzahl Kunden zu erheben. Hieraus kann ein Standardangebotspreis abgeleitet werden.

Im Rahmen der **Gestaltung des Angebotspreises** ist vom Performance Contracting-Anbieter zudem zu berücksichtigen, daß er durch eine Variation der Preisstruktur[352] festlegen kann, in welchem Ausmaß die Nutzungsgebühren regelmäßig anfallen.[353] So kann die Bezahlung der Dienstleistung Performance Contracting sowohl periodenabhängig/zeitabhängig als auch nutzungsabhängig erfolgen. Ebenso ist eine Kombination möglich, bei der eine Grundgebühr für einen bestimmten Nutzungsgrad (z.B. 500 Betriebsstunden p.a.) und ein Nutzungsentgelt für jede weitere Betriebsstunde erhoben wird. Eine derartige Preisgestaltung wird beispielsweise vom Flurförderzeug-Hersteller Still im Rahmen des Leistungsverkaufs-Angebots „Basic Dynamic/Basic Plus" verfolgt.[354] Eine zeitabhängige Gestaltung des Angebotspreises bietet aus der Perspektive des Anbieters den Vorteil, daß durch die Erstattung eines Fixbetrages die vom Hersteller für ein Produkt getätigten Investitionen gesichert sind. Bei einer nutzungsabhängigen Preisgestaltung übernimmt der Performance Contracting-Anbieter hingegen das Auslastungsrisiko[355] – u.U. begrenzt durch eine Mindestnutzungsmenge – für den Kunden und trägt damit ein höheres Risiko im Hinblick auf die Amortisation der getätigten Investitionen.

---

352 Vgl. z.B. *Trachsler, S.*, Verrechenbarkeit industrieller Dienstleistungen, St. Gallen 1996, S. 138.

353 Vgl. Abschnitt 2.4.2.

354 Vgl. Unterlagen der Still GmbH im Anhang.

355 Vgl. Abschnitt 2.3.2.3.

5.1.2 Die Berücksichtigung der rechtlichen Rahmenbedingungen

Bei der Gestaltung des Performance Contracting-Angebots sind vom Hersteller die relevanten gesetzlichen Regelungen zu beachten. Aufgrund der Verschiedenartigkeit der Performance Contracting-Lösungen ist es jedoch nicht möglich, an dieser Stelle alle rechtlichen Aspekte zu behandeln.[356] Die Betrachtung soll sich vielmehr auf die Frage der rechtlichen Realisierung einer Nutzungsüberlassung fokussieren. Diese Fragestellung erweist sich als bedeutend für einen potenziellen Performance Contracting-Anbieter, da für den Sachverhalt des Leistungsverkaufs unterschiedliche rechtliche Formen von den Herstellern gewählt werden. Verwendung finden z.B. die Konzepte Full Service-Leasing, Contract Hire sowie Miete.[357]

Miete stellt die Überlassung von Gütern durch gewerbliche Anbieter gegen Entrichtung eines Mietzinses dar.[358] Durch den Mietvertrag ist der Vermieter verpflichtet, die Mietsache in einem Zustand zu überlassen, der ihren vertragsgemäßen Gebrauch ermöglicht, sowie die Mietsache während der Mietzeit in diesem Zustand zu erhalten (§ 536 BGB).[359] Das Konzept der Miete bedingt damit bereits die Erbringung von Instandhaltungsleistungen durch den Vermieter. Darüber hinaus ist die Erweiterung der Miete bis hin zur Übernahme nahezu aller mit einem Gut verbundenen Verpflichtungen (wie der Übernahme von Fuhrparkverwaltungsfunktionen oder der Rundfunkgebühren im Rahmen der LKW- oder PKW-Vermietung) durch den Vermieter möglich. Ist dies gegeben, spricht man auch von **Contract Hire**.[360]

---

356 Grundsätzlich betrifft das Outsourcing von Dienstleistungen eine Vielzahl rechtlicher Aspekte, so daß eine abschließende Betrachtung problematisch ist. Vgl. *Nagengast, J.*, Outsourcing von Dienstleistungen industrieller Unternehmen: eine theoretische und empirische Analyse, Hamburg 1997, S. 129ff.

357 Vgl. z.B. *Still GmbH*, Erfolg kann man planen: mit dem Partner-Plan – Innovative Dienstleistungsprodukte made by Still, Hamburg 2001, S. 4ff.; *Herzog, B. O.,* Fuhrpark-Management, Berlin et al. 1997, S. 180ff.; http://www.mercedes-benz.de/mbd/t03/0,1316,C48D,00.html?, v. 26.03.02.

358 Vgl. *Behrendt, S./Pfitzner, R./Kreibich, R.*, Wettbewerbsvorteile durch ökologische Dienstleistungen: Umsetzung in der Unternehmenspraxis, Berlin et al. 1999, S. 41.

359 Vgl. *Behrendt, S./Pfitzner, R./Kreibich, R.*, Wettbewerbsvorteile durch ökologische Dienstleistungen: Umsetzung in der Unternehmenspraxis, Berlin et al. 1999, S. 41.

360 Vgl. *Herzog, B. O.,* Fuhrpark-Management, Berlin et al. 1997, S. 180ff.

Leasing stellt die entgeltliche Nutzungsüberlassung von längerlebigen Wirtschaftsgütern an einen Leasingnehmer durch einen Leasinggeber dar.[361] Gemäß der Dauer und dem Verpflichtungscharakter des Leasingvertrags sind die Formen des Finanzierungs-Leasing und des Operate/Operating-Leasing zu unterscheiden.

Beim **Finanzierungs-Leasing** handelt es sich um einen langfristigen Vertrag mit einer unkündbaren Grundmietzeit. Der Leasingnehmer trägt hierbei das Investitionsrisiko (Übernahme der Gefahr der Fehlinvestition, Zerstörung des Objekts durch Dritte).[362]

Im Gegensatz zum Finanzierungs-Leasing trägt beim **Operating-Leasing** der Leasinggeber das Investitionsrisiko.[363] Unter Operating Leasing wird die Überlassung eines Guts für kurze oder für unbestimmte Zeit mit meist verhältnismäßig kurzer Kündigungsfrist verstanden. Hierbei ist unterschiedlich geregelt, was mit dem Leasinggut nach Ablauf der Kündigungszeit geschieht. Sofern der Leasinggeber das Gut zurücknimmt oder verwertet bzw. verwerten läßt, liegt Miete vor.[364] Im Gegensatz zum Finanzierungs-Leasing steht bei dieser Form die mehrmalige Vermietung zur **kurzfristigen** Gebrauchsüberlassung im Vordergrund.[365]

---

361 Vgl. *Behrendt, S./Pfitzner, R./Kreibich, R.*, Wettbewerbsvorteile durch ökologische Dienstleistungen: Umsetzung in der Unternehmenspraxis, Berlin et al. 1999, S. 36.

362 Vgl. *Rainfurth, C.*, Nutzungsintensivierung von Produkten durch Dienstleistung, Miete, Leasing und Parallelwirtschaft, in: *Fleig, J.*, Zukunftsfähige Kreislaufwirtschaft: mit Nutzenverkauf, Langlebigkeit und Aufarbeitung ökonomisch und ökologisch wirtschaften, Stuttgart 2000, S. 205ff.; *Behrendt, S./Pfitzner, R./Kreibich, R.*, Wettbewerbsvorteile durch ökologische Dienstleistungen: Umsetzung in der Unternehmenspraxis, Berlin et al. 1999, S. 36ff.

363 Vgl. *Behrendt, S./Pfitzner, R./Kreibich, R.*, Wettbewerbsvorteile durch ökologische Dienstleistungen: Umsetzung in der Unternehmenspraxis, Berlin et al. 1999, S. 37f.

364 Vgl. *Schopp, H.*, Vorbemerkung § 535 Rn 34a, in: *Erman, W.* (Hrsg.), Handkommentar zum Bürgerlichen Gesetzbuch.

365 Vgl. *Rainfurth, C.*, Nutzungsintensivierung von Produkten durch Dienstleistung, Miete, Leasing und Parallelwirtschaft, in: *Fleig, J.*, Zukunftsfähige Kreislaufwirtschaft: mit Nutzenverkauf, Langlebigkeit und Aufarbeitung ökonomisch und ökologisch wirtschaften, Stuttgart 2000, S. 205.

Beide Formen des Leasing können mit zusätzlichen produktspezifischen Dienstleistungen verknüpft werden. So übernimmt der Leasinggeber beim **Full Service-Leasing** auch Wartungs- und Reparaturdienstleistungen.[366]

Sowohl Miete als auch Finanzierungs- und Operating-Leasing erlauben somit vom möglichen Leistungsumfang her die Umsetzung des Performance Contracting-Prinzips, die Leistung eines Produkts zur Verfügung zu stellen. Es bestehen jedoch **Unterschiede**, die von einem Industriegüterhersteller bei der Angebotsgestaltung zu bedenken sind.

Lediglich „rein formal" unterscheidet sich die Mietoption von der Leasingoption dadurch, daß bei der Miete der Nutzungsgesichtspunkt im Vordergrund steht und nicht der Finanzierungsgesichtspunkt wie beim Leasing.[367] Ein großer Unterschied besteht im Grad der Gestaltungsflexibilität: Bei Leasingverträgen bestehen von der Laufzeit her gesetzliche Restriktionen. Zudem ist eine vorzeitige Vertragsauflösung innerhalb des gesetzlich zulässigen Rahmens schwierig. Bei der Miete sind hingegen vorzeitige Kündigungsmöglichkeiten, feste Vertragslaufzeiten von 12 bis 72 Monaten sowie oft auch zeitlich vollkommen unbefristete Verträge realisierbar.[368]

Als wesentlich können sich aus der Perspektive eines Performance Contracting-Anbieters haftungsrechtliche Unterschiede zwischen Miete und Leasing erweisen. Grundsätzlich kann der Mieter im Fall der Miete und gegebenenfalls auch beim Operating-Leasing einen Schadensersatzanspruch gemäß § 536 a BGB (neue Regelung ab dem 01.09.2001) bzw. § 538, Absatz 1 BGB (alte Regelung) gegen den Vermieter stellen. Dies bedeutet im Fall des Performance Contracting bei LKWs, daß bei der Vermietung eines Kühl-LKWs und einem Defekt der Kühlanlage der Mieter eine Schadensersatzforderung an den Vermieter stellen kann, falls die transportierte Ware verdorben ist. Vom Anbieter ist im Einzelfall zu prüfen, inwieweit der Schadensersatzanspruch durch vertragliche Regelungen auch bei der Miete ausschließbar ist. Im Fall des Finanzierungs-

366 Vgl. *Rainfurth, C.*, Nutzungsintensivierung von Produkten durch Dienstleistung, Miete, Leasing und Parallelwirtschaft, in: *Fleig, J.*, Zukunftsfähige Kreislaufwirtschaft: mit Nutzenverkauf, Langlebigkeit und Aufarbeitung ökonomisch und ökologisch wirtschaften, Stuttgart 2000, S. 205.

367 Vgl. *Herzog, B. O.,* Fuhrpark-Management, Berlin et al. 1997, S. 181.

368 Vgl. *Herzog, B. O.,* Fuhrpark-Management, Berlin et al. 1997, S. 182.

Leasings besteht ein derartiger Anspruch nicht.[369] Zu berücksichtigen ist dieser Aspekt vom Performance Contracting-Anbieter insbesondere bei der Bestimmung des Angebotspreises. Das höhere Risiko für den Anbieter bei der Miete bedingt u.U. einen höheren Angebotspreis.

Restriktionen bei den Kundenunternehmen können es allerdings notwendig werden lassen, sowohl Miete als auch Leasing anzubieten. Dies kann der Fall sein, wenn Kunden nur ein Budget für Miete und nicht für Leasing zur Verfügung haben oder bestimmte Organisationseinheiten keine Leasing-Verträge schließen dürfen.[370] Durch ein paralleles Angebot von Miet- und Leasingverträgen können hieraus resultierende Probleme vermieden werden.

Beabsichtigt ein Hersteller, Performance Contracting-Lösungen in verschiedenen Ländern anzubieten, sind darüber hinaus Unterschiede in den gesetzlichen Bestimmungen zu beachten. Das operative Leasing in Tschechien und Polen ist beispielsweise nach deutschem Verständnis Finanzierungs-Leasing. Unterschiede bestehen auch im Vergleich zu weiteren europäischen Ländern und den USA.[371] Das internationale Angebot von Performance Contracting erfordert vom Anbieter somit profunde Kenntnisse der Rechtslage in den Ziel-Ländermärkten, gegebenenfalls auch entsprechende organisatorische Lösungen.

Das Beispiel CharterWay zeigt, daß es u.U. notwendig sein kann über nationale Gesellschaften in einzelnen Ländermärkten zu agieren. Obwohl man in allen Ländern das gleiche Grundprinzip „Nutzen statt Eigentum“ anbietet, variiert die konkrete Ausgestaltung des Angebots jedoch entsprechend der jeweiligen Leasing-, Steuer- und Abschreibungsgesetze mit dem jeweils betrachteten Ländermarkt.[372]

---

369 Vgl. *Schopp, H.*, Vorbemerkung § 535 Rn 34b, in: *Erman, W.* (Hrsg.), Handkommentar zum Bürgerlichen Gesetzbuch.

370 Vgl. z.B. Gesprächsprotokoll Linde AG, S. 6; Gesprächsprotokoll DaimlerChrysler AG, S. 3f.; Gesprächsprotokoll DaimlerChrysler Services Fleet Management GmbH, S. 4.

371 Vgl. *Demberg, G.*, Operatives Leasing kommt in Deutschland voran: Noch keine einheitliche Abgrenzung zwischen den Ländern, in: Handelsblatt, Nr. 79, 24.04.2001, S. B 10.

372 Vgl. *Mercedes-Benz CharterWay*, Grenzenlose Partnerschaft – damit Sie effizient in Fahrt bleiben, Stuttgart 2001, S. 4/8.

5.1.3 Die Implementierung des Leistungsangebots im Anbieterunternehmen

Eine erfolgreiche Erstellung und Vermarktung des Leistungsangebots Performance Contracting erfordert eine problemgerechte unternehmensinterne Implementierung des Geschäftsmodells Performance Contracting. Hierbei ist die Wahl einer adäquaten Organisationsstruktur von grundsätzlicher Bedeutung. Der Implementierungserfolg wird jedoch nicht nur durch derartige **„hard factors"**, sondern auch wesentlich durch **„soft factors"** – wie etwa die Unternehmenskultur – determiniert. Die Bedeutung von „soft factors" für die erfolgreiche Implementierung einer dienstleistungsorientierten Strategie in Unternehmen betonen auch *Homburg/Fassnacht/Guenther*. Im Rahmen einer Studie[373] haben die Autoren explizit die Bedeutung der „soft factors" corporate culture (Unternehmenskultur) und human resource management (Personalmanagement) für den Unternehmenserfolg nachgewiesen.[374] Es stellt sich somit die Frage, welche Anforderungen bei der Implementierung des neuen Geschäftsmodells Performance Contracting sowohl im Hinblick auf diese „soft factors" als auch den „hard factor" Organisationsstruktur zu beachten sind.

Industriegüterhersteller sind häufig auf die Entwicklung und Produktion von Sachgütern und deren Vermarktung unter Betonung der technischen Vorteile fokussiert.[375] Performance Contracting-Angebote bedingen demgegenüber die Produktion und Vermarktung von Dienstleistungen, bei denen die letztlich zur Verfügung gestellte Leistung im Mittelpunkt steht, so daß technische Unterschiede bzw. Charakteristika an Bedeutung verlieren. Der Eintritt in das Geschäftsmodell Performance Contracting erfordert damit ein verändertes Selbstverständnis der Industriegüterhersteller bzw. eine veränderte **Unter-**

---

373 Die Untersuchung wurde auf der Ebene strategischer Geschäftsfelder von Industriegüterherstellern der Branchen Elektroindustrie, metallverarbeitende Industrie und Maschinenbauindustrie durchgeführt. Vgl. *Homburg, C./Fassnacht, M./Guenther, C.*, The Role of Soft Factors in Implementing a Service-Oriented Strategy in Industrial Marketing Companies, Arbeitspapier des Institute for the Study of Business Markets, The Pennsylvania State University, ISBM Report 18, 2000, S. 10.

374 Vgl. *Homburg, C./Fassnacht, M./Guenther, C.*, The Role of Soft Factors in Implementing a Service-Oriented Strategy in Industrial Marketing Companies, Arbeitspapier des Institute for the Study of Business Markets, The Pennsylvania State University, ISBM Report 18, 2000, S. 2ff.

375 Vgl. z.B. *Homburg, C./Garbe, B.*, Gestaltung und Management industrieller Dienstleistungen, in: *Belz, C.* (Hrsg.), Kompetenz für Marketing-Innovationen: Leistungs- und Kundensysteme, St. Gallen 1997, S. 43.

nehmenskultur.[376] Die Änderungsnotwendigkeiten sind im Vergleich zur Ausrichtung der Dienstleistungsstrategie im Sinne produktbegleitender Dienstleistungen wesentlich weitergehender. Produktbegleitende Dienstleistungen erfordern zwar ebenso eine Dienstleistungsmentalität, das Produkt und damit die Technik stehen bei dieser Dienstleistungsstrategie jedoch häufig weiterhin im Mittelpunkt.[377] Performance Contracting-Konzepte erfordern zudem das Erbringen neuer Leistungen (z.B. im administrativen Bereich). Innovation und ständige Verbesserung dürfen somit von den Herstellern nicht mehr lediglich als Aufgaben der Konstruktionsabteilung betrachtet werden. Auch müssen etwa Wartungsmitarbeiter bei diesem Geschäftsmodell nicht mehr nur die Wartung durchführen, sondern aufgrund der Übernahme des Betriebskostenrisikos durch den Performance Contracting-Anbieter vielmehr präventiv nach Verbesserungen suchen.

Die notwendige neue Unternehmenskultur muß den Mitarbeitern von der Geschäftsleitung vermittelt und eine Offenheit für die Redefinition des Geschäftszwecks geschaffen werden.[378] Das neue Geschäftsmodell muß somit auch den Mitarbeitern im Rahmen einer internen Marketingkonzeption nahegebracht werden. Dabei kann der Begriff „Internes Marketing“ in Anlehnung an *Stauss/Schulze* als Methode zur innerbetrieblichen Implementierung einer im Hinblick auf externe Märkte konzipierten Marketingstrategie („interne Steuerung zu absatzmarktorientierten Zwecken“) definiert werden.[379] *Stauss* unterscheidet mit dem „absatzmarktorientierten Einsatz personalpolitischer Instrumente“ (Personalbeschaffung, Personaleinsatz, Entgelt-/Anreizpolitik etc.), dem „absatzmarktorientierten Einsatz interner Kommunikationsinstrumente“ (interne Individualkommunikation, interne Massenkommunikation) und dem „personalorientierten Einsatz

---

376 Auf den Einfluß einer rechtlichen Verselbständigung im Hinblick auf die Etablierung der notwendigen Unternehmenskultur wird im Folgenden bei der Diskussion der Organisationsstruktur eingegangen.

377 Vgl. Abschnitt 2.2.

378 Vgl. *Lay, G.*, Integration von Produktherstellung und Dienstleistung als Strategie zur Sicherung der Wettbewerbsfähigkeit in einer globalisierten Wirtschaft, in: *Hoß, D./Schrick, G.* (Hrsg.), Wie rational ist Rationalisierung heute? Ein öffentlicher Diskurs, Stuttgart et al. 1996, S. 65.

379 Vgl. *Stauss, B./Schulze, H. S.*, Internes Marketing, in: Marketing ZFP, Heft 3, 1990, S. 149ff.

externer Marketinginstrumente“ (Werbung, Public Relations etc.) drei große Instrumentengruppen des internen Marketings.[380]

Durch den Einsatz der beiden letztgenannten Instrumentengruppen ist sicherzustellen, daß auf der Mitarbeiterseite die grundsätzliche Bereitschaft zur Erstellung des Performance Contracting-Angebots besteht. Es zeigt sich, daß diesbezüglich häufig erhebliche Widerstände in den Herstellerunternehmen zu überwinden sind.[381]

Zur internen Durchsetzung und erfolgreichen Erstellung sowie Vermarktung des neuen Geschäftsmodells Performance Contracting erweist sich jedoch insbesondere der „absatzmarktorientierte Einsatz personalpolitischer Instrumente“ als bedeutend.[382] Im Rahmen des **Personalmanagements** liegt der Fokus auf einer Umgestaltung der Entgelt- bzw. der weiter gefaßten Anreizpolitik. Durch eine entsprechende Ausgestaltung dieses Instruments ist die Motivation der Mitarbeiter zur Verbreitung und kontinuierlichen Verbesserung des Performance Contracting-Angebots sicherzustellen. So erfordert etwa der Verkauf von Performance Contracting-Angeboten aufgrund der Neuartigkeit des Konzepts sowie des Umfangs und der Komplexität des Leistungsgegenstands eine intensive und längerfristige Beratung des Kunden durch die Vertriebsabteilung. Im Fall des Nicht-Erhalts des Auftrags geht eine erhebliche Investition des Verkäufers verloren. Es besteht somit die Gefahr, daß ein Verkäufer das für ihn weniger beratungsintensive und daher risikolosere Geschäftsmodell „Verkauf von Produkten und produktbegleitenden Dienstleistungen“ präferiert. Durch eine Umgestaltung der Anreizpolitik ist dementsprechend sicherzustellen, daß das neue Geschäftsmodell durch die Mitarbeiter auch tatsächlich aktiv vermarktet wird.

Ein Hersteller muß beim Konzept des Performance Contracting zudem sicherstellen, daß gegebenenfalls eine Weiterverwendung der gebrauchten Güter erfolgen kann. Die erste Priorität für die Vertriebsabteilung der Xerox Corp. stellt daher die erneute Ver-

---

380 Vgl. *Stauss, B.*, Internes Marketing als personalorientierte Qualitätspolitik, in: *Bruhn, M./Stauss, B.* (Hrsg.), Dienstleistungsqualität: Konzepte, Methoden, Erfahrungen, 2. Aufl. Wiesbaden 1995, S. 264ff.

381 Vgl. z.B. *Wagner, P.-J.*, Flottenmanagement von Nutzfahrzeugen, in: *Fleig, J./Krause, U.* (Hrsg.), Innovative Marktkonzepte für die Kreislaufwirtschaft, Karlsruhe 1997, S. 58.

382 Vgl. z.B. Gesprächsprotokoll DMG Vertriebs und Service GmbH, S. 5.

marktung der gebrauchten Kopiergeräte dar.[383] Für die tatsächliche Realisierung dieses Prinzip ist wiederum eine entsprechende Gestaltung des Anreizsystems – z.B. in Form der Koppelung von Prämien an die Anzahl erneut vermarkteter Produkte – von Bedeutung.

Grundsätzlich stellt sich die Frage, inwieweit eine Einstellungsänderung möglich ist und das Performance Contracting-Konzept mit den bisherigen Mitarbeitern umgesetzt werden kann. Im Rahmen des Personalmanagements sind durch das Instrument der Personalbeschaffung[384] gegebenenfalls service- bzw. Performance Contracting-geeignete Mitarbeiter einzustellen.

Darüber hinaus ist zu hinterfragen, ob das Performance Contracting-Angebot mit der bisherigen **Organisation bzw. Organisationsstruktur** erfolgreich realisiert werden kann. Herstellern bieten sich verschiedene Möglichkeiten der organisatorischen Implementierung des Performance Contracting-Angebots. Diese reichen von der Eingliederung der Dienstleistungsfunktionen in bestehende Abteilungen über die Gründung eigenständiger neuer Abteilungen bis hin zur Gründung neuer, rechtlich selbständiger Dienstleistungsunternehmen, deren Verbindung zum Produktionsunternehmen lediglich in Kapitalverflechtungen bestehen kann.[385]

Die Eingliederung in bestehende Abteilungen birgt die Gefahr, daß die darin beschäftigten Mitarbeiter das bisherige Geschäftsmodell zu lasten des Performance Contracting präferieren. Die Gründung einer neuen Abteilung oder eines neuen Dienstleistungsunternehmens bietet demgegenüber den Vorteil, daß die Mitarbeiter dieser Organisationseinheit lediglich für das Performance Contracting-Konzept zuständig sind. Ein separates Dienstleistungsunternehmen verstärkt dabei die Trennung von der bisherigen Unternehmenskultur. Beide Formen der separaten Organisation haben zur Folge, daß eigene

---

383 Vgl. *Landesanstalt für Umweltschutz Baden-Württemberg*, Allgemeine Kreislauf- und Rückstandswirtschaft, Beispielband, Handbuch Abfall 1, Karlsruhe 1996, S. 44A.

384 Vgl. *Stauss, B.*, Internes Marketing als personalorientierte Qualitätspolitik, in: *Bruhn, M./Stauss, B.* (Hrsg.), Dienstleistungsqualität: Konzepte, Methoden, Erfahrungen, 2. Aufl. Wiesbaden 1995, S. 265.

385 Vgl. *Lay, G.*, Dienstleistungen in der Investitionsgüterindustrie – Konsequenzen für Betriebsorganisation und Personal, in: Arbeit, Heft 4, 1998, S. 328f.

Kosten- und Ertragseinheiten entstehen, wodurch Transparenz entsteht und die Zuordnung von Aufwand und Erlösen erleichtert wird.[386] Die Konkurrenz zu Dienstleistungsunternehmen erfordert zudem flexible Organisationskonzepte.[387] Separate Dienstleistungsgesellschaften ermöglichen hier eine größere Unabhängigkeit und damit ein flexibleres Reagieren.

Die Bedeutung einer separaten Organisation des Performance Contracting-Geschäfts wird auch durch die Umsetzung des neuen Geschäftsmodells bei Performance Contracting-Anbietern bestätigt. Der Flurförderzeug-Hersteller Linde besitzt z.B. eine separate Projektabteilung, die für das Performance Contracting-Geschäft verantwortlich ist. Der Chemikalien-Hersteller Dow Chemical mit der SafeChem GmbH, der LKW-Hersteller Mercedes-Benz mit der Mercedes-Benz CharterWay GmbH oder der PKW-Hersteller DaimlerChrysler mit der DaimlerChrysler Services Fleet Management GmbH haben separate Gesellschaften zur Realisierung ihres Performance Contracting-Angebots gegründet.[388]

Ein wesentlicher Parameter im Hinblick auf die erfolgreiche Implementierung des Performance Contracting-Konzepts stellt zudem die Ausgestaltung des Vertriebskanals dar. Eine Betrachtung der Branche der Flurförderzeug-Hersteller zeigt beispielsweise, daß unterschiedliche Vertriebswege genutzt werden, was die Umsetzung des Konzepts beeinflußt. Der Hersteller Still vertreibt seine Produkte im Wege des Direktvertriebs, wohingegen der Hersteller Linde eine Händlerorganisation nutzt. Das Performance Contracting-Konzept ist jedoch für die Händler im Vergleich zum Verkauf von Produkten und produktbegleitenden Dienstleistungen aufgrund seiner Komplexität und Risikoübernahme aufwendiger und risikoreicher. Die Umsetzung (bzw. Durchsetzbarkeit) des

---

386 Vgl. *Jürgens, H./Lay, G./Rainfurth, C:/Schneider, R.*, Wie stelle ich produktbegleitende Dienstleistungen her?, in: *Fraunhofer Institut für Systemtechnik und Innovationsforschung* (Hrsg.), ProService – Den Wettbewerb aktiv gestalten: Ein Leitfaden für Unternehmen zum Ausbau produktbegleitender Dienstleistungen, Karlsruhe 1999, S. 55f.

387 Vgl. *Rick, J.*, Vom Dienstleistungsangebot zum Performance Contracting, Vortrag auf dem Symposium „Vom Hersteller zum Dienstleister" des Betriebswirtschaftlichen Instituts für Anlagen und Systemtechnologien, Münster 2000.

388 Vgl. Gesprächsprotokoll Linde AG, S. 9; Gesprächsprotokoll SafeChem Umwelt Service GmbH, S. 1; Gesprächsprotokoll DaimlerChrysler AG, S. 1; Gesprächsprotokoll DaimlerChrysler Services Fleet Management GmbH, S. 1.

Performance Contracting-Konzepts für den Hersteller erweist sich daher im Fall des Direktvertriebs als einfacher.[389]

Performance Contracting ist jedoch auch unter Einschaltung von Händlerorganisationen realisierbar, wenn durch das Angebot ein Vorteil für die Händler geschaffen wird. Im Fall des Chemikalien-Herstellers SafeChem GmbH haben die Händler den Vorteil, daß sie nicht mehr mit anderen Anbietern um einzelne Chemikalien-Lieferungen an die Kunden konkurrieren müssen, sondern der Absatz über die Laufzeit der Performance Contracting-Vereinbarung gesichert ist.[390]

5.1.4 Die Make-or-Buy-Entscheidung

Im Rahmen des Entscheidungsprozesses hat sich bereits gezeigt, daß von einem Hersteller in Bezug auf jeden von ihm durch das Performance Contracting-Konzept übernommenen Wertschöpfungsanteil zu prüfen ist, ob die jeweilige Leistung selbst erstellt oder fremdbezogen werden soll. Die Entscheidung hierüber beeinflußt sowohl die Kosten der Erstellung des Performance Contracting-Angebots als auch das Leistungsergebnis. Eine sorgfältige Prüfung dieser Grundsatzentscheidung bei der endgültigen Angebotsgestaltung ist auch deshalb von hoher Relevanz, weil sie aufgrund ihrer Folgewirkungen kurzfristig nicht revidierbar ist. Bei einem Fremdbezug einzelner Leistungen werden für diesen Teil keine eigenen Kompetenzen des Performance Contracting-Anbieters zur Erstellung dieser Leistungen aufgebaut, so daß eine Eigenerstellung kurzfristig nicht möglich ist. Leistungen, die von Dritten erbracht werden und die Kunden nicht zufriedenstellen, schädigen zudem das Image des Performance Contracting-Anbieters.[391]

Die Frage, wer einzelne Leistungen tatsächlich erstellen soll, ist zwar auch bei der Gestaltung des Angebots an produktbegleitenden Dienstleistungen zu beachten. Da aber die Neuartigkeit des Geschäftsmodells Performance Contracting bedingt, daß ein Her-

---

389 Vgl. Gesprächsprotokoll Linde AG, S. 9.

390 Vgl. Gesprächsprotokoll SafeChem Umwelt Service GmbH, S. 3.

391 Vgl. z.B. *Bonus, H./Weiland, R.*, Die Welt der Institutionen, in: *Dieckheuer, G.* (Hrsg.), Beiträge zur angewandten Mikroökonomik: Jochen Schumann zum 65. Geburtstag, Berlin et al. 1995, S. 44f.

steller auch neuartiges Know-how erlangen muß, besitzt dieser Problemkreis hier eine besondere Relevanz.

Als **Form der organisatorischen Trägerschaft** steht grundsätzlich die gesamte Bandbreite von vollständiger Selbsterstellung bis zum reinen Zukauf der Leistungen zur Verfügung. Der Fremdbezug der Leistungen kann sowohl bei assoziierten Unternehmen als auch bei Dritten erfolgen. Darüber hinaus kann sich ein Hersteller entschließen, Leistungen gemeinsam mit anderen Anbietern im Rahmen unternehmensübergreifender Kooperationen zu erstellen.[392]

Trotz der möglichen verschiedenen Formen der organisatorischen Trägerschaft ist häufig festzustellen, daß die Eigenerstellung bei der Dienstleistungsproduktion dominiert. Dies zeigt sich z.B. für den Maschinenbau anhand einer Studie des VDMA aus dem Jahr 1998 (vgl. *Abb. 5-1*).

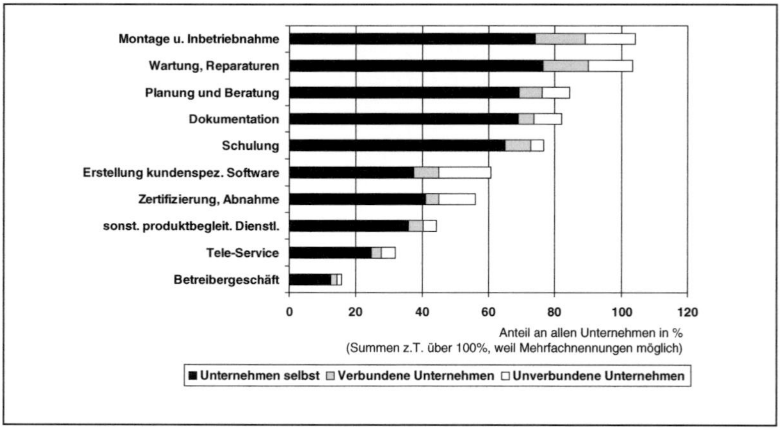

Abb. 5-1: Wer erstellte die Dienstleistungen 1997 für den Kunden?[393]

---

[392] Vgl. *Engelhardt, W. H./Reckenfelderbäumer, M.*, Trägerschaft und organisatorische Gestaltung industrielle Dienstleistungen, in: *Simon, H.* (Hrsg.), Industrielle Dienstleistungen, Stuttgart 1993, S. 270.

[393] Vgl. *VDMA Verband Deutscher Maschinen- und Anlagenbau*, Ergebnisse der Tendenzbefragung `98 – Produktbegleitende Dienstleistungen im Maschinenbau, Abteilung Statistik und Konjunktur, Frankfurt am Main 1998, S. 10f.

Die Entscheidung über die Trägerschaft muß vom Hersteller immer vor dem Hintergrund gesehen werden, inwieweit mit der ausgewählten Form tatsächlich KKVs durch das Dienstleistungsangebot generiert werden können. Vom Hersteller ist hierbei eine Vielzahl von Kriterien zu berücksichtigen[394], die sich jedoch auf die grundlegenden inhaltlichen Dimensionen Qualität, Zeit und Kosten reduzieren lassen. Der Kontrollmöglichkeit kommt dabei eine besondere Bedeutung beim Performance Contracting zu, da der Performance Contracting-Anbieter für die Gesamtleistung einstehen muß.

Die Formen des Performance Contracting verlangen von Herstellern umfangreiches Know-how, welches sie beim Einstieg in das neue Geschäftsmodell häufig nicht besitzen. Die Einbeziehung Dritter, z.B. erfahrener Betreibergesellschaften, kann hier notwendig sein, um die Dienstleistungen auch mit der vom Kunden erwarteten **Qualität** zu erbringen. Entspricht die von den Nachfragern wahrgenommene Qualität nicht der erwarteten, ist die Realisierung der mit Performance Contracting angestrebten langfristigen Geschäftsbeziehung gefährdet. Stimmt die vom Kunden wahrgenommene Qualität mit der erwarteten überein oder übertrifft sie diese gar, entsteht hingegen als Ergebnis eines Vergleichsprozesses Kundenzufriedenheit.[395]

Eine Kooperation oder ein reiner Fremdbezug kann des weiteren unter dem Gesichtspunkt des Faktors **Zeit** sinnvoll sein, wenn die erforderliche Leistung ansonsten nicht zeitgerecht bereitgestellt werden kann. Beabsichtigt ein Hersteller beispielsweise, die Ausgestaltungsform des Leistungsverkaufs auch international anzubieten, kann das Problem auftreten, daß in bestimmten Regionen der Aufbau einer Serviceniederlassung aufgrund zu hoher Kosten oder fehlenden Personals nicht durchführbar ist. Die Einhaltung von Verfügbarkeitsgarantien ist angesichts des zu großen Zeitbedarfs eines Service von der Unternehmenszentrale aus nicht möglich. Kooperationen mit anderen Herstel-

---

394 Vgl. z.B. *Engelhardt, W. H./Reckenfelderbäumer, M.*, Trägerschaft und organisatorische Gestaltung industrieller Dienstleistungen, in: *Simon, H.* (Hrsg.), Industrielle Dienstleistungen, Stuttgart 1993, S. 272; *Engelhardt, W. H.*, After-Sales-Services im Investitionsgütermarketing: Trends und Perspektiven, in: *Droege, W./Backhaus, K./Weiber, R.* (Hrsg.), Strategien für Investitionsgütermärkte, Landsberg am Lech 1993, S. 385.

395 Vgl. z.B. *Bauer, M.*, Kundenzufriedenheit in industriellen Geschäftsbeziehungen: kritische Ereignisse, nichtlineare Zufriedenheitsbildung und Zufriedenheitsdynamik, Wiesbaden 2000, S. 16/19; *Meffert, H./Bruhn, M.*, Dienstleistungsmarketing: Grundlagen – Konzepte – Methoden, 3. Aufl., Wiesbaden 2000, S. 156.

lern können die Gründung einer Serviceniederlassung und somit eine zeitgerechte Bereitstellung der Wartungs- und Reparaturleistungen ermöglichen. Ein Beispiel für eine derartige Kooperation stellt im Maschinen- und Anlagenbau das „German Machine Tool Service Center“ in China dar, in dem die Firmen Schuler, SMG, Pfauter und Jung kooperativ Dienstleistungen erbringen.[396]

Im Hinblick auf die Schaffung eines KKV durch das Performance Contracting-Geschäft erlangt der Gesichtspunkt der **Kosten** eine besondere Bedeutung. Durch Fremdbezug oder Kooperationen kann es für den Anbieter überhaupt erst möglich sein, Wettbewerbsvorteile auch effizient zu erzeugen. Kostenvorteile des Fremdbezugs können durch die Spezialisierung Dritter und so realisierten Economies of Scale oder Know-how-Vorteilen bestehen. Im Rahmen des Performance Contracting können beispielsweise beim Leistungsergebnisverkauf durch unzureichendes Betreiber-Know-how hohe Betriebskosten oder außergewöhnliche Kosten durch Unfälle oder Fehlbedienungen entstehen. Kooperationen mit Betreibergesellschaften oder Herstellern mit Betreibererfahrung sichern in diesem Fall die effiziente Erbringung des Performance Contracting-Angebots.

Ein weiteres Kriterium stellt die Frage dar, ob durch **Kontrollmechanismen** wirkungsvoll die Qualität der fremdbezogenen Leistung sichergestellt werden kann. Wenn bei der Fremdvergabe keine ausreichende Möglichkeit der Überwachung des Leistungserstellungsprozesses und -ergebnisses gegeben ist, sind evtl. Störungen bei der Qualität der Leistung zu erwarten.[397] In diesem Fall wäre eine Eigenerstellung zwingend erforderlich. Dies kann bei Wartungsleistungen spezialisierter Dienstleister gegeben sein, da weitere Einflußgrößen das Ergebnis ihrer Tätigkeit („einwandfrei funktionierende Ma-

---

[396] Vgl. *Hunger, U.*, German Machine Tool Service in China – Ein Service-Modell für die Zukunft, in: Thema Kundendienst, Heft 1, 1997, S. 19.; *Bogener, M.*, Neue Märkte gewinnen durch Kooperationen im Technischen Kundendienst, in: *Verband Deutscher Maschinen- und Anlagenbau* (Hrsg.),Wettbewerbsfaktor „Service“ im Maschinen- und Anlagenbau, Frankfurt am Main 1995, S. 58.; *Müller, R.,* Kommerzialisierung industrieller Dienstleistungen – dargestellt am Beispiel der Schweizer Werkzeugmaschinenindustrie, St. Gallen 1998, S. 250f.

[397] Vgl. *Engelhardt, W. H./Reckenfelderbäumer, M.*, Trägerschaft und organisatorische Gestaltung industrieller Dienstleistungen, in: *Simon, H.* (Hrsg.), Industrielle Dienstleistungen, Stuttgart 1993, S. 273.

schinen“) beeinflussen. Der Verantwortliche für die schlechte Qualität einer Leistung ist dann u.U. nicht eindeutig identifizierbar.

Ein Vorteil in Form besserer Qualität oder geringerer Kosten einer Leistung bei Fremdbezug führt nicht zu einem KKV, wenn die Kunden erwarten, daß diese Leistung vom Hersteller selbst erbracht wird. Legen die Kunden großen Wert auf die Eigenerstellung einzelner Leistungen durch den Hersteller, dann sollten diese **Kundenerwartungen** auch vom Hersteller beachtet werden. Die *Abb. 5-2* zeigt am Beispiel des Maschinenbaus, daß die Kunden hinsichtlich der Bedeutung der Selbsterstellung deutlich zwischen den einzelnen Dienstleistungen differenzieren und somit für Hersteller unterschiedliche Entscheidungsspielräume im Hinblick auf die Trägerschaft bestehen. Bei Betreibermodellen messen die Kunden in diesem Fall der Selbsterstellung durch die Hersteller nur geringe Bedeutung zu.

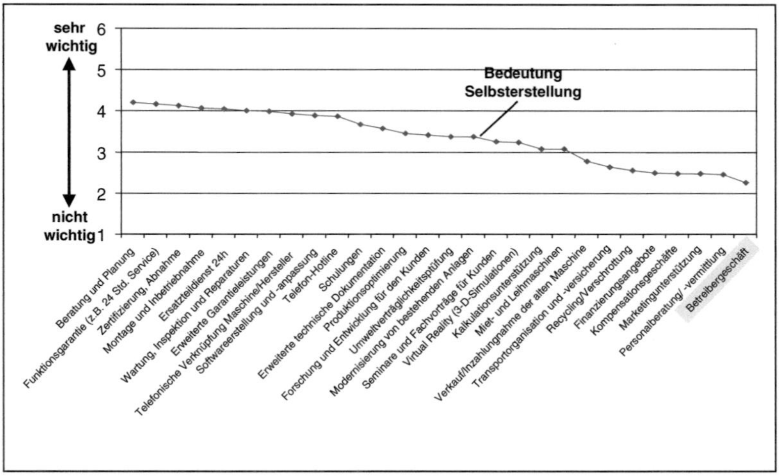

Abb. 5-2: Bedeutung der Selbsterstellung durch den Anbieter aus Sicht der Kunden[398]

Eine Studie von *Stremersch/Wuyts/Frambach* hat zudem ergeben, daß Käufer von Full Service-Kontrakten der Anzahl der vom Anbieter eingesetzten Sublieferanten keine besondere Bedeutung beimessen. Diese Kunden suchen vielmehr einen Vertragspartner,

---

398 Eigene Auswertung auf der Basis einer Studie des Betriebswirtschaftlichen Instituts für Anlagen und Systemtechnologien der Westfälischen Wilhelms-Universität Münster aus dem Jahr 1999.

der alle Wartungsleistungen in seiner Verantwortung durchführt. Solange der Vertragspartner die Kontrolle und Verantwortung für alle Leistungen übernimmt, ist unbedeutend, wer die einzelnen Bestandteile der Gesamtleistung letztlich erbringt.[399]

Bei der Make-or-Buy-Entscheidung ist der Performance Contracting-Anbieter folglich unter Berücksichtigung der Kundenerwartungen weitgehend frei. Es ist seine Entscheidung. Ergibt sich die Notwendigkeit zum Fremdbezug bestimmter Leistungsbestandteile eines Performance Contracting-Angebots, wenn z.B. die finanziellen Ressourcen eines Unternehmens nicht ausreichend zum Aufbau sämtlicher notwendigen Fähigkeiten sind[400], oder wenn die Abhängigkeit des Anbieters vom Kunden[401] beim Performance Contracting-Geschäftsmodell durch die Verlagerung von Investitionen auf Dritte (z.B. auf Personaldienstleister[402]) verringert werden soll, so führt dies offenbar aus Kundenperspektive kaum zu Restriktionen.

Insgesamt kann die Entscheidung über die Trägerschaft dazu beitragen, die bestehenden KKV-Potenziale des Performance Contracting zu realisieren. Die Realisierbarkeit dieser KKV-Potenziale hängt jedoch auch vom Zeitpunkt des Eintritts in den Performance Contracting-Markt ab. Die Verantwortung des Performance Contracting-Anbieters für die Bereitstellung der Leistung oder des Leistungsergebnisses erfordert die Identifizierung und Akquisition leistungsfähiger Zulieferer oder Kooperationspartner. Je später ein Hersteller in den Performance Contracting-Markt eintritt, desto eher ist davon auszugehen, daß potenzielle Kooperationspartner mit einer hohen Leistungsfähigkeit bereits in anderen Netzwerken gebunden sind.[403] Ein „first mover advantage" durch einen frühzeitigen Markteintritt besteht auch dadurch, daß der Hersteller der Initiator des koopera-

---

399 Im Rahmen der Studie wurden im Jahr 1998 niederländische und belgische Unternehmen der Chemischen- und Nahrungsmittel-Industrie als Kundenunternehmen befragt. Vgl. *Stremersch, S./Wuyts, S./Frambach, R. T.*, The Purchasing of Full-Service Contracts: An Exploratory Study within the Industrial Maintenance Market, in: Industrial Marketing Management, No. 30, 2001, S. 8.

400 Vgl. Abschnitt 2.4.2.

401 Vgl. Abschnitt 2.4.3.

402 Vgl. Abschnitt 4.2.2.2.4.

403 Vgl. *Freiling, J.*, Das Contracting als innovatives Instrument des Marketing industrieller Services und seine Implikationen bezüglich der Interaktionsgestaltung zwischen Anbieter- und Nachfragerseite, in: *Bruhn, M./Stauss, B.* (Hrsg.), Dienstleistungsmanagement Jahrbuch 2001: Interaktionen im Dienstleistungsbereich, Wiesbaden 2001, S. 467f.

tiven Performance Contracting-Angebots ist. Hierdurch erhöht sich die Wahrscheinlichkeit, daß dieser Hersteller letztlich als gesamtverantwortliches Unternehmen gegenüber den Kunden auftritt. Er erhält damit in der Hauptsache den Kundenkontakt und bindet die Kunden an sein Unternehmen.

Eine Koalition von Unternehmen erfordert auf der Seite des verantwortlichen Performance Contracting-Anbieters allerdings Know-how zur **Koordination** des Unternehmens-Netzwerks,[404] sowohl in technischer als auch in ökonomischer Hinsicht. Im Rahmen der technischen Koordination trägt dieser Anbieter z.B. beim Leistungsergebnisverkauf in Form des Betriebs einer größeren, das eigentliche Produkt umfassenden Einheit die Veranwortung für die Schnittstellen der verschiedenen Leistungsbestandteile, die zu einem funktionsfähigen Endprodukt (Kraftwerk, Lager etc.) zusammengefaßt werden. Die Gestaltung der Risikoverteilung, der Erlösverrechnung sowie des Anreizsystems stellen Aufgaben der ökonomischen Koordination dar.[405] Die Gesamtverantwortung für das Leistungsergebnis eines kooperativ erstellten Performance Contracting-Angebots kann ein Hersteller nur übernehmen, wenn er das erforderliche Koordinations-Know-how besitzt bzw. aufbauen kann.

5.1.5 Fazit

Ist die strategische Entscheidung für einen Einstieg in das Geschäftsmodell Performance Contracting auf Basis des Entscheidungsprozesses getroffen worden, dann hat von einem Industriegüterhersteller die operative Umsetzung des neuen Geschäftsmodells zu erfolgen. Dies betrifft zum einen die konkrete Ausgestaltung des Preis-/Leistungsverhältnisses, wobei die Angebotsausgestaltung unter Berücksichtigung der

---

404 Vgl. z.B. *Stremersch, S./Wuyts, S./Frambach, R. T.*, The Purchasing of Full-Service Contracts: An Exploratory Study within the Industrial Maintenance Market, in: Industrial Marketing Management, No. 30, 2001, S. 8; *Freiling, J.*, Das Contracting als innovatives Instrument des Marketing industrieller Services und seine Implikationen bezüglich der Interaktionsgestaltung zwischen Anbieter- und Nachfragerseite, in: *Bruhn, M./Stauss, B.* (Hrsg.), Dienstleistungsmanagement Jahrbuch 2001: Interaktionen im Dienstleistungsbereich, Wiesbaden 2001, S. 469/474.

405 Vgl. *Freiling, J.*, Das Contracting als innovatives Instrument des Marketing industrieller Services und seine Implikationen bezüglich der Interaktionsgestaltung zwischen Anbieter- und Nachfragerseite, in: *Bruhn, M./Stauss, B.* (Hrsg.), Dienstleistungsmanagement Jahrbuch 2001: Interaktionen im Dienstleistungsbereich, Wiesbaden 2001, S. 462.

rechtlichen Rahmenbedingungen zu erfolgen hat. Die Analyse hat gezeigt, daß die Gestaltung des Leistungsangebots im Fall des Performance Contracting neue Anforderungen stellt. So erfordert die zahlungsorientierte Entgeltfestlegung bei Performance Contracting-Angeboten andere Fähigkeiten, als sie bisher für die Preisfestlegung bei produktbegleitenden Dienstleistungen erforderlich waren. Der Anbieter muß zudem über profunde Rechtskenntnisse – insbesondere bei einem internationalen Angebot von Performance Contracting – verfügen.

Für den Hersteller stellt sich aber auch die Frage der organisatorischen Umsetzung des Performance Contracting. Im Mittelpunkt der Betrachtung stehen hierbei die Implementierung des Leistungsangebots Performance Contracting im Unternehmen sowie die konkrete Festlegung der intern und extern zu erstellenden Leistungsbestandteile. Die Analyse hat verdeutlicht, daß für die interne Durchsetzung des Performance Contracting eine Veränderung der Unternehmenskultur und hierfür oftmals eine separate Organisation des Performance Contracting-Geschäfts erforderlich ist. Es entsteht somit ein erheblicher Implementierungsaufwand.

Die Analyse der Make-or-Buy-Entscheidung hat aufgezeigt, daß auch unter diesem Gesichtspunkt ein frühzeitiger Einstieg in das Performance Contracting-Geschäftsmodell vorteilhaft ist.[406] Hierdurch ist die Akquisition der leistungsfähigsten Zulieferer oder Kooperationspartner und damit eine bestmögliche Berherrschung der mit Performance Contracting-Angeboten übernommenen Risiken realisierbar.

Insgesamt ist festzustellen, daß das Performance Contracting-Konzept komplexe Anforderungen an den Anbieter im Rahmen der Gestaltung des Leistungsangebots stellt. Eine Berücksichtigung dieser Anforderungen und sorgfältige Vorbereitung des Angebots ist erforderlich, da dieser Aufgabenbereich die Grundlage für eine erfolgreiche Vermarktung des Performance Contracting darstellt.

---

406 Vgl. hierzu auch Abschnitt 4.3.

5.2 Anbahnung der Geschäftsbeziehung

5.2.1 Die Struktur des Vermarktungsproblems

Der Anbieter befindet sich bei der Anbahnung einer Performance Contracting-Geschäftsbeziehung in einem **„Konzeptwettbewerb"** mit dem von den Nachfragern bisher nachgefragten Lösungskonzept des Kaufs von Produkten und produktbegleitenden Dienstleistungen. Für einen Performance Contracting-Anbieter stellt sich daher die Frage, wie der Prozeß für eine erfolgreiche Vermarktung des neuen Geschäftsmodells ausgestaltet sein muß und welche Änderungen sich im Vergleich zum bisherigenVermarktungsprozeß ergeben.

Im traditionellen Geschäftsmodell verkauft ein Industriegüterhersteller sowohl Güter als auch (produktbegleitende) Dienstleistungen. Im neuen Geschäftsmodell des Performance Contracting verkauft der Hersteller hingegen nur noch Dienstleistungen in Form einer zur Verfügung gestellten Leistung oder eines zur Verfügung gestellten Leistungsergebnisses. Dienstleistungen sind u.a. durch das Merkmal der **Immaterialität** gekennzeichnet, auch wenn sowohl die Vorleistung (der Input) der Dienstleistung als auch ihr Ergebnis (der Output) einen materiellen Charakter aufweisen können. Dies liegt darin begründet, daß zur Leistungserstellung Leistungspotenziale vorhanden sein müssen, die vor ihrer Realisierung unkörperlich sind und somit sinnlich nicht wahrzunehmen sind.[407]

Die Immaterialität führt dazu, daß die Qualität der Dienstleistung vom Nachfrager erst nach Inanspruchnahme beurteilt werden kann. Ein Produkt kann hingegen vielfach vor dem Kauf begutachtet und ausprobiert werden.[408] Der Anbieter verfügt allerdings über

---

[407] Vgl. *Meffert, H./Bruhn, M.*, Dienstleistungsmarketing: Grundlagen – Konzepte – Methoden, 3. Aufl., Wiesbaden 2000, S. 51.

[408] Vgl. *Simon, H.*, Preispolitik für industrielle Dienstleistungen, in: *Simon, H.* (Hrsg.), Industrielle Dienstleistungen, Stuttgart 1993, S. 190. Ein Produkt kann nicht vor dem Kauf begutachtet und ausprobiert werden, wenn es sich um hochspezifische Leistungen handelt, bei denen der Fertigungsprozeß erst nach dem Vertriebsprozeß beginnt und so viele relevante Teilqualitäten nicht vor Vertragsabschluß beurteilt werden können. Vgl. *Backhaus, K.*, Investitionsgüter-Marketing – Theorieloses Konzept mit Allgemeinheitsanspruch, in: ZfbF, Heft 9, 1992, S. 784. Dies ist z.B. im Anlagengeschäft der Fall. Vgl. *Backhaus, K.*, Industriegütermarketing, 6. Aufl., München 1999, S. 306/451ff.

Informationen hinsichtlich der bei der Dienstleistungserstellung einsetzbaren Faktoren wie Mitarbeiter, Sachressourcen oder das eigene Know-how im Hinblick auf die Konzeptionierung umfangreicher Problemlösungen. Er besitzt somit beim Performance Contracting dem Nachfrager gegenüber einen Informationsvorsprung, d.h. es liegt Informationsasymmetrie vor. Aufgabe des Marketings ist es, die hierdurch entstehende Unsicherheit auf der Nachfragerseite zu reduzieren.

Für die Nachfrager spielen **Referenzen**, d.h. Erfahrungen Dritter, eine wesentliche Rolle bei der ex ante-Beurteilung der Qualität der Problemlösung Performance Contracting. Für einen Industriegüterhersteller, der in das neue Geschäftsmodell Performance Contracting eintritt, stellt sich im Rahmen der Vermarktung daher insbesondere die Aufgabe, **Lead-User** zu gewinnen. Dies sind Kunden, die Bedürfnisse nach neuen Problemlösungen zu einem frühen Zeitpunkt erkennen und zudem eine hohe Bereitschaft besitzen, neuartige, noch unerprobte Problemlösungen als erste anzuwenden. Diese Nachfrager agieren als Testkunden für Innovationen und werden zu Referenzadressen, an denen sich Adoptoren ausrichten.[409]

Die Nicht-Beurteilbarkeit wichtiger Leistungsbestandteile vor Vertragsabschluß führt des weiteren dazu, daß das grundsätzliche **Vertrauen** in den Anbieter eine wichtige Rolle als ex ante-Qualitätsindikator übernimmt. An die Stelle der Qualität der einzelnen Leistung tritt damit die Unternehmensqualität für die Nachfrager.[410]

Da die Entscheidung für oder gegen das Performance Contracting-Geschäft eine neuartige Problemstellung für den Kunden darstellt, ist aus der Anbieterperspektive auch der **Ablauf des organisationalen Beschaffungsverhaltens** bei der Gestaltung der Vermarktungsstrategie zu berücksichtigen.

---

409 Vgl. *Hippel, E. von*, Lead-Users: A source of Novel Product Concepts, in: Management Science, Heft 7, 1986, S. 796, *Backhaus, K.*, Industriegütermarketing, 6. Aufl., München 1999, S. 38; *Herstatt, C.*, Suchfelder für Innovationen mit Marktforschung erschliesen: Lead-User-Forschung zur Erkennung von radikalen Innovatoren, in: io management, Heft 9, 2001, S. 19f.

410 Vgl. *Simon, H.*, Preispolitik für industrielle Dienstleistungen, in: *Simon, H.* (Hrsg.), Industrielle Dienstleistungen, Stuttgart 1993, S. 190 ; *Backhaus, K.*, Investitionsgüter-Marketing – Theorieloses Konzept mit Allgemeinheitsanspruch, in: ZfbF, Heft 9, 1992, S. 784.

Für das Verständnis der Kaufentscheidung bei innovativen Beschaffungsprojekten wird dem **Promotoren-/Opponenten-Modell** eine hohe Bedeutung zugesprochen.[411] Mit dem neuen Geschäftsmodell Performance Contracting sind für die Kunden neuartige Problemlösungsangebote verbunden, so daß ein innovatives Beschaffungsprojekt für die Kunden vorliegt. Das Promotoren-/Opponenten-Modell betrachtet dabei mit den Promotoren und den Opponenten grundsätzlich zwei verschiedene Gruppen. Promotoren sind Mitglieder des Buying Centers[412], die den Beschaffungprozeß aktiv fördern, wohingegen Opponenten den Entscheidungsprozeß behindern und verzögern.[413] Das Konzept lenkt somit die Aufmerksamkeit auf das bei der Vermarktung innovativer Beschaffungsprojekte bedeutende Problem kundeninterner Widerstände.[414]

Dies stellt auch für Performance Contracting-Anbieter ein wesentliches Problem dar, da das neuartige Problemlösungsangebot Performance Contracting weitreichende Konsequenzen im Kundenunternehmen bedingt. Durch die Auslagerung von Aufgaben und damit Kompetenzen auf den Performance Contracting-Anbieter verlieren im Kundenunternehmen bestimmte Personen(gruppen) ihre Macht und ihren angestammten Aufgabenbereich. Dies führt zu Widerständen im Kundenunternehmen gegen das neue Problemlösungsprinzip.[415] Vor diesem Hintergrund ist für das Performance Contracting-Konzept von einer hohen Bedeutung des Promotoren-/Opponenten-Modells für das Verständnis der Kaufentscheidung und die entsprechende Gestaltung des Vermarktungsprozesses auszugehen, so daß eine genauere Betrachtung erfolgen soll.

---

411 Vgl. *Backhaus, K.*, Industriegütermarketing, 6. Aufl., München 1999, S. 73ff.; *Fließ, S.*, Industrielles Kaufverhalten, in: *Kleinaltenkamp, M./Plinke, W.* (Hrsg.), Technischer Vertrieb: Grundlagen des Business-to-Business Marketing, 2. Aufl., Berlin et al. 2000, S. 318ff.; *Klöter, R.*, Widerstände gegen innovative Beschaffungsentscheidungen, in: *Kleinaltenkamp, M.* (Hrsg.), Berliner Reihe, Arbeitspapier Nr. 7, Business to Business Marketing, Berlin 1995, S.2ff.

412 Das Buying Center bzw. die Decision Making Unit bezeichnet die gedankliche Zusammenfassung aller am Kaufprozess beteiligten Personen. Vgl. *Backhaus, K.*, Industriegütermarketing, 6. Aufl., München 1999, S. 65.

413 Vgl. *Backhaus, K.*, Industriegütermarketing, 6. Aufl., München 1999, S. 72; *Fließ, S.*, Industrielles Kaufverhalten, in: *Kleinaltenkamp, M./Plinke, W.* (Hrsg.), Technischer Vertrieb: Grundlagen des Business-to-Business Marketing, 2. Aufl., Berlin et al. 2000, S. 318ff.

414 Vgl. z.B. *Backhaus, K.*, Industriegütermarketing, 6. Aufl., München 1999, S. 72ff.

415 Vgl. Gesprächsprotokoll Linde AG, S. 6; Gesprächsprotokoll BASF Coatings AG, S. 5; *Wagner, P.-J.*, Flottenmanagement von Nutzfahrzeugen, in: Fleig, J./Krause, U. (Hrsg.), Innovative Marktkonzepte für die Kreislaufwirtschaft, Karlsruhe 1997, S. 58/61.

Witte unterscheidet zwischen Fachpromotoren/-opponenten und Machtpromotoren/-opponenten.[416] Fachpromotoren/-opponenten sind Mitglieder des Buying Center, die in bezug auf die konkrete Entscheidung als Fachleute gelten. Sie zeichnen sich unabhängig von der hierarchischen Position durch objektbezogenes Fachwissen aus. Machtpromotoren/-opponenten stellen hierarchisch relativ hoch angesiedelte Organisationsmitglieder dar, die aufgrund ihrer Position Maßnahmen durchsetzen können. Sie berücksichtigen bei der Beurteilung eines Beschaffungsvorhabens insbesondere dessen Auswirkungen auf das Gesamtunternehmen. Das Konzept wurde später durch die Einbeziehung von Prozeßpromotoren/-opponenten erweitert. Sie beeinflussen den Beschaffungsprozeß durch innerbetriebliches Organisationswissen und ihre Kommunikationsbeziehungen zu Schlüsselakteuren.[417]

Ein Beispiel für Fachopponenten stellen die Verantwortlichen der betroffenen Abteilungen im Kundenunternehmen dar. Bei der Vermarktung des Angebots zum Leistungsverkauf treffen beispielsweise Flurförderzeug-Hersteller auf den Widerstand der Wartungsabteilung des Kunden. Diese ist aufgrund ihrer hohen Fachkompetenz in Bezug auf den zur Disposition stehenden Leistungsumfang in die Beschaffungsentscheidung einbezogen. Die Verantwortlichen verlieren jedoch durch eine Performance Contracting-Lösung ihren Aufgabenbereich und ihre Bedeutung. Ein Beispiel für eine derartige Situation bietet die BASF AG in Ludwigshafen, die eine eigene Werkstatt für Flurförderzeuge betreibt. Diese Abteilung wurde in der Vergangenheit gegründet, weil die Flurförderzeugproduzenten vormals nicht in der Lage waren, diese Aufgaben zu übernehmen. Die betroffene Abteilung setzt sich heute dafür ein, sämtliche Leistungen auch weiterhin selbst im Unternehmen zu erstellen und im Chemieunternehmen eine „Kompetenz in

---

416 Vgl. *Witte, E.*, Kraft und Gegenkraft im Entscheidungsprozeß, in: ZfB, Heft 46, 1976, S. 324f.; *Witte, E.*, Das Promotoren-Modell, in: *Hauschildt, J./Gemünden, H. G.* (Hrsg.), Promotoren: Champions der Innovation, 2. Aufl., Wiesbaden 1999, S. 15ff.

417 Vgl. *Backhaus, K.*, Industriegütermarketing, 6. Aufl., München 1999, S. 72f.; *Hauschildt, J.*, Promotoren – Antriebkräfte der Innovation, in: Reihe BWL aktuell, Institut für Wirtschaftswissenschaften der Universität Klagenfurt, Nr.1, 1998, 5ff.; *Hauschildt, J.*, Promotoren – Erfolgsfaktoren für das Management von Innovationen, in: zfo, Heft 6, 2001, S. 332f.; *Hauschildt, J./Schewe, G.*, Gatekeeper und Prozeßpromotoren, in: *Hauschildt, J./Gemünden, H. G.* (Hrsg.), Promotoren: Champions der innovation, 2. Aufl., Wiesbaden 1999, S. 166.

Flurförderzeugtechnik“ zu erhalten.[418] Dies steht im Widerspruch zur Analyse von Experten der Flurförderzeugbranche, die eine Vorteilhaftigkeit des Fremdbezugs bzw. Performance Contracting sehen.[419]

Ein Widerstand gegen das innovative Geschäftsmodell kann des weiteren durch die Einkaufsabteilung ausgeübt werden. Die Einkäufer von Lösemitteln sind beispielsweise gewohnt, diese Chemikalien unter Erzielung eines Rabatts (z.B. pro Kilo) möglichst günstig einzukaufen. Hierauf sind häufig auch die Anreizsysteme in den Einkaufsabteilungen ausgelegt.[420] Durch Performance Contracting-Angebote werden diese etablierten Abläufe obsolet. Ein Widerstand gegen Performance Contracting-Projekte kann auch durch den Betriebsrat erfolgen, da dies mit dem Verlust von Arbeitsplätzen einhergeht.[421]

Aufgrund der verschiedenen potenziellen Opponenten erweist sich aus der Perspektive eines Performance Contracting-Anbieters eine Beeinflussung der Zusammensetzung des Buying-Centers als wesentlich. Hierbei ist insbesondere auf die Einbeziehung von Machtpromotoren (wie z.B. der Werksleitung) hinzuwirken, die stärker die positiven Auswirkungen der neuen Problemlösung Performance Contracting auf das Gesamtunternehmen berücksichtigen. Dies kann durch eine gezielte Ansprache dieser Personen verbunden mit der Dokumentation der Auswirkungen für das Kundenunternehmen geschehen. Weiterhin kann versucht werden, Entscheidungsträger aus „neutralen“ Abteilungen, wie der Finanzabteilung, einzubeziehen. Die Bedeutung persönlicher Konsequenzen für die Beschaffungsentscheidung kann hierdurch reduziert werden.

---

418 Vgl. *Busch, F.*, Flurförderzeug-Pool mit eigener Werkstatt oder Fremdservice („Make or Buy“) von Flurförderzeugleistungen, in: *VDI-Gesellschaft Fördertechnik, Materialfluss, Logistik* (Hrsg.), 11. Heidelberger Tagung der Flurföderzeugbetreiber, Düsseldorf 2001, S. 17ff.

419 Vgl. Gesprächsprotokoll Linde AG, S. 6.

420 Vgl. Gesprächsprotokoll SafeChem Umwelt Service GmbH, S. 3.

421 *Picot* weist auf die grundsätzlich hohe Bedeutung von beschäftigungspolitischen Konsequenzen als Auslagerungsbarriere im Hinblick auf bisher selbsterstellte Leistungen hin. Vgl. *Picot, A.*, Ein neuer Ansatz zur Gestaltung der Leistungstiefe, in: ZfbF, H. 4, 1991, S. 351.

Für eine erfolgreiche Vermarktung des Performance Contracting-Konzepts ist es grundsätzlich erforderlich, die Opponenten gegen ein derartiges Beschaffungsvorhaben beim Kunden frühzeitig zu erkennen und die Gründe für ihren Widerstand zu analysieren. Vorgetragene Bedenken können auf diese Weise frühzeitig antizipiert und Strategien zu deren Entkräftung (z.B. durch die Bereitstellung entsprechender Informationen) entwikkelt werden. Ein typisches Argument bei innovativen Beschaffungsprojekten stellt der Hinweis auf die Unsicherheit des ökonomischen Vorteils dar.[422] Vor diesem Hintergrund erweist sich folglich der Beweis der Vorteilhaftigkeit durch Business Pläne als erforderlich.

Im Hinblick auf die Leitung der von der Performance Contracting-Lösung betroffenen Abteilung ist zudem zu überlegen, ob den Fachopponenten attraktive Arbeitsplätze beim Anbieter in Aussicht gestellt werden können. Dies erweist sich auch deswegen als interessant, da für den Anbieter die Problematik der Akquisition einer ausreichenden Anzahl qualifizierter Mitarbeiter zur Etablierung eines Performance Contracting-Angebots auftreten kann.[423]

Angesichts der weitreichenden Konsequenzen des Performance Contracting-Konzepts für den Kunden steigt insgesamt bei Performance Contracting-Angeboten der Zeitbedarf des Kunden für die Entscheidungsfindung und dementsprechend die zeitliche Ausdehnung des Vermarktungsprozesses. Dies bestätigt auch die Studie von *Stremersch/Wuyts/Frambach* für den Kauf von Full Service-Kontrakten, die ermittelt, daß es aufgrund der hohen Komplexität und der Bedeutung der Entscheidung zu einem ausgedehnten Entscheidungsprozess des Kunden kommt.[424]

---

422 Vgl. *Backhaus, K.*, Industriegütermarketing, 6. Aufl., München 1999, S. 74.

423 Vgl. Abschnitt 4.2.2.2.4.

424 Die Autoren ermitteln im Rahmen der Studie, daß der durchschnittliche Entscheidungsprozeß der Kunden ein Jahr dauert. Vgl. *Stremersch, S./Wuyts, S./Frambach, R. T.*, The Purchasing of Full-Service Contracts: An Exploratory Study within the Industrial Maintenance Market, in: Industrial Marketing Management, No. 30, 2001, S. 9. Im Rahmen der Studie wurden im Jahr 1998 niederländische und belgische Unternehmen der Chemischen- und Nahrungsmittel-Industrie als Kundenunternehmen befragt. Vgl. *Stremersch, S./Wuyts, S./Frambach, R. T.*, The Purchasing of Full-Service Contracts: An Exploratory Study within the Industrial Maintenance Market, in: Industrial Marketing Management, No. 30, 2001, S. 8.

5.2.2 Der Ablauf des Vermarktungsprozesses

5.2.2.1 Die Kommunikation des neuen Geschäftsmodells

Die angestrebten Wettbewerbsvorteile beim Performance Contracting-Konzept werden erst dann zu KKVs, wenn durch den Einsatz marktbeeinflussender Instrumente sichergestellt wird, daß sie vom Kunden auch **wahrgenommen** werden. Der Kommunikationspolitik kommt somit eine große Bedeutung zu. Sie muß den Nachfrager über das Leistungsangebot informieren, dieses gegen Konkurrenzangebote profilieren sowie den Nachfrager zum Kauf motivieren bzw. aktivieren.[425]

Im Rahmen der **Informations-Funktion** müssen die Kunden über das Dienstleistungsangebot des Unternehmens unterrichtet werden. In Abhängigkeit davon, wie weit das Performance Contracting-Konzept in einer Branche bereits verbreitet ist, muß hier nicht nur die Information des Kunden über das spezifische Angebot des Performance Contracting-Anbieters erfolgen, sondern auch die grundsätzliche Idee des Performance Contracting vorgestellt werden.

Eng an die Informations-Funktion gekoppelt ist die **Profilierungs-Funktion**. Ziel ist es, die Vorteile des eigenen Angebots gegenüber den Angeboten der Wettbewerber hervorzuheben. Da ein Performance Contracting-Anbieter nicht nur mit anderen Anbietern konkurriert, sondern insbesondere mit den Nachfragern in einer Konkurrenz um Wertschöpfungspotenziale steht, sind im Rahmen der Profilierungs-Funktion vor allem die Vorteile des Performance Contracting-Angebots des betrachteten Anbieters gegenüber den bisher verbreiteten Kundenlösungen herauszustellen. In diesem Zusammenhang kann auch ein Verweis auf die positiven Erfahrungen in anderen Ländern, in denen die Verbreitung des Performance Contracting bereits weiter fortgeschritten ist, erfolgen.

---

425 Vgl. hierzu im Folgenden *Fassott, G.*, Dienstleistungspolitik industrieller Unternehmen: Sekundärdienstleistungen als Marketinginstrument bei Gebrauchsgütern, Wiesbaden 1995, S. 273; *Garbe, B.*, Industrielle Dienstleistungen: Einfluß und Erfolgsfaktoren, Wiesbaden 1998, S. 173; *Meffert, H./Bruhn, M.*, Dienstleistungsmarketing: Grundlagen – Konzepte – Methoden, 3. Aufl., Wiesbaden 2000, S. 333.

Die Nachfrager sind allerdings vielfach gewohnt, bei der Beschaffungsentscheidung insbesondere technische Kriterien sowie die Anschaffungskosten zu berücksichtigen.[426] Dies zeigt etwa eine Untersuchung des *VDMA*, in der ermittelt wurde, daß während der Beschaffungsphase insbesondere technische Daten nachgefragt werden.[427] Für Performance Contracting-Anbieter ist es daher wesentlich, herauszustellen, daß nicht die technischen Daten verbunden mit den Anschaffungskosten wichtig sind, sondern die Gesamtkosten der Problemlösung in einem bestimmten Zeitraum bei gegebener Qualität. Die Kernaussage der Kommunikationspolitik stellt in diesem Zusammenhang der Hinweis auf das Kostensenkungspotenzial des Performance Contracting-Konzepts dar. Dies zeigt sich auch am Beispiel des Flurförderzeug-Herstellers Lansing Linde LTD, der die Kernaussage „Lower your materials handling costs with Lansing Linde" kommuniziert.[428]

Auch die adäquate Medienauswahl spielt eine entscheidende Rolle. Bei der Auswahl ist von einem Anbieter zu beachten, inwiefern die Mitglieder des Buying Center verschiedene Medien nutzen. Bei Performance Contracting-Angeboten ist insbesondere zu berücksichtigen, daß aufgrund der Komplexität des Konzepts bei diesem Dienstleistungsangebot grundsätzlich eine höhere Bedeutung der persönlichen Kommunikation besteht, als beim Verkauf produktbegleitender Dienstleistungen.

Die Kommunikationsinstrumente dienen des weiteren dazu, die Kunden zur Inanspruchnahme des Dienstleistungsangebots zu motivieren (**Motivations-Funktion**). Aus

---

426 Vgl. Gesprächsprotokoll DaimlerChrysler AG, S. 4; Gesprächsprotokoll Lansing Linde LTD, S. 4; Gesprächsprotokoll Paul Consulting GmbH & Co., S. 3; Gesprächsprotokoll Deutsche Leasing AG, S. 3; Gesprächsprotokoll BASF Coatings AG, S. 5f.

427 Vgl. *Strothmann, K.-H.*, Kommunikationsdefizite bei Investitionsentscheidungen, in: *VDMA Verband Deutscher Maschinen- und Anlagenbau* (Hrsg.), Reihe Entscheidungshilfen Marktkommunikation, Heft 2, Frankfurt am Main 1996, S. 19.

428 Vgl. *Lansing Linde LTD.*, Lower your materials handling costs with Lansing Linde, Basingstoke 1998, S. 1.

der Immaterialität der Leistung[429] und den Abhängigkeitseffekten auf Nachfragerseite[430] beim Dienstleistungsangebot Performance Contracting ergeben sich hierbei verschiedene Implikationen für die Kommunikationspolitik.

Die Immaterialität der Leistung führt dazu, daß das Unternehmens- oder Leistungsimage eine besondere Rolle bei der Leistungsbeurteilung durch den Nachfrager spielt.[431] Auf die aus Kundenperspektive bestehende Befürchtung einer zunehmenden Abhängigkeit reagieren die Performance Contracting-Anbieter häufig, indem sie sich als Partner des Kunden zu profilieren versuchen. Beispiele hierfür stellen die Broschüren „Grenzenlose Partnerschaft – damit Sie effizient in Fahrt bleiben" der Mercedes-Benz CharterWay GmbH und „Erfolg kann man planen: mit dem Partner-Plan" der Still GmbH dar.[432] Das Image eines Partners des Kunden steht dem Gedanken eines Ausnutzens der Abhängigkeit entgegen. Ein wesentlicher Schwerpunkt der Kommunikationspolitik stellt somit eine Vertrauen schaffende Imagepositionierung dar, die den Performance Contracting-Anbieter als Partner des Kunden profiliert.

Ob ein Kunde seine aus der Geschäftsbeziehung resultierende Abhängigkeit als störend empfindet, hängt zudem nicht nur von der Intensität der Abhängigkeit ab, sondern vor allem von deren Struktur. Auszugehen ist davon, daß ein Kunde eine potenzielle Abhängigkeit vom Anbieter als sehr viel weniger störend empfindet, wenn auch der Anbieter von der Geschäftsbeziehung abhängig ist.[433] Die Analyse hat gezeigt, daß Performance Contracting-Angebote mit einer – im Einzelfall unterschiedlich stark ausgeprägten – Abhängigkeit des Anbieters vom Kunden einhergehen.[434] Für den Anbieter resultiert hieraus die Aufgabe, diese Abhängigkeit zu kommunizieren.

---

429 Vgl. Abschnitt 5.2.1.

430 Vgl. Abschnitt 2.4.3.

431 Vgl. *Meffert, H./Bruhn, M.*, Dienstleistungsmarketing: Grundlagen – Konzepte – Methoden, 3. Aufl., Wiesbaden 2000, S. 326.

432 Vgl. *Mercedes-Benz CharterWay*, Grenzenlose Partnerschaft – damit Sie effizient in Fahrt bleiben, Stuttgart 2001, S. 1; *Still GmbH*, Erfolg kann man planen: mit dem Partner-Plan – Innovative Dienstleistungsprodukte made by Still, Hamburg 2001, S. 1.

433 Vgl. *Plinke, W./Söllner, A.*, Kundenbindung und Abhängigkeitsbeziehungen, in: *Bruhn, M./Homburg, C.* (Hrsg.), Handbuch Kundenbindungsmanagement, 2. Aufl., Wiesbaden 1998, S. 70.

434 Vgl. Abschnitt 2.4.3.

Der Anbieter sollte dabei die eigene Abhängigkeit betonen, um so die Wahrscheinlichkeit des Eingehens einer Geschäftsbeziehung durch den Nachfrager zu erhöhen. So kann vom Anbieter darauf hingewiesen werden, daß seine Reputation vom Kunden als Geisel verwendet werden kann.[435] Eine Geisel versetzt den Kunden in die Lage, dem Anbieter eine Strafe anzudrohen. In Bezug auf die Reputation des Anbieters bedeutet dies, daß der Kunde seine negativen Erfahrungen an andere Kunden weitergibt.[436] Diese Maßnahme besitzt bei Performance Contracting-Angeboten eine besondere Wirkung, da bei diesen Erfahrungseigenschaften dominieren und somit Fremderfahrungen eine große Rolle bei der Leistungsbeurteilung durch den Nachfrager spielen.

Aufgrund der Dominanz von Erfahrungseigenschaften bzw. der Immaterialität des Dienstleistungsangebots stellen Referenzen grundsätzlich ein wesentliches Instrument zur Aufhebung von Kaufhemmnissen im Rahmen der Kommunikationspolitik dar. Dies zeigt sich beispielsweise bei der DaimlerChrysler Services Fleet Management GmbH (vgl. *Abb. 5-3*).

---

435 Vgl. *Williamson, O. E.*, The Economic Institutions of Capitalism: Firms, Markets, Relational Contracting, New York 1985, S. 53; *Fließ, S.*, Industrielles Kaufverhalten, in: *Kleinaltenkamp, M./Plinke, W.* (Hrsg.), Technischer Vertrieb: Grundlagen des Business-to-Business Marketing, 2. Aufl., Berlin et al. 2000, S. 277f.

436 Vgl. *Fließ, S.*, Industrielles Kaufverhalten, in: *Kleinaltenkamp, M./Plinke, W.* (Hrsg.), Technischer Vertrieb: Grundlagen des Business-to-Business Marketing, 2. Aufl., Berlin et al. 2000, S. 278.

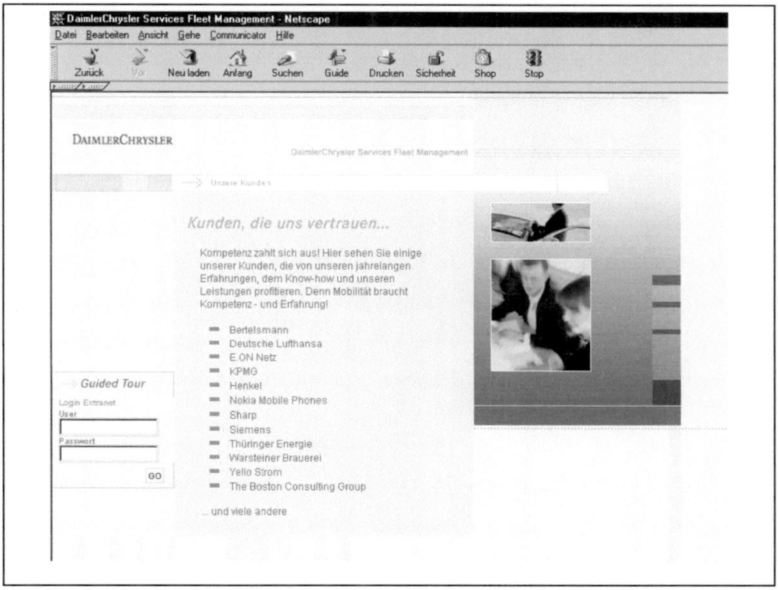

Abb. 5-3: Referenzen der DaimlerChrysler Services Fleet Management GmbH[437]

Hat ein Industriegüterhersteller sich entschlossen, Performance Contracting-Lösungen anzubieten, dann erfordert die Neuartigkeit dieses Geschäftsmodells für den Kunden auch eine aktive Kommunikation des Angebots. Im Rahmen einer derartigen aktiven Vermarktung sind vom Anbieter die Märkte für Performance Contracting-Angebote weiter zu entwickeln. Die Neuartigkeit bzw. Andersartigkeit des Konzepts hat dabei umfangreichere Kommunikationsanforderungen als bei der Einführung neuer Produkte oder produktbegleitender Dienstleistungen zur Folge.

5.2.2.2 Die Vermarktung von Business Plänen

Da die Beurteilung von Performance Contracting-Angeboten für den Nachfrager in der Regel eine neuartige Situation darstellt, besteht auf seiner Seite Unsicherheit hinsichtlich der Vorteilhaftigkeit gegenüber der bisher von ihm realisierten Form der Problem-

---

[437] Vgl. http://www.debiscarfleet.de/wir/kunden.htm, v. 16.11.01.

lösung. Diese Unsicherheit wird durch die mangelnde Verfügbarkeit von Informationen über die mit der bisherigen Problemlösung verbundenen Auszahlungen und die Probleme des Nachfragers bei der Ermittlung der notwendigen Daten noch verstärkt.[438] Der zentrale Ansatzpunkt bei der Vermarktung des Performance Contracting-Angebots liegt dementsprechend darin, dem Nachfrager auf der Basis von **Business Plänen** darzulegen bzw. zu beweisen, daß das Kundenproblem durch Performance Contracting besser – d.h. mit geringeren Auszahlungen und/oder besserem Ergebnis für den Kunden – als bisher gelöst werden kann. Der Anbieter vermarktet somit **Business Pläne** im Sinne einer Vorteilhaftigkeitsanalyse. Aus der Anbieterperspektive stellt sich dabei die Frage nach dem grundsätzlichen Vorgehen und den jeweils zu beachtenden Anforderungen.

Grundsätzlich ist zu beachten, daß durch Performance Contracting-Lösungen zwar vielfach erhebliche Einsparungspotenziale beim Kunden realisiert werden können, jedoch Existenz und Höhe des Einsparungspotenzials nicht allgemein bestimmt werden können.[439] Des weiteren unterscheiden sich bei jedem Kunden die Problemlösungskomponenten, bei denen Einsparungen realisierbar sind.[440] In Abhängigkeit von den Analyseergebnissen kann sich herausstellen, daß es bei einem Kunden vorteilhaft ist, lediglich bestimmte produktbegleitende Dienstleistungen an den Hersteller abzugeben oder eine andere Finanzierungsform zu wählen. Die Vermarktung von Performance Contracting-Angeboten erfordert somit eine **individuelle Analyse** der Problemsituation eines Kunden. Eine individuelle Analyse der Kundensituation vor Ort ist auch deshalb notwendig, um den Eindruck beim Kunden zu vermeiden, daß ein Performance Contracting-Angebot generell vorteilhaft sei.

---

438 Vgl. Abschnitt 5.1.1; Gesprächsprotokoll DaimlerChrysler AG, S. 4; Gesprächsprotokoll Deutsche Auto-Leasing GmbH, S. 2; Gesprächsprotokoll BASF Coatings AG, S. 6.

439 Vgl. Gesprächsprotokoll DaimlerChrysler Services Fleet Management GmbH, S. 5; Gesprächsprotokoll DMG Vertriebs und Service GmbH, S. 5; *Häfner, W.*, Einsparpotenziale im Fuhrpark erkennen – Umfassendes Gesamtkonzept für die Optimierung der Unternehmensflotte, in: Handelsblatt, Nr. 79, 24.04.2001, S. B 12; *Damerow, R.*, Mehrwert durch Zusatzleistungen, in: Handelsblatt, Nr. 79, 24.04.2001, S. B 14; *Kulick, B.*, Kostenreduzierung beim Einsatz von Flurförderzeugen, in: Reihe VDMA-Entscheidungshilfen, Heft „Vom Lieferanten zum Wertschöpfungspartner – Dienstleistung im Maschinenbau", 2000, S. 17; *Stauch, V.*, Produktbegleitende Dienstleistungen – Anspruch und Wirklichkeit, in: Reihe VDMA-Entscheidungshilfen, Heft „Vom Lieferanten zum Wertschöpfungspartner – Dienstleistung im Maschinenbau", 2000, S. 25f.

440 Vgl. z.B. *Häfner, W.*, Einsparpotenziale im Fuhrpark erkennen – Umfassendes Gesamtkonzept für die Optimierung der Unternehmensflotte, in: Handelsblatt, Nr. 79, 24.04.2001, S. B 12.

Die Analyse der Kundensituation besteht dabei aus zwei Komponenten. Im Rahmen der **quantitativen Analyse** erfolgt eine Erhebung und Verdichtung von Informationen über anfallende Aus- und Einzahlungen. Daneben ist aber auch eine Untersuchung qualitativer Kriterien erforderlich (**Qualitative Analyse**). Hieran anschließend erfolgt die **Gestaltung des Business Plans** durch eine Integration der vorhergehenden Schritte zu einer Gesamtanalyse, verbunden mit einem konkreten Problemlösungsvorschlag.

Der Aufwand bei der Analyse der Kundensituation kann für den Hersteller – je nach Umfang der durchgeführten Analyse – erheblich sein. Diesbezüglich ist jedoch zu beachten, daß vom Anbieter Lerneffekte realisiert werden können, da etwa bestimmte Prozesse bei den Kunden in ähnlicher Form anfallen. Der hohe Arbeitsaufwand des Anbieters wird zudem von den Kunden positiv wahrgenommen, da der Anbieter hierdurch eine kundenspezifische Investition tätigt. Die Ermittlung der notwendigen Informationen durch den Anbieter oder die Begleitung des Ermittlungsprozesses besitzt aus Anbieterperspektive zudem den Vorteil, daß hierdurch vermieden werden kann, daß die Kunden die eigenen Kosten der Leistungserstellung zu niedrig anzusetzen und so der Vorteilhaftigkeitsvergleich zu einem falschen Ergebnis führt.[441]

Als problematisch kann sich herausstellen, daß der Anbieter durch die Notwendigkeit seiner Recherchetätigkeit – aufgrund beim Kunden nicht vorliegender Informationen über die bisher bei ihm anfallende Aus- und Einzahlungen – automatisch auf Mängel in den Informations- bzw. Rechnungssystemen des Kunden hinweist. Dies kann von den entsprechenden Verantwortlichen im Kundenunternehmen als Kritik bzw. Bedrohung ihrer Positition aufgefaßt werden und zu Konflikten mit diesen Personen führen. Ein gemeinsames Vorgehen mit diesen Betroffenen kann die Gefahr unterbinden, daß diese als Opponenten auftreten.[442]

---

441 So ist z.B. zu beachten, daß insbesondere die Auszahlungen im indirekten Bereich häufig von den Kunden nicht hinreichend bzw. korrekt berücksichtigt werden. Vgl. z.B. *Herzog, B. O.*, Fuhrpark-Management, Berlin et al. 1997, S. 24f.

442 Vgl. Gesprächsprotokoll Deutsche Auto-Leasing GmbH, S. 2.

5.2.2.2.1 Quantitative Analyse

Im Rahmen der quantitativen Analyse ist – durch eine Erfassung der bislang beim Kunden anfallenden Auszahlungen sowie des bisher erzielten Leistungsergebnisses – die wirtschaftliche Vorteilhaftigkeit einer Performance Contracting-Lösung vom Anbieter herauszuarbeiten.

Bei der **Erfassung der Auszahlungen** müssen vom Performance Contracting-Anbieter einerseits die **Auszahlungen im direkten Bereich** berücksichtigt werden. Der Umfang der notwendigen Informationen läßt sich am Beispiel des Fuhrparkmanagements der PKW-Hersteller aufzeigen. Die Auszahlungen im direkten Bereich setzen sich aus einmalig anfallenden Auszahlungen und wiederkehrenden Auszahlungen zusammen. Bei den einmalig anfallenden Zahlungen handelt es sich beispielsweise um Auszahlungen für die Beschaffung, die Zulassung, zusätzliche Einbauten (Werkbänke bei Servicefahrzeugen, Freisprechanlagen etc.) sowie die Abmeldung. Die wiederkehrenden Auszahlungen beinhalten Zinsen, Leasingraten, Versicherungsbeiträge, KFZ-Steuern, GEZ-Gebühren sowie die Auszahlungen für Kraftstoff, Schmierstoffe, Reifen und die regelmäßige Wartung.[443]

Darüber hinaus stellen vielfach die **Auszahlungen im indirekten Bereich** einen wesentlichen Teil der mit einem Gut verbundenen gesamten Auszahlungen dar.[444] Häufig kennen die Kunden allerdings weder die Auszahlungen im indirekten Bereich noch die dahinter stehenden Prozesse.[445] Im Gegensatz zu den Auszahlungen im direkten Bereich können die Auszahlungen im indirekten Bereich somit vom Nachfrager in der Regel nicht erfragt werden, sondern müssen vom oder mit Hilfe des Performance Contracting-

---

443 Vgl. *Häfner, W.*, Einsparpotenziale im Fuhrpark erkennen – Umfassendes Gesamtkonzept für die Optimierung der Unternehmensflotte, in: Handelsblatt, Nr. 79, 24.04.2001, S. B 12.

444 Vgl. z.B. *Häfner, W.*, Einsparpotenziale im Fuhrpark erkennen – Umfassendes Gesamtkonzept für die Optimierung der Unternehmensflotte, in: Handelsblatt, Nr. 79, 24.04.2001, S. B 12.

445 Vgl. Gesprächsprotokoll Deutsche Auto-Leasing GmbH, S. 2; Gesprächsprotokoll DaimlerChrysler AG, S. 4; Gesprächsprotokoll BASF Coatings AG, S. 6; *Häfner, W.*, Einsparpotenziale im Fuhrpark erkennen – Umfassendes Gesamtkonzept für die Optimierung der Unternehmensflotte, in: Handelsblatt, Nr. 79, 24.04.2001, S. B 12; *Wißkirchen, F.*, Beurteilung der Vorteilhaftigkeit von Outsourcing unter Berücksichtigung von Prozeßkosten und Transaktionskosten, in: *Wißkirchen, F.* (Hrsg.), Outsourcing-Projekte erfolgreich realisieren: Strategie, Konzept, Partnerauswahl, Stuttgart 1999, S. 290ff.

Anbieters erst ermittelt werden.[446] Hierzu ist zu untersuchen, welche Prozesse in welcher Häufigkeit und in welchem zeitlichen Umfang anfallen und welche Auszahlungen somit verursacht werden.[447]

Im Fall des Fuhrparkmanagements der PKW-Hersteller müssen die Fahrzeuge bestellt und zugelassen sowie Einbauten abgestimmt werden. Im Zusammenhang mit der laufenden Betreuung des Fahrzeugs sind durch die Verwaltung zahlreiche Belege – beispielsweise für das Tanken, für Reparaturen oder Versicherungen – zu bearbeiten und auf ihre Richtigkeit hin zu überprüfen. Im Rahmen der Verwertung müssen zudem die Autos verkauft und abgemeldet werden.[448] Diese Aufgaben sind mit hohem Zeitaufwand verbunden, der von den Unternehmen vielfach nicht wahrgenommen wird. Die Kunden sind in der Regel überrascht, welch hohe Auszahlungen die unternehmensinterne Bearbeitung der anfallenden Einzelbelege verursacht.[449]

Neben den Auszahlungen sind vom beratenden Performance Contracting-Anbieter Informationen über die bisher erreichte Leistung zu erheben (**Erfassung der Leistungssituation**). Kennzahlen, die hierüber Auskunft geben, sind beispielsweise Produktionsleistungen und Ausfallzeiten. Die bei Lackherstellern verwendete „first-run-o.k.-rate" (FROM), die angibt, wieviele Fahrzeuge im ersten Versuch einwandfrei lackiert werden, stellt ein konkretes Beispiel für derartige Kennzahlen dar.

Die Performance Contracting-Anbieter setzen zur quantitativen Analyse speziell entwickelte Programme oder auf Tabellenkalkulationsprogrammen basierende Kalkulationssysteme ein. Diese erfüllen sowohl eine Strukturierungs-Funktion als auch eine Auswertungs-Funktion.

---

[446] Vgl. z.B. *Häfner, W.*, Einsparpotenziale im Fuhrpark erkennen – Umfassendes Gesamtkonzept für die Optimierung der Unternehmensflotte, in: Handelsblatt, Nr. 79, 24.04.2001, S. B 12.

[447] Vgl. z.B. *Häfner, W.*, Einsparpotenziale im Fuhrpark erkennen – Umfassendes Gesamtkonzept für die Optimierung der Unternehmensflotte, in: Handelsblatt, Nr. 79, 24.04.2001, S. B 12.

[448] Vgl. *Koch, M.*, Eine neue Software der Deutsche Auto-Leasing bringt Licht in die tatsächlichen Kosten der Fuhrparkverwaltung, in: Spektrum, Heft 3, 2000, S. 6f.

[449] Vgl. *Häfner, W.*, Einsparpotenziale im Fuhrpark erkennen – Umfassendes Gesamtkonzept für die Optimierung der Unternehmensflotte, in: Handelsblatt, Nr. 79, 24.04.2001, S. B 12.

In diesen Kalkulationsprogrammen werden die erhobenen Daten erfaßt und durch eine vorgegebene Grundstruktur gleichzeitig strukturiert (**Strukturierungs-Funktion**). Die durch ein derartiges Programm vorgegeben Struktur stellt auch bereits eine Hilfe bei der Datenerhebung im Kundenunternehmen dar, da hierdurch die zu analysierenden Prozesse und die notwendigen Informationen aufgezeigt werden. Dies ermöglicht eine gezielte, systematische Datenerhebung. Zudem wird eine anschließende gezielte Auswertung auch einzelner Gesamtlösungsbestandteile möglich, um die im vorliegenden Fall bestehenden Einsparungspotenziale und damit die optimale Problemlösung identifizieren zu können. Die Programme tragen so zu einer Strukturierung der Problemsituation bei. Durch die Strukturierung kann darüber hinaus der Kunde jederzeit bestimmte Datengruppen einsehen und überprüfen.

Ein Beispiel für ein speziell entwickeltes Programm ist das „prozeßorientierte Fuhrparkanalysesystem" (ProFAS), welches von der Deutsche Auto-Leasing im Jahr 2001 eingeführt wurde.[450] Den Kern von ProFAS stellen drei von der Deutsche Auto-Leasing für das Fuhrparkmanagement identifizierte Hauptprozesse dar. Anhand dieser Hauptprozesse Beschaffung, Betreuung und Verwertung untersucht ProFAS die im direkten und indirekten Bereich anfallenden Auszahlungen.

Abb. 5-4 zeigt die Erfassung der Auszahlungen im indirekten Bereich. Zur systematischen Erfassung wurden verschiedene Unterprozesse der drei Hauptprozesse definiert. Von ProFAS werden die Prozesse jeweils im Hinblick auf die Häufigkeit des Anfalls bestimmter Tätigkeiten, den Zeitbedarf sowie die entstehenden Auszahlungen untersucht.

---

450 Vgl. im Folgenden *Koch, M.*, Eine neue Software der Deutsche Auto-Leasing bringt Licht in die tatsächlichen Kosten der Fuhrparkverwaltung, in: Spektrum, Heft 3, 2000, S. 6f.

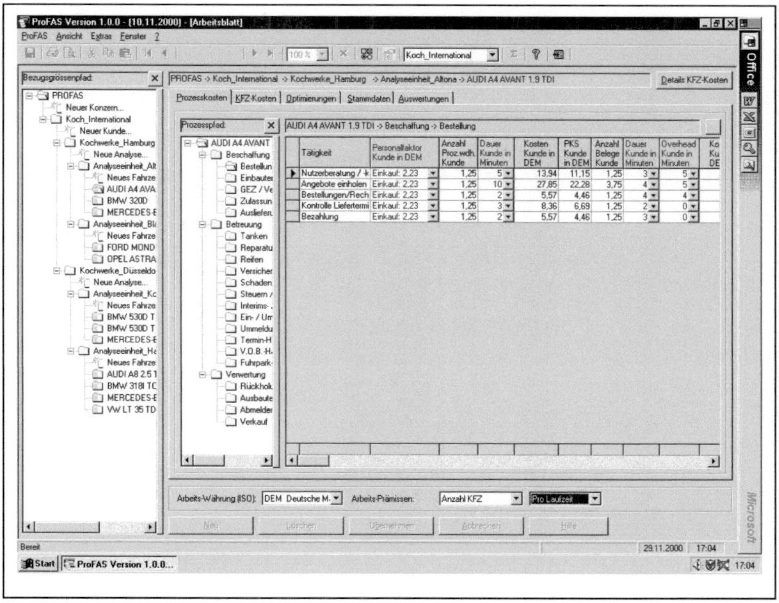

Abb. 5-4: Fuhrparkanalysesystem ProFAS Version 1.0.0

Durch die strukturierte Erfassung sämtlicher Auszahlungen ist das System in der Lage, zu ermitteln, ob das gesamte Fuhrparkmanagement im Rahmen einer Performance Contracting-Lösung ausgelagert werden sollte, oder ob nur einzelne Komponenten verbessert werden können, wie die Bereiche Versicherungen und Reparaturen.

Derartige speziell entwickelte Programme werden auch von anderen Anbietern eingesetzt, wie z.B. der DaimlerChrysler Services Fleet Management GmbH oder Mercedes-Benz CharterWay.[451] Mercedes-Benz bietet neben dem Angebot, durch eigene Mitarbeiter eine Wirtschaftlichkeitsanalyse für den Fuhrpark des Kundenunternehmens durchzuführen, dem Kunden die Möglichkeit, auf der Mercedes-Benz Homepage eine Lebenszykluskosten-Berechnung für einzelne Fahrzeuge durchzuführen (vgl. *Abb. 5-5, Abb. 5-6*). Der Kunde muß hierbei die bei ihm anfallenden Auszahlungen zwar selbst ermitteln, das Berechnungsprogramm ermöglicht ihm jedoch eine strukturierte Ver-

---

451 Vgl. Gesprächsprotokoll DaimlerChrysler Services Fleet Management GmbH, S. 5; Gesprächsprotokoll DaimlerChrysler AG, S. 4.

dichtung der Einzeldaten. Die CharterWay-Konditionen als Vergleichbasis müssen vom Kunden anschließend bei den jeweils verantwortlichen Ländergesellschaften erfragt werden.

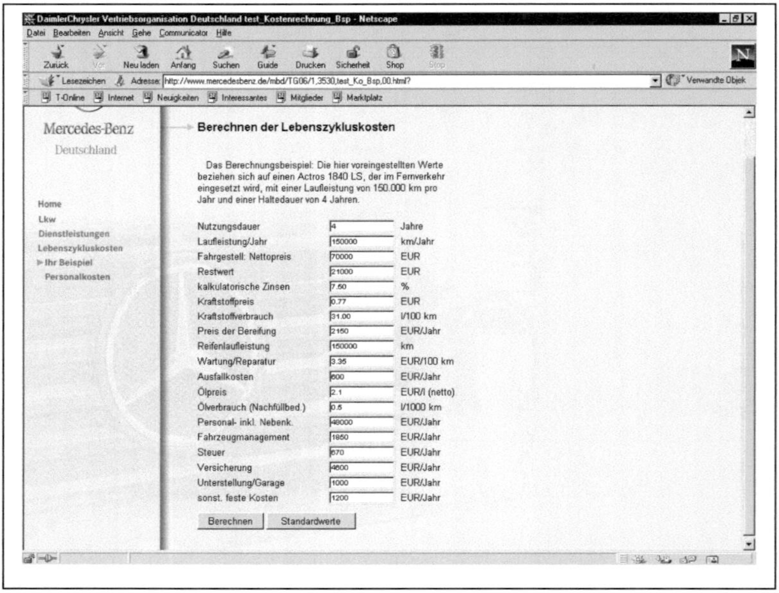

Abb. 5-5: Lebenszykluskosten-Berechnung auf der Mercedes-Benz Homepage – Dateneingabe[452]

Spezifische Programme für die quantitative Analyse müssen von Performance Contracting-Anbietern nicht notwendigerweise neu entwickelt werden. Unternehmen wie die GILLARDON financial software GmbH stellen Programme zur Verfügung, die für die Investitionsanalyse konzipiert sind. Das Softwarepaket KORFU dieses Unternehmens kann für Mobilien und/oder Immobilien eingesetzt werden. Es ermöglicht dabei die Be-

---

452 Vgl. http://www.mercedesbenz.de/mbd/TG06/1,3530,test_Ko_Bsp,00.html?, v. 30.11.01.

rücksichtigung unterschiedlicher Finanzierungen (Kauf, Kreditfinanzierung, Leasing, etc.) und weiterer Einzahlungen und Auszahlungen.[453]

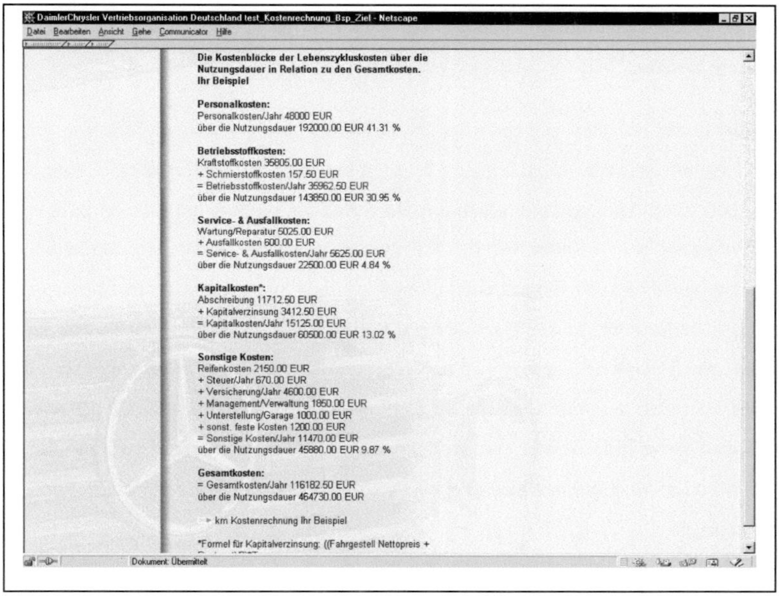

Abb. 5-6: Lebenszykluskosten-Berechnung auf der Mercedes-Benz Homepage – Ergebnisse[454]

Auch der Flurförderzeug-Hersteller Lansing Linde LTD. hat mit Fleet Solutions eine spezielle Software entwickelt und eingesetzt.[455] Mit Fleet Solutions können die Auszahlungen für die Flurförderzeugflotte eines Kunden analysiert und deren Entwicklung für die nächsten 5 bis 10 Jahre prognostiziert werden. Ebenso können die durch eine alternative Problemlösung entstehenden Auszahlungen ermittelt werden. Die Software ermöglicht so den Vergleich der Vorteilhaftigkeit der Alternativen Kauf und Contract

---

[453] Vgl. *GILLARDON financial software GmbH*, KORFU: Investitionsanalyse und -beratung – sachlich, neutral und übersichtlich, Bretten 2001, S. 1; *GILLARDON financial software GmbH*, Leistungsübersicht der GILLARDON financial software GmbH, Bretten 2001, S. 6.

[454] Vgl. http://www.mercedesbenz.de/mbd/TG06/1,3530,test_Ko_Bsp_Ziel,00.html?, v. 30.11.01.

[455] Die Software Fleet Solutions wurde von Lansing Financial Services speziell für die Ermittlung und Darlegung der wirtschaftlichen Vorteilhaftigkeit entwickelt. Vgl. Gesprächsprotokoll Linde AG, S. 7.

Hire.[456] Das Programm Fleet Solutions wird allerdings nicht mehr eingesetzt, da es sich als sehr kompliziert in der Handhabung herausgestellt hat. Stattdessen werden heute die Daten mit Hilfe eines Tabellenkalkulationsprogramms verarbeitet. Dies ermöglicht eine einfachere Handhabung und leichtere Anpassung an die spezifische Situation beim jeweiligen Kunden.[457]

Anhand dieses Beispiels zeigt sich der Nachteil einer geringeren Flexibilität von speziell entwickelten Software-Programmen. Je individueller die Performance Contracting-Angebote eines Anbieters bei seinen einzelnen Kunden ausgestaltet sind, desto höher ist die Bedeutung der Anpassbarkeit des Kalkulationsprogramms. Tabellenkalkulationsprogramme bieten hier den Vorteil einer einfacheren und kostengünstigeren Anpassung. Je standardisierter Performance Contracting-Angebote sind, desto eher besteht ein Anreiz, spezifische Software-Programme zu entwickeln. Auch bei einem standardisierten Angebot ist allerdings zu prüfen, ob die für die Entwicklung einer speziellen Software notwendigen Investitionen sich auf Anbieterseite – etwa durch Zeitersparnisse bei der Analyse oder den Eindruck einer hohen Professionalität der Beratung beim Kunden – amortisieren.

Im Rahmen der **Auswertungs-Funktion** steht die systematische Verdichtung der erfaßten Daten und der Vergleich anhand von Kenngrößen im Mittelpunkt. Da Vorteile verschiedener alternativer Problemlösungen in unterschiedlichen Perioden auftreten können, ist eine dynamische Perspektive erforderlich. Bei einer statischen Betrachtung, wie etwa einer Gewinnvergleichsrechnung oder Kostenvergleichsrechnung wird der zeitlich unterschiedliche Anfall von Auszahlungen und Einzahlungen vernachlässigt, stattdessen werden Durchschnittswerte einer charakteristischen Periode betrachtet.[458]

---

456 Vgl. *Lansing Linde LTD.*, Lower your materials handling costs with Lansing Linde, Basingstoke 1998, S. 6.

457 Vgl. Gesprächsprotokoll Linde AG, S. 7.

458 Vgl. z.B. *Adam, D.*, Investitionscontrolling, 3. Aufl., München et al. 2000, S. 105ff.; *Seicht, G.*, Investition und Finanzierung, 10. Aufl., Wien 2001, S. 70ff.; *Kruschwitz, L.*, Wirtschaftlichkeitsrechnung als Grundlage industrieller Beschaffungsentscheidungen, in: *Kleinaltenkamp, M./Plinke, W.* (Hrsg.), Technischer Vertrieb: Grundlagen des Business-to-Business Marketing, 2. Aufl., Berlin et al. 2000, S. 458; *Diederichs, C. J.*, Wirtschaftlichkeitsberechnungen und Nutzen-Kosten-Untersuchungen: Grundlagen und Anwendungen bei bauwirtschaftlichen Investitionsentscheidungen, Sindelfingen 1985, S. 37.

Dynamische Verfahren[459] untersuchen hingegen die Vorteilhaftigkeit von Investitionen bis zu einem bestimmten Planungshorizont durch die Berücksichtigung von Zeitreihen für die Zahlungsströme der Ein- und Auszahlungen, wobei die zeitlichen Unterschiede der Elemente der Zahlungsreihe über Zinsrechnungen erfaßt werden.[460] Ein Vorteilhaftigkeitsvergleich verschiedener Alternativen ist dann etwa durch eine Ab- oder Aufzinsung auf einen festen Bezugszeitpunkt möglich.[461] (vgl. z.B. *Abb. 5-7)*

Im Rahmen des Alternativenvergleichs sind auch Einzahlungsunterschiede, z.B. aufgrund von Leistungsunterschieden, zu berücksichtigen. Einzahlungsunterschiede können z.B. beim Betreiben ganzer Industrieanlagen aufgrund unterschiedlicher Produktionsleistungen auftreten. Insofern dem betrachteten Unternehmensbereich des Kunden keine Einzahlungen zugerechnet werden können, kommt es zu einem reinen Auszahlungsvergleichskalkül. In diesem Fall werden häufig Leistungsunterschiede durch eine Bewertung in den Vergleich einbezogen. Unterschiede in der „first-run-o.k.-rate“ (FROM) im Fall der Lackhersteller können etwa über höhere Auszahlungen im Bereich der Nachlakkierung einbezogen werden.

Abb. 5-7 verdeutlicht für das Beispiel einer Flurförderzeug-Flotte den quantitativen Teil des zu erstellenden Business Plans. Die Ausgestaltung des Business Plans erfolgte dabei in Anlehnung an einen realen Fall eines Nachfragers in England. Die Bereiche, in denen der Performance Contracting-Anbieter Verbesserungen erzielen konnte, und das Ausmaß der erzielten Verbesserungen entsprechen diesem Fall.[462] Der Vergleich erfolgt –

---

459 Zu den dynamischen Methoden der Investitionsrechnung gehören neben der Kapitalwertmethode die Annuitätenmethode, die Methode des internen Zinsfußes sowie der vollständige Finanzplan. Vgl. *Adam, D.*, Investitionscontrolling, 3. Aufl., München et al. 2000, S. 118. Zu den Vorteilen und Nachteilen der einzelnen Verfahren vgl. *Adam, D.*, Investitionscontrolling, 3. Aufl., München et al. 2000, S. 118ff.; *Seicht, G.*, Investition und Finanzierung, 10. Aufl., Wien 2001, S. 80ff./106ff.

460 Vgl. z.B. *Adam, D.*, Investitionscontrolling, 3. Aufl., München et al. 2000, S. 119; *Seicht, G.*, Investition und Finanzierung, 10. Aufl., Wien 2001, S. 80ff.; *Schneider, D.*, Investition, Finanzierung und Besteuerung, 7. Aufl., Wiesbaden 1992, S. 77ff.; *Diederichs, C. J.*, Wirtschaftlichkeitsberechnungen und Nutzen-Kosten-Untersuchungen: Grundlagen und Anwendungen bei bauwirtschaftlichen Investitionsentscheidungen, Sindelfingen 1985, S. 52.

461 Vgl. z.B. *Adam, D.*, Investitionscontrolling, 3. Aufl., München et al. 2000, S. 120; *Schneider, D.*, Investition, Finanzierung und Besteuerung, 7. Aufl., Wiesbaden 1992, S. 77.

462 Vgl. Gesprächsprotokoll Linde AG, S. 8.

wie auch im tatsächlichen Vermarktungsfall – über einen 5-Jahres-Zeitraum (Lebenszyklus).

Kenngröße	2000	2001	2002	2003	2004	2005
Auszahlungen bei Beibehaltung der bisherigen Lösung (in Euro)						
Wartung		-630.000	-648.900	-668.367	-688.418	-709.070
Werkstatt-Techniker		-126.000	-126.000	-131.040	-131.040	-131.040
Batterieersatz		-40.000	-41.200	-42.436	-43.709	-45.020
Reifen		-18.000	-18.540	-19.096	-19.669	-20.259
Kraftstoff		-122.000	-125.660	-129.430	-133.313	-137.312
Fahrer		-12.936.000	-12.936.000	-13.453.440	-13.453.440	-13.453.440
Unfallschäden		-38.000	-39.140	-40.314	-41.524	-42.769
Verwaltung		-32.000	-32.192	-33.414	-33.617	-33.827
Kurzfristmiete		-115.000	-118.450	-122.004	-125.664	-129.434
Ersatzinvestitionen		-272.000	-175.000	-189.000	-280.000	-256.000
Gesamte Auszahlungen pro Periode		-14.329.000	-14.261.082	-14.828.541	-14.950.394	-14.958.171
Barwerte (i=0,1)		-13.026.364	-11.786.018	-11.140.902	-10.211.320	-9.287.847
Summe der Barwerte	**-55.452.451**					
Einzahlungen bei Rental (in Euro)						
Übernahme der vorhandenen Flotte durch den Performance Contracting-Anbieter	480.000					
Auszahlungen bei Rental (in Euro)						
Rental-Rate		-1.514.000	-1.514.000	-1.514.000	-1.514.000	-1.514.000
Kraftstoff		-90.000	-92.700	-95.481	-98.345	-101.296
Fahrer		-10.318.000	-10.318.000	-10.730.720	-10.730.720	-10.730.720
Umfallschäden		-34.000	-35.020	-36.071	-37.153	-38.267
Verwaltung		-8.000	-8.048	-8.353	-8.404	-8.457
Gesamte Auszahlungen pro Periode		-11.964.000	-11.967.768	-12.384.625	-12.388.622	-12.392.740
Barwerte (i=0,1)	480.000	-10.876.364	-9.890.717	-9.304.752	-8.461.596	-7.694.917
Summe der Barwerte	**-45.748.346**					

Abb. 5-7: Business Plan für das Beispiel einer Flurförderzeugflotte[463]

463 Anmerkungen zum Beispiel: Der Vergleich der Alternativen erfolgt zum Betrachtungszeitpunkt t=0 (Ende des Jahres 2000). Als Kalkulationszinssatz wurde in diesem Fall ein Wert von i=0,1 (10 Prozent) angesetzt. Die Diskussion der Ermittlung des richtigen Kalkulationszinssatzes soll an dieser Stelle nicht thematisiert werden. Hierzu wird auf die Literatur zur Investitionsrechnung verwiesen. Vgl.. z.B. *Seicht, G.*, Investition und Finanzierung, 10. Aufl., Wien 2001, S. 159ff.; *Adam, D.*, Investitionscontrolling, 3. Aufl., München et al. 2000, S. 77ff. Bei den Zahlungsreihen für die Positionen Wartung, Batterieersatz, Reifen, Kraftstoff, Unfallschäden und Kurzfristmiete wurde eine dreiprozentige Preissteigerung berücksichtigt. Die Zahlungsreihen für die Positionen Werkstatt-Techniker und Fahrer beinhalten eine vierprozentige Lohnsteigerung ab dem Jahr 2003. Die Auszahlungen im

Es zeigt sich, daß durch eine Performance Contracting-Lösung in Form des Leistungsverkaufs erhebliche Einsparungen über den betrachteten 5-Jahres-Zeitraum erzielt werden konnten. Die Vorteilhaftigkeit der Performance Contracting-Lösung für den Betrieb der Flurförderzeugflotte ergibt sich in diesem Fall u.a. dadurch, daß der Performance Contracting-Anbieter im Rahmen der Analyse der Kundensituation ermitteln konnte, daß durch den Einsatz neuer und anderer Flurförderzeuge die Anzahl der notwendigen Flurförderzeuge reduziert und so auch zusätzlich Einsparungen beim Bedienpersonal erzielt werden konnten. Zudem konnten beim Kunden drei Werkstattmitarbeiter entfallen und in diesem Bereich tatsächlich abgebaut werden.

Im Rahmen des Vergleichs von Performance Contracting-Konzepten mit herkömmlichen Lösungen ist zudem zu prüfen, ob Steuerunterschiede einzubeziehen sind. Die Nichtberücksichtigung von Steuereffekten kann bei Outsourcingfragestellungen zu Fehlentscheidungen führen.[464] Zu berücksichtigen ist etwa, daß Leasing-/Contract-Hire-Raten im Jahr ihrer Aufwendung als Betriebsaugaben voll abzugsfähig sind.[465]

Abb. 5-8 zeigt den Vergleich zwischen dem Kauf zweier Flurförderzeuge und der Performance Contracting-Form des Leistungsverkaufs (Rental). Der Vergleich wurde vom Performance Contracting-Anbieter anhand von Barwerten für einen Nutzungszeitraum

---

Bereich der Verwaltung bestehen zu 80 Prozent aus Personalauszahlungen und zu 20 Prozent aus Auzahlungen für Materialien (EDV-Ausstattung etc.). Die Lohnsteigerung und die allgemeine Preissteigerung wurden gemäß dieser Verteilung berücksichtigt. Die Rentalrate bleibt über den betrachteten 5-Jahres-Zeitraum konstant. Die Auszahlungen für Ersatzinvestitionen im Fall der weiteren Eigenerstellung der Leistung variieren gemäß der Altersstruktur der Flurförderzeugflotte (unter Berücksichtigung der Zusammensetzung der Flurförderzeugflotte und der daraus resultierenden unterschiedlich hohen Auszahlungen für Ersatzinvestitionen). Der Kunde erzielt bei der Performance Contracting-Lösung des weiteren eine Einzahlung durch die Übernahme der vorhandenen Flotte durch den Performance Contracting-Anbieter in t=0. Dem steht gegenüber, daß sich bei einer Eigenerstellung die Fahrzeuge auch weiterhin im Besitz des Kunden befinden, so daß hierfür im Rahmen des Vergleichs ein Verkaufserlös am Ende des Betrachtungszeitraum angesetzt werden kann, was eine Annahme über den zu diesem Zeitpukt noch erzielbaren Restwert der Flotte erfordern würde. Der geringe Wert der Flotte bereits zum Entscheidungszeitpunkt (480.000 Euro) verdeutlicht aber, daß hierdurch das Ergebnis des Vorteilhaftigkeitsvergleichs nicht verändert wird.

464 Vgl. z.B. *Bongard, S.*, Outsourcing-Entscheidungen in der Informationsverarbeitung: Entwicklung eines computergestützten Portfolio-Instrumentariums, Wiesbaden 1994, S. 186f.

465 Vgl. *Kimmel, G.,* Finanzwirtschaftliche Beratungsleistungen der KFZ-Hersteller: alternative KFZ-Finanzierungsformen aus der Sicht des Kunden, Idstein 1993, S. 119; *Rainfurth, C.*, Nutzungsintensivierung von Produkten durch Dienstleistung, Miete, Leasing und Parallelwirtschaft, in: *Fleig, J.*, Zukunftsfähige Kreislaufwirtschaft: mit Nutzenverkauf, Langlebigkeit und Aufarbeitung ökonomisch und ökologisch wirtschaften, Stuttgart 2000, S. 214.

von fünf Jahren zum Betrachtungszeitpunkt t=0 vorgenommen. Die Analyse gibt die tatsächliche Situation in Deutschland unter Berücksichtigung der steuerlichen Rahmenbedingungen wieder.

RENTAL contra KAUF				
VERGLEICH		**KAUF**		**RENTAL**
INVESTITIONSSUMME	€	-76.500	€	-
STEUERLICHER VORTEIL AUS ABSCHREIBUNG	€	19.750	€	-
REPARATURKOSTEN NACH AUFWAND (ohne Unfall- u. Gewaltschäden)	€	-50.032	€	-
STEUERLICHER VORTEIL AUS REPARATURKOSTEN	€	22.877	€	-
RESTWERT	€	4.750		
RENTALRATEN	€	-	€	-117.219
STEUERLICHER VORTEIL BEI RENTAL	€	-	€	49.250
GESAMTKOSTEN	€	-79.155	€	-67.969
ERSPARNIS			€	**11.186**
NOTWENDIGER VERKAUFSERLÖS DER GEBRAUCHTFAHRZEUGE AM ENDE DER LAUFZEIT, UM KAUF UND RENTAL GLEICH ZU HALTEN			€	**25.665**
IN PROZENT VOM ANSCHAFFUNGSPREIS				**33,55%**

Abb. 5-8: Flurförderzeuge: Rental contra Kauf[466]

Das Beispiel enthält darüber hinaus eine zusätzliche Auswertung zur Demonstration der Vorteilhaftigkeit der Performance Contracting-Lösung. Angegeben wird der vom Kunden zu erzielende Gebrauchtmaschinenpreis, der notwendig ist, um die Vorteilhaftigkeit des Performance Contracting auszugleichen. Dieser liegt mit 33,55 Prozent des Anschaffungspreises deutlich über dem (dem Performance Contracting-Angebot) zugrunde gelegten und als realistisch eingeschätzten Wiederverkaufspreis von 10 Prozent.[467] Der Vergleich beruht auf der Annahme, daß nach 5 Jahren die beiden Flurförderzeuge vom

466 Vgl. Gesprächsprotokoll Linde AG, S. 7f. Vom Performance Contracting-Anbieter wurde dabei im Hinblick auf den steuerlichen Vorteil aus Abschreibung und aus Reparaturkosten angenommen, daß mit 6 Monaten Versatz zum Geschäftsjahresende der steuerliche Vorteil der linearen Abschreibung von 14,29 Prozent zuzüglich der aufgetretenen Reparaturkosten in Höhe des Steuersatzes von 50 Prozent geltend gemacht wird. Im Hinblick auf den steuerlichen Vorteil bei Rental wurde angenommen, daß mit 6 Monaten Versatz zum Geschäftsjahresende der steuerliche Vorteil der Rentalzahlung in Höhe des Steuersatzes von 50 Prozent geltend gemacht wird, wobei von einer 6 monatigen Dauer bis das Finanzamt die Rückerstattung tätigt ausgegangen wurde. Vgl. Unterlagen der Linde AG im Anhang.

467 Notwendiger Verkaufserlös am Ende der Laufzeit: (11.186 [Ersparnis]+ 4.750 [angesetzter realistischer Restwert])*$1{,}1^5$=25.665

Kunden verkauft werden. Dadurch wird die Vergleichbarkeit der Leistungsseite sichergestellt, da bei der Performance Contracting-Lösung nach 5 Jahren ein Austausch der Fahrzeuge erfolgt.

Die Verwendung von computerbasierten Kalkulationsprogrammen ermöglicht es, die Abhängigkeit des Bewertungsergebnisses von einzelnen Einflußfaktoren im Vergleich zu einer Einzelfallkalkulation „per Hand" mit wenig Aufwand aufzuzeigen. Im Rahmen solcher **Sensitivitätsanalysen**[468] können Einflußgrößen wie der erzielbare Gebrauchtmaschinenpreis, Kostensteigerungen oder Auslastungsänderungen analysiert werden.

Mit Hilfe derartiger Analysen kann der Anbieter auch den grundsätzlichen Performance Contracting-Vorteil der Risikoübernahme transparent machen. Im Bereich der Chemikalien-Hersteller[469] können z.B. durch Unfälle bei der Chemikalien-Handhabung erhebliche Umweltschäden und somit Auszahlungen verursacht werden.[470] Bei Performance Contracting-Lösungen wird dieses Risiko auf den Anbieter übertragen. Die Vorteilhaftigkeit einer Performance Contracting-Lösung kann abhängig von der Berücksichtigung dieses Einflußfaktors erheblich schwanken. Dies kann durch Sensitivitätsanalysen verdeutlicht werden.

Grundsätzlich ist bei der Wirtschaftlichkeitsanalyse zu beachten, daß Aufgabenfelder, die in den Vergleich einbezogen werden (da sie Bestandteile einer Performance Contracting-Lösung sind), auch tatsächlich beim Kunden abbaubar sind. Dies betrifft etwa Verwaltungsaufgaben oder Werkstätten, die durch Performance Contracting-Lösungen entfallen können. Für eine erfolgreiche Realisierung von Performance Contracting-Lösungen müssen an dieser Stelle zwei Voraussetzungen erfüllt sein. Zum einen muß der Nachfrager eine Bereitschaft mitbringen, die betroffenen Stellen, wie beispielsweise Arbeitsplätze in der Verwaltung, abzubauen und diese Bereiche damit als entscheidungsrelevant zu betrachten. Dies kann beispielsweise durch die Versetzung von Mitar-

---

468 Zum Begriff der Sensitivitätsanalyse vgl. *Kruschwitz, L.*, Wirtschaftlichkeitsrechnung als Grundlage industrieller Beschaffungsentscheidungen, in: *Kleinaltenkamp, M./Plinke, W.* (Hrsg.), Technischer Vertrieb: Grundlagen des Business-to-Business Marketing, 2. Aufl., Berlin et al. 2000, S. 499.

469 Zum Beispiel der Chemikalien-Hersteller vgl. auch Abschnitt 3.2.3.

470 Vgl. Gesprächsprotokoll SafeChem Umwelt Service GmbH, S. 3f.; Gesprächsprotokoll DOW Europe GmbH, S. 1.

beitern im Unternehmen des Nachfragers geschehen. Andererseits muß der Performance Contracting-Anbieter bereit sein, den Kunden beim Abbau dieser Auszahlungspositionen zu unterstützen. Dies kann durch die Übernahme von Mitarbeitern (z.B. Werkstattmitarbeitern) und gegebenenfalls eine Umschulung oder Weiterbildung der Mitarbeiter erfolgen.

5.2.2.2.2 Qualitative Analyse

Den Kern des Business Plans bei der Vermarktung von Performance Contracting-Angeboten stellt die Wirtschaftlichkeitsberechnung dar. Darüber hinaus besitzen aber auch qualitative Kriterien eine hohe Bedeutung für eine erfolgreiche Vermarktung des Performance Contracting-Konzepts. Die Business Pläne müssen auch diese Kriterien berücksichtigen.[471]

Ein Beispiel für qualitative bzw. nur schwer quantifizierbare Größen sind die Flexibilitätsvorteile des Performance Contracting sowohl bei Konjunkturabschwüngen als auch bei einer schnellen Expansion des Kundenunternehmens.[472] Weitere qualitative Kriterien stellen Bilanzeffekte, Konsequenzen für das Unternehmens-know-how oder die Möglichkeit für den Anbieter dar, frei werdende Ressourcen für seine Kernkompetenzen zu nutzen.

Auch branchenspezifische Überlegungen können eine Rolle spielen. Im Fall der Chemikalien-Hersteller[473] kommt dem Umweltschutz und dem diesbezüglichen Image der Kundenunternehmen eine hohe Bedeutung zu. Performance Contracting-Lösungen bieten hier den Kunden den Vorteil, Verantwortung für den Umweltschutz auf den Anbie-

---

471 Zur grundsätzlichen hohen Bedeutung von qualitativen Kriterien bei der Business-Plan Gestaltung vgl. z.B. *Rich, S. R./Gumpert, D. E.*, How to write a winning business plan, in: HBR, No. 3, May-June, 1985, S. 156ff.; *Hofmeister, R.*, Business Plan – Erfolgreiches Umsetzen von Geschäftsideen, Wien 1996, S. 93ff.; *Hellwig, A.*, Business Initiative – Der Geschäftsplan: Geplant zum großen Geld, in: IT-Business Magazin, Heft 11, 1999, S. 101; *Bissig, F.-P./Schwander, P.*, Der Business Plan, in: Der Organisator, Heft 6, 1996, S. 10.

472 Vgl. z.B. *Kulick, B.*, Kostenreduzierung beim Einsatz von Flurförderzeugen, in: Reihe VDMA-Entscheidungshilfen, Heft „Vom Lieferanten zum Wertschöpfungspartner – Dienstleistung im Maschinenbau", 2000, S. 18.

473 Vgl. Abschnitt 3.2.3.

ter übertragen zu können und einen Spezialisten zur Berücksichtigung des Umweltschutzaspekts eingesetzt zu haben.

Insgesamt hängt die Bedeutung der qualitativen Analyse für die Business-Plan Gestaltung wesentlich von den Motiven des Nachfragers ab, die zu einem Interesse an einer Outsourcing-Lösung bzw. Performance Contracting-Lösung geführt haben. Je größer die Bedeutung qualitativer Kriterien ist, desto stärker ist dieser Analyseteil vom Performance Contracting-Anbieter in den Vordergrund zu stellen. Im Rahmen der Analyse der individuellen Kundensituation ist somit neben der Ermittlung quantitativer Informationen auch eine Analyse der Motive des Kunden erforderlich.

5.2.2.2.3 Gestaltung des Business Plans

Im Rahmen des abschließenden Prozeßschritts der Business Plan-Vermarktung steht die letztliche Ausgestaltung des Business Plans im Mittelpunkt. Der Business Plan spiegelt dabei die Gesamtheit der Überlegungen zum Kundenproblem wider.

Er beinhaltet damit zum einen die **Ergebnisse der qualitativen und der quantitativen Analyse** für den betrachteten Kunden. Hierauf aufbauend ist der konkrete **Problemlösungsvorschlag** inhaltlich darzulegen. Bei der Gestaltung des Problemlösungsvorschlags sind vom Performance Contracting-Anbieter nicht nur die Anforderungen aus der Analyse der Kundensituation, sondern auch die Bedürfnisse auf Anbieterseite zu berücksichtigen. Für den Performance Contracting-Anbieter besteht die Gefahr einer Abhängigkeit vom Kunden, da er zur Amortisation seiner Investition auf die Realisierung einer ausreichenden Zahl an Transaktionen angewiesen ist. Je höher die Quasirente ist, desto mehr hängt auf Anbieterseite von der Fortsetzung der Transaktionskette mit dem Kunden ab.[474] Im Rahmen der Gestaltung des Problemlösungsvorschlags und der darauf aufbauenden Verträge ist die im jeweiligen Fall vorliegende Quasirente abzusichern und/oder zu begrenzen. Diese Absicherungsnotwendigkeit ist bereits bei der Gestaltung des Business Plans inhaltlich zu bedenken, da der mit dem Business Plan unterbreitete Problemlösungsvorschlag bei der Vertragsgestaltung inhaltlich nicht verändert

---

474 Vgl. Abschnitt 2.4.3.

werden kann, da ansonsten die Basis, aufgrund derer sich der Nachfrager entscheidet, nachträglich verändert würde.

Eine Absicherung oder Begrenzung der Abhängigkeit kann durch eine entsprechende Ausgestaltung der Variationsparameter des Performance Contracting erfolgen.[475] Eine Absicherung kann einerseits durch die Ausgestaltung des Variationsparameters „Laufzeit der Performance Contracting-Vereinbarung“ vorgenommen werden. Je langfristiger die Vereinbarung geschlossen wird, desto größer ist der abgesicherte Teil der Quasirente.[476] Die Anwendung dieses Parameters und der hieraus resultierende Unterschied zum traditionellen Geschäftsmodell kann am Beispiel der Lack-Hersteller aufgezeigt werden. Im bisherigen Geschäftsmodell (Verkauf von Lacken in bestimmten Mengen) bestehen sehr kurze Kündigungsfristen, wobei häufig sogar eine tägliche Kündigung möglich ist. Performance Contracting-Vereinbarungen im Sinne des Leistungsergebnisverkaufs besitzen hingegen eine mehrjährige Laufzeit.[477] Die spezifischen Investitionen des Performance Contracting-Anbieters und die hieraus resultierende Quasirente werden so abgesichert.

Eine Anwendung von Ausstiegsklauseln (Variationsparameter „Flexibilität der Performance Contracting-Vereinbarung“) sollte zudem aus Anbieterperspektive nur bei einem geringen Spezifitätsgrad der eingesetzten Produkte erfolgen. Ansonsten kann eine erhebliche Quasirente bei einer Unterbrechung der Transaktionskette verloren gehen bzw. vom Nachfrager im Rahmen von Nachverhandlungen durch die Drohung einer Unterbrechung der Kette enteignet werden.[478]

Eine Reduktion der spezifischen Investition des Anbieters und damit eine Begrenzung der Abhängigkeit kann durch den Variationsparameter „Eigentumsübergang“ erfolgen.

---

475 Vgl. Abschnitt 2.3.2.3.

476 Zu beachten ist, daß durch derartige Maßnahmen aus der Perspektive des Kunden eine Beschränkung des Flexibilitätsvorteils erfolgt (zum Flexibilitäsvorteil des Performance Contracting-Konzepts für Kunden vgl. Abschnitt 2.4.1). Im Rahmen der Verhandlungen von Anbieter und Nachfrager ist somit dieser Interessengegensatz – etwa durch einen Kompromiß bei der Festlegung der Vertragslaufzeit – zu berücksichtigen.

477 Vgl. Gesprächsprotokoll BASF Coatings AG, S. 4.

478 Vgl. z.B. *Bonus, H./Weiland, R.*, Die Welt der Institutionen, in: *Dieckheuer, G.* (Hrsg.), Beiträge zur angewandten Mikroökonomik: Jochen Schumann zum 65. Geburtstag, Berlin et al. 1995, S. 42.

Hier besteht die Möglichkeit einer gemeinsamen Besitzerschaft durch Anbieter und Nachfrager. *Klein/Crawford/Alchian* verweisen beispielsweise auf diese Möglichkeit für den Fall der Pressen in der Automobilindustrie.[479] In der betrachteten LKW-Branche wird etwa zur Zeit die Möglichkeit diskutiert, gemeinsame Betreibergesellschaften von Anbieter und Kunde einzusetzen.[480] Ein Teil der notwendigen Investitionen wird dadurch zwar auf den Kunden übertragen bzw. beim Kunden belassen, es entsteht aber gleichzeitig ein Partnerkonzept.

Aus der Anbieterperspektive – und ebenso aus der Nachfragerperspektive – gilt grundsätzlich, daß der vertragliche Absicherungbedarf geringer ist, wenn auf beiden Seiten die Abhängigkeit so groß ist, daß eine Beendigung der Geschäftsbeziehung gleich schwer wiegt.[481] Die Analyse der Abhängigkeitseffekte hat gezeigt, daß sowohl auf der Anbieter-, als auch der Nachfragerseite mit zunehmendem Problemlösungsumfang tendenziell die Abhängigkeit steigt.[482] Eine generelle Beurteilung des Ausmaßes der Abhängigkeit auf beiden Seiten ist allerdings nicht möglich, da diese von den jeweiligen Rahmenbedingungen eines konkreten Vermarktungsfalls abhängt. Dies läßt sich am Beispiel des Leistungs- oder Leistungsergebnisverkaufs des Pressenherstellers verdeutlichen. Das Ausmaß seiner Quasirente hängt vom Spezifitätsgrad des Produkts für einen Kunden ab und von der Notwendigkeit, für diesen spezifische Humankapitalinvestitionen zu tätigen. Auf der Nachfragerseite kann differieren, ob alternative Anbieter für einen Anwendungsfall vorhanden sind. Ebenso ist zu fragen, inwiefern vom Nachfrager spezifisches Know-how auf den Anbieter übertragen wird und beim Nachfrager verloren geht. Der Absicherungsbedarf auf der Nachfrager- und Anbieterseite ergibt sich somit fallspezifisch.

Eine Absicherung spezifischer Investitionen auf Nachfragerseite besteht grundsätzlich dadurch, daß dem Kunden der Eintritt der Vorteilhaftigkeit der Problemlösung Performance Contracting für die Laufzeit der Vereinbarung durch die feste Preisvereinbarung

---

479 Vgl. *Klein, B./Crawford, R. G./Alchian, A. A.*, Vertical Integration, Appropriable Rents, and the Competitive Contracting Process, in: The Journal of Law and Economics, No. 2, 1978, S. 308.

480 Vgl. Gesprächsprotokoll DaimlerChrysler AG, S. 1.

481 Vgl. *Backhaus, K.*, Industriegütermarketing, 6. Aufl., München 1999, S. 727f.

482 Vgl. Abschnitt 2.4.3.

garantiert wird. Nachträgliche Preiserhöhungen durch den Performance Contracting-Anbieter sind so nicht möglich.

Sollen darüber hinaus Regelungen über die Aufteilung potenzieller zukünftiger Effizienzsteigerungen getroffen werden, sind diese im Business Plan zu konkretisieren. Ein Beispiel hierfür stellt die Vereinbarung zwischen DaimlerChrysler Services Fleet Management und der Siemens Tochter STS dar, die eine Aufteilung der über das Vereinbarte hinausgehenden Auszahlungseinsparungen (z.B. durch eine Senkung des Flottenverbrauchs) zwischen dem Anbieter und dem Nachfrager vorsieht.[483]

Ein weiteres Beispiel ist die vom Lack-Hersteller BASF Coatings AG angewendete Bonus-/Malusregelung. Die Regelung bezieht sich auf die Auszahlungen für das Lackmaterial pro Karosserie und läßt den Kunden an zukünftigen Einsparungen partizipieren. Die vom Anbieter erzielten Einsparungen werden hierbei über die Reduktion des vereinbarten Preises pro Karosserie schrittweise auf den Kunden übertragen.[484]

5.2.3 Fazit

Es hat sich gezeigt, daß die Kunden – aufgrund der Dominanz von Erfahrungseigenschaften – Performance Contracting-Angebote bzw. deren Qualität nur mit großer Unsicherheit vorab beurteilen können. Der Schaffung von Referenzen und Vertrauen in den Anbieter kommt daher eine wesentliche Rolle im Hinblick auf die Anbahnung einer Performance Contracting-Geschäftsbeziehung zu. Diese Aspekte sind auch wesentliche Bestandteile der Kommunikationspolitik. Performance Contracting-Angebote verlangen dabei aufgrund ihrer Neuartigkeit generell eine erweiterte Kommunikationspolitik, so daß hier für Industriegüterhersteller neue Anforderungen entstehen.

Eine grundsätzlich neue Anforderung stellt auch die Vermarktung von Business Plänen dar. Die Probleme der Nachfrager bei der Beurteilung der Vorteilhaftigkeit des Perfor-

---

483 Vgl. wysiwyg://35/http://www.debiscarfleet.de/aktuelles/meinung.htm, v. 11.05.01.

484 Hierbei wird etwa in einem Fall die Einsparung eines Jahres hälftig über die Reduktion des vereinbarten Preises für das nächste Jahr an den Kunden weitergegeben. Vgl. Gesprächsprotokoll BASF Coatings AG, S. 6.

mance Contracting im Vergleich zu bisherigen Problemlösungen führen dazu, daß der Anbieter eine Analyse der individuellen Kundensituation durchführen muß. Der Anbieter ist hierdurch in der Lage, die Vorteilhaftigkeit seines Performance Contracting-Angebots darzulegen und schafft so die Voraussetzung für einen erfolgreichen Vermarktungsprozeß. Die Umsetzung dieser Vermarktungsstrategie kann sich allerdings als schwierig erweisen, da die Vermarktung von Business Plänen – und hierbei insbesondere die quantitative Analyse – ein entsprechendes Know-how des Anbieters verlangt und zudem ein hoher Aufwand durch Umfang und Individualität der Analysen entstehen kann. Hilfsmittel zur quantitativen Analyse stellen daher einen wichtigen Ansatzpunkt für Performance Contracting-Anbieter dar. Es zeigt sich, daß die Performance Contracting anbietenden Unternehmen Hilfsmittel zur quantitativen Analyse vielfach bereits besitzen.[485]

Insgesamt zeigt sich, daß auch im Bereich der Vermarktung durch Performance Contracting-Angebote neue und umfangreichere Anforderungen an Industriegüterhersteller entstehen. Das Performance Contracting-Konzept erfordert damit auch in diesem Bereich eine entsprechend langfristige Vorbereitung. Im Rahmen des Vermarktungsprozesses sind anschließend insbesondere entstehende Abhängigkeiten auf Nachfrager- und Anbieterseite zu berücksichtigen. Im Hinblick auf den Nachfrager muß dies bereits bei der Gestaltung der Kommunikationspolitik berücksichtigt werden, um so die Voraussetzungen für eine erfolgreiche Vermarktung zu schaffen. Spezifische Investitionen des Performance Contracting-Anbieters beschränken die Variationsmöglichkeiten und sind bei der Gestaltung der Problemlösungsvorschläge zu beachten. Die Absicherung der Quasirenten über die Vertragsdauer führt zu langfristigen Kundenbeziehungen. Hieraus ergeben sich wiederum Vorteile gegenüber dem traditionellen Geschäftsmodell. Im diskutierten Fall des Leistungsergebnisverkaufs der Lack-Hersteller besteht beispielsweise der Vorteil, daß der Kunde im Gegensatz zum traditionellen Geschäftsmodell über einen langen Zeitraum zum Erwerb des Kernprodukts Lacke gezwungen ist. Es kommt somit zu einer Absatzsicherung in Bezug auf das Kernprodukt.

---

[485] Vgl. Gesprächsprotokoll DaimlerChrysler AG, S. 4; Gesprächsprotokoll DaimlerChrysler Services Fleet Management GmbH, S. 5; Gesprächsprotokoll Deutsche Leasing AG, S. 3; Gesprächsprotokoll Linde AG, S. 7.

5.3 Management der Geschäftsbeziehung

5.3.1 Kontrolle der Geschäftsbeziehung

Der Charakter des Performance Contracting bedingt, daß eine längerfristige Geschäftsbeziehung begründet wird. Die erfolgreiche Gestaltung dieser Geschäftsbeziehung steht damit im Mittelpunkt.

Vom Anbieter ist einerseits ein **Projektcontrolling** zu installieren, um die effiziente Durchführung der Performance Contracting-Vereinbarung zu erreichen. Das Projektcontrolling muß die entstehenden Auszahlungen analysieren. Dies ist vor dem Hintergrund der übernommenen Risiken (Reparaturrisiko, Unfallrisiko, etc.) durch den Anbieter von besonderer Bedeutung. Die Auszahlungsentwicklung muß permanent verfolgt werden, um so z.B. den optimalen Ersatzzeitpunkt der eingesetzten Produkte bestimmen zu können.[486] Falls mit dem Kunden eine Vereinbarung zur Aufteilung zukünftiger Einsparungen getroffen wurde, muß der Anbieter zudem in der Lage sein, die Auszahlungen zu dokumentieren. Zur Erreichung einer effizienten Durchführung ist zudem ein **Prozeß der kontinuierlichen Verbesserung** zu implementieren, da hierdurch Einsparungspotenziale bei der Erstellung der Performance Contracting-Lösung zum Vorteil des Anbieters erschlossen werden können. Eine permanente Interaktion mit dem Kunden ist hierbei notwendig, um die Verbesserungspotenziale identifizieren und ausschöpfen zu können.

Für die Steuerung der Geschäftsbeziehung ist des weiteren eine Kontrolle der Qualität der erbrachten Leistung erforderlich. *Homburg/Garbe*[487] weisen auf die Problematik einer Messung der Qualität bei Dienstleistungen hin. Diese liegt darin begründet, daß sich die Dienstleistungsqualität im Gegensatz zur Produktqualität weitgehend einer objektiven Messung entzieht. Die Autoren stellen in diesem Zusammenhang heraus, daß eine hohe Qualität der Dienstleistung bedeutet, die Erwartungen des Kunden an die

---

[486] Zu den Anforderungen an das Controlling-System vgl. auch Abschnitt 4.2.2.2.3.

[487] Vgl. im Folgenden *Homburg, C./Garbe, B.*, Gestaltung und Management industrieller Dienstleistungen, in: *Belz, C.* (Hrsg.), Kompetenz für Marketing-Innovationen (Schrift 2): Leistungs- und Kundensysteme, St. Gallen 1997, S. 50f.

Dienstleistung zu erfüllen bzw. zu übertreffen und die **Messung der Dienstleistungsqualität** somit aus Kundensicht zu erfolgen hat und dementsprechend immer subjektiv ist.[488] Als geeignetestes Instrument zur Erfassung der Qualität der Leistung bei investiven Dienstleistungen ist nach *Homburg/Garbe* die Messung der Kundenzufriedenheit anzusehen.[489] Kundenzufriedenheit stellt dabei das Ergebnis eines komplexen Vergleichsprozesses dar, bei dem die Kunden die subjektiven Erfahrungen, die mit der Inanspruchnahme der Dienstleistung verbunden waren mit ihren Erwartungen, Ziele oder Normen, die in Bezug auf die Leistung des Anbieters bestehen, vergleichen.[490] Als wesentliche Anforderungen an Kundenzufriedenheitsmessungen identifizieren *Homburg/Garbe* dabei eine regelmäßige Durchführung von Kundenzufriedenheitsanalysen, eine Differenzierung nach Funktionsbereichen der Befragten sowie eine Verankerung der Kundenzufriedenheit im Controlling-System.[491]

Die Kontrolle der Kundenzufriedenheit ist auch vor dem Hintergrund des Ziels einer Fortführung der Geschäftsbeziehung über den getätigten Geschäftsabschluß hinaus von großer Bedeutung. Die Analyse hat gezeigt, daß Performance Contracting-Angebote durch Erfahrungseigenschaften charakterisiert sind, d.h. erst nach der Leistungserstellung vom Kunden beurteilt werden können.[492] Der Kunde steht daher bei der Vergabe eines Folgeauftrags vor dem Problem, daß er zur Anbieterbeurteilung auf Erfahrungen zurückgreifen muß. Der bisherige Anbieter besitzt damit gegenüber Konkurrenten den

---

488 Vgl. *Homburg, C./Garbe, B.*, Gestaltung und Management industrieller Dienstleistungen, in: *Belz, C.* (Hrsg.), Kompetenz für Marketing-Innovationen (Schrift 2): Leistungs- und Kundensysteme, St. Gallen 1997, S. 50.

489 Vgl. *Homburg, C./Garbe, B.*, Gestaltung und Management industrieller Dienstleistungen, in: *Belz, C.* (Hrsg.), Kompetenz für Marketing-Innovationen (Schrift 2): Leistungs- und Kundensysteme, St. Gallen 1997, S. 50. Auch *Stahel* weist für Performance Contracting-Angebote darauf hin, daß die Qualität der Leistung anhand der Kundenzufriedenheit zu messen ist. Vgl. *Stahel, W. R..*, Innovation für Nachhaltigkeit braucht Langsamkeit, in: *Backhaus, K./Bonus,H.* (Hrsg.), Die Beschleunigungsfalle oder der Triumph der Schildkröte, Stuttgart 1998, S. 177.

490 Vgl. *Meffert, H./Bruhn, M.*, Dienstleistungsmarketing: Grundlagen – Konzepte – Methoden, 3. Aufl., Wiesbaden 2000, S. 156; *Bauer, M.*, Kundenzufriedenheit in industriellen Geschäftsbeziehungen: kritische Ereignisse, nichtlineare Zufriedenheitsbildung und Zufriedenheitsdynamik, Wiesbaden 2000, S. 16.

491 Vgl. *Homburg, C./Garbe, B.*, Gestaltung und Management industrieller Dienstleistungen, in: *Belz, C.* (Hrsg.), Kompetenz für Marketing-Innovationen (Schrift 2): Leistungs- und Kundensysteme, St. Gallen 1997, S. 51; *Reinecke, S.*, Marketing für komplexe Informationstechnologie-Dienstleistungen: Management von IT-Outsourcing-Kooperationen aus Anbietersicht, St. Gallen 1996, S. 214f.

492 Vgl. Abschnitt 5.2.1.

grundsätzlichen Vorteil, daß seine Leistung vom Nachfrager besser beurteilt werden kann. Gelingt es dem Performance Contracting-Anbieter, eine zufriedenstellende Geschäftsbeziehung[493] mit dem Kunden sicherzusstellen, besteht daher eine hohe Wahrscheinlichkeit, daß die Geschäftsbeziehung über den getätigten Geschäftsabschluß hinaus weiter fortgeführt wird und nicht ein konkurrierendes Unternehmen den Folgeauftrag erhält.[494] Die nachfragerseitige Zufriedenheit entfaltet somit eine Bindungswirkung. Vor diesem Hintergrund wird die zentrale Stellung der Kontrolle der Kundenzufriedenheit – als wichtiger Gradmesser für die Qualität der Erfahrungen – beim Management der Geschäftsbeziehung deutlich.

5.3.2 Ausbau der Geschäftsbeziehung

Aus der Perspektive eines Performance Contracting-Anbieters stellt sich die Frage, wie durch ein aktives Management der Geschäftsbeziehung ein Ausbau dieser Beziehung über den bestehenden Geschäftsabschluß hinaus realisiert werden kann.

Die Analyse hat gezeigt, daß der Anbieter insbesondere durch die Schaffung von Kundenzufriedenheit die Wahrscheinlichkeit für eine **Fortsetzung der getroffenen Vereinbarung** verbessern kann. Der Anbieter besitzt gegenüber Konkurrenzunternehmen zudem den Vorteil, daß ihm der Zeitpunkt des Ablaufs des aktuellen Performance Con-

---

493 In der Zufriedenheitsforschung hat das Confirmation/Disconfirmation (C/D)-Paradigma auf konzeptioneller Ebene die größte Verbreitung erfahren. Es geht von einem Vergleichprozeß zwischen dem vor einer Leistungsinanspruchnahme gebildeten Vergleichsstandard, der Soll-Koponente, mit dem wahrgenommenen Leistungsniveau, der Ist-Komponente, aus. Stimmen die beiden Komponenten überein, kommt es zu einer Bestätigung, andernfalls zur Nichtbestätigung. Das Übertreffen der Erwartungen (positive Nichtbestätigung) führt zu Zufriedenheit, wohingegen eine negative Nichtbestätigung zu Unzufriedenheit führt. Bei einer Übereinstimmung von Erwartungen und konkret wahrgenommenem Leistungsniveau kommt es nach dem C/D-Paradigma zu Zufriedenheit. Vgl. *Bauer, M.*, Kundenzufriedenheit in industriellen Geschäftsbeziehungen: kritische Ereignisse, nichtlineare Zufriedenheitsbildung und Zufriedenheitsdynamik, Wiesbaden 2000, S. 19; *Kaas, K./Runow, H.*, Wie befriedigend sind die Ergebnisse der Forschung zur Verbraucherzufriedenheit?, in: Die Betriebswirtschaft, H. 3, 1984, S. 453. Nicht unumstritten ist allerdings, ob bereits eine Bestätigung des Vergleichsmaßstabs zur Zufriedenheit führt. Vgl. *Brandt, D. R.*, How Service Marketers Can Identify Value-Enhancing Service Elements, in: Journal of Services Marketing, No. 3, 1988, S. 38f.; *Bauer, M.*, Kundenzufriedenheit in industriellen Geschäftsbeziehungen: kritische Ereignisse, nichtlineare Zufriedenheitsbildung und Zufriedenheitsdynamik, Wiesbaden 2000, S. 19/30.

494 *Beinlich* stellt fest, daß mit einem wachsenden Anteil an Erfahrungseigenschaften in der Gesamtcharakteristik einer Leistung auch die Bedeutung des Konstrukts Zufriedenheit steigt. Vgl. *Beinlich, G.*, Geschäftsbeziehungen zur Vermarktung von Systemtechnologien, Aachen 1998, S. 199.

tracts bekannt ist.[495] Ihm ist somit möglich, zeitlich deutlich vor Ablauf des Vertrags an den Kunden heranzutreten und über eine Vertragsverlängerung zu verhandeln.[496] Hierbei kann vom Hersteller das Angebot unterbreitet werden, Produkte zu einem früheren Zeitpunkt als vorgesehen durch neue Produkte zu ersetzen.[497] Der Anbieter kann so die Geschäftsbeziehung erheblich verlängern. Den Vorteil, mit einem Geschäftsabschluß das Wissen über den Zeitpunkt der Ersatzinvestition zu erhalten, besitzt ein Industriegüterhersteller im traditionellen Geschäftsmodell des Produktverkaufs nicht, so daß sich hieraus ein Vorteil des neuen Geschäftsmodells Performance Contracting gegenüber dem traditionellen Geschäftsmodell ergibt.

Für eine darüber hinausgehende **Ausweitung der Geschäftsbeziehung** ist bedeutend, daß der Anbieter bei Performance Contracting-Konzepten in permanentem Kontakt mit dem Kunden steht. Dem Anbieter bieten sich damit umfangreiche Möglichkeiten zur Realisierung von Cross-Selling-Potenzialen. Die Potenziale bestehen darin, daß eine bestehende Kunden- bzw. Geschäftsbeziehung mit dem Ziel der Umsatzsteigerung durch das Angebot weiterer Produkte des Unternehmens ausgedehnt wird. Persönliche Kundenkontakte werden hierbei als wichtiges Kriterium für die Beschaffung von Informationen über Cross-Selling-Potenziale betrachtet.[498]

Performance Contracting-Anbieter stehen entweder häufig (z.B. durch Wartungs- und Reparaturleistungen beim Leistungsverkauf) oder sogar permanent (z.B. durch eigenes Personal beim Leistungsergebnisverkauf) in Kontakt mit dem Kunden bzw. sind bei

---

495 Vgl. Gesprächsprotokoll Lansing Linde LTD, S. 4f.; Gesprächsprotokoll Deutsche Leasing AG, S. 2; Gesprächsprotokoll Paul Consulting GmbH & Co., S. 3.

496 *Rifkin* weist am Beispiel des Konsumguts „Automobil" darauf hin, daß Autohändler bei Leasingverträgen wissen, wann diese auslaufen und somit den richtigen Zeitpunkt absehen können, mit dem Kunden einen neuen Vertrag abzuschließen. Das Beispiel der Ford Motor Company zeigt zudem, daß fast 50 Prozent der Leasingnehmer wieder einen Ford wollen und die Kundentreue somit doppelt so hoch wie beim Verkaufsgeschäft ist. Vgl. *Rifkin, J.*, Access – Das Verschwinden des Eigentums, Frankfurt am Main 2000, S. 102.

497 Vgl. Gesprächsprotokoll Lansing Linde LTD, S. 4f.

498 Vgl. *Bergheimer, M.*, Cross-Selling, in: Marketing Journal, Heft 3, 1991, S. 227f.; *Backhaus, K.*, Industriegütermarketing, 6. Aufl., München 1999, S. 39; *Tomczak, T./Rudolf-Sipötz, E.*, Bestimmungsfaktoren des Kundenwerts: Ergebnisse einer branchenübergreifenden Studie, in: *Günter, B./Helm, S.* (Hrsg.), Kundenwert: Grundlagen – Innovative Konzepte – Praktische Umsetzungen, Wiesbaden 2001, S. 134; *Homburg, C./Schäfer, H.*, Cross-Selling: Aus der Kundenbeziehung mehr herausholen, in: HBM, Heft 6, 2000, S. 35ff.

diesem vor Ort. Hierdurch ergeben sich zahlreiche persönliche Kontakte zwischen den Mitarbeitern des Anbieters und des Kunden. Der Anbieter erlangt damit Wissen über die Entscheider im Kundenunternehmen und anstehende Investitionen des Kunden.[499] Der Performance Contracting-Anbieter besitzt zudem den Vorteil, daß der Kunde aufgrund seiner Erfahrungen mit der Performance Contracting-Lösung – bei einer zu seiner Zufriedenheit erbrachten Leistung – weiß, daß der Anbieter in der Lage ist, ein komplexes Problem zu lösen bzw. zu beherrschen. Dies stellt einen Vorteil des Anbieters im Hinblick auf die Erschließung von Cross-Selling-Potenzialen dar. Die Ausschöpfung dieser Möglichkeiten setzt jedoch die Initiative der Mitarbeiter des Performance Contracting-Anbieters voraus. Durch ein Anreizsystem ist daher sicherzustellen, daß die Mitarbeiter ihr Wissen nutzen, um auf weitere Geschäftsabschlüsse des eigenen Unternehmens hinzuwirken.

Eine besondere Situation liegt vor, wenn ein Kunde die Gesamtverantwortung für eine Flotte an Produkten abgeben will und ein Performance Contracting-Anbieter daher die bestehende Flotte eines Kunden übernimmt und anschließend im Rahmen einer Performance Contracting-Lösung dem Kunden wieder zur Verfügung stellt. Diese Flotten setzen sich häufig aus unterschiedlichen Fabrikaten zusammen. Für den Anbieter besteht dann die Möglichkeit, die Fremdfabrikate eine gewisse Zeit mitzubetreiben und dann sukzessive durch eigene Produkte zu ersetzen. Marktanteile von konkurrierenden Herstellern können so durch Performance Contracting-Lösungen akquiriert werden.[500]

5.3.3 Fazit

Es hat sich gezeigt, daß für eine Ausnutzung der Erfolgspotenziale des Geschäftsmodells Performance Contracting eine permanente Kontrolle der Auszahlungen und damit auch der Leistungsqualität erforderlich ist. Führt die Kontrolle der Kundenzufriedenheit – als Indikator für die Leistungsqualität – zu einer den Kunden zufriedenstellenden Geschäftsbeziehung, besteht ein großes Potenzial für eine Verlängerung und einen weiteren

499 Vgl. Gesprächsprotokoll Linde AG, S. 9; Gesprächsprotokoll Deutsche Leasing AG, S. 2; Gesprächsprotokoll DMG Vertriebs und Service GmbH, S. 3.

500 Vgl. Gesprächsprotokoll Linde AG, S. 4; Gesprächsprotokoll DaimlerChrysler Services Fleet Management GmbH, S. 4.

Ausbau dieser Geschäftsbeziehung. Diesbezüglich besitzt das neue Geschäftsmodell gegenüber dem traditionellen Geschäftsmodell deutliche Vorteile, da die Ersatzzeitpunkte von Investitionen bekannt sind und durch den intensiveren Kundenkontakt ein größeres Cross-Selling-Potenzial besteht.

6. Zusammenfassung

Ausgangspunkt der Untersuchung war die zunehmende Bedeutung, die Dienstleistungen auf Industriegütermärkten besitzen. Die Gründe für diese Entwicklung – wie etwa auf Nachfragerseite die steigende Komplexität der Produkte oder auf Anbieterseite eine Stagnation auf Sachleistungsmärkten – sind vielfältig. Die Industriegüterhersteller besitzen dabei verschiedene Möglichkeiten, auf die zunehmende Bedeutung einer Dienstleistungsorientierung zu reagieren. Mit dem Performance Contracting-Konzept wurde im Rahmen der vorliegenden Untersuchung eine besonders weitgehende Form der Umsetzung einer Dienstleistungsorientierung analysiert. Hierbei wird dem Kunden nicht mehr das Produkt verkauft, sondern nur noch die Leistung zur Nutzung zur Verfügung gestellt und der Kunde von allen Aufgaben zur Herstellung der Verfügbarkeit der Leistung entlastet.

Das Performance Contracting-Konzept wurde im **zweiten Kapitel** im Hinblick auf seine Auswirkungen auf das Geschäftsmodell eines Industriegüterherstellers untersucht, um die Konsequenzen und damit die strategische Bedeutung einer Entscheidung für dieses Konzept aufzuzeigen. Der Analyse wurde hierbei das Geschäftsmodellkonzept von *Ahlert/Backhaus/Meffert* zugrunde gelegt, welches die Entscheidungstatbestände in Verbindung mit der Entwicklung eines Geschäftsmodells auf die drei Dimensionen Nutzenstiftung, Erlösmodell und Architektur zurückführt. Von einem neuen Geschäftsmodell ist gemäß der Autoren dann zu sprechen, wenn zumindest zwei der drei Komponenten neu gestaltet werden.[501] Vor diesem Hintergrund hat sich gezeigt, daß die Entscheidung für das Performance Contracting-Konzept mit dem Eintritt in ein neues Geschäftsmodell verbunden ist. In Abgrenzung dazu verbleibt ein Hersteller durch die Entwicklung neuer produktbegleitender Dienstleistungen häufig im traditionellen Geschäftsmodell auf Industriegütermärkten, dem Verkauf von Produkten und produktbegleitenden Dienstleistungen.

---

501 Vgl. Abschnitt 2.1; *Ahlert, D./Backhaus, K./Meffert, H.*, Geschäftsmodelle im E-Business – Modethema oder mehr?, in: Absatzwirtschaft, Sondernummer zum Deutschen Marketing-Tag 2001, Oktober 2001, S. 32.

Die Analyse der Auswirkungen des Geschäftsmodells Performance Contracting auf die Marktparteienverhältnisse hat verdeutlicht, daß durch das neue Geschäftsmodell weitreichende Konsequenzen sowohl für den Nachfrager als auch den Anbieter entstehen. Auf Anbieterseite ist festzustellen, daß durch die veränderte Nutzenstiftung vom Industriegüterhersteller neue Leistungen und vor allem neue Risiken übernommen werden. Dies hat zur Folge, daß kein schleichender Eintritt in das neue Geschäftsmodell durch eine kontinuierliche Ausweitung des Angebots an produktbegleitenden Dienstleistungen erfolgen darf, sondern vielmehr eine explizite Eintrittsentscheidung zu treffen ist, die die weitreichenden Konsequenzen bedenkt. Eine Analyse der Literatur zum Industriegütermarketing zeigt allerdings auf, daß bisher noch keine grundlegende Untersuchung der relevanten Entscheidungskriterien für den Bereich des Performance Contracting vorgenommen wurde. Ebenso fehlt eine Analyse der für eine erfolgreiche Realisierung des neuen Geschäftsmodells zu beachtenden Fragestellung der Besonderheiten der Vermarktung von Performance Contracting-Angeboten.

Für einen Anbieter stellt sich grundsätzlich die Frage, unter welchen Bedingungen dem Kunden Performance Contracting-Angebote unterbreitet werden können. Die Analyse der Anwendungsbereiche des neuen Geschäftsmodells Performance Contracting in **Kapitel drei** hat dabei ergeben, daß ein Performance Contracting-Angebot nur in solchen Konstellationen sinnvoll ist, in denen der Nutzen, den der Kunde mit dem Produkt erzielen will, derivativer Art ist. Dies ist bei Industriegütern gegeben, da diese gekauft werden, um weitere Leistungen damit zu erstellen. Weiterhin wurde verdeutlicht, daß ein Angebot von Performance Contracting-Lösungen aus Anbieterperspektive grundsätzlich dann interessant ist, wenn ein geringer Anteil der Anschaffungskosten für das Produkt an den Lebenszykluskosten gegeben ist, da in diesem Fall durch Performance Contracting-Angebote erhebliche Umsatzsteigerungen realisiert und möglicherweise Gewinnpotenziale erschlossen werden können. Anhand der Betrachtung ausgewählter Branchen konnte zudem gezeigt werden, daß im durch diese beiden Kriterien aufgezeigten relevanten Bereich Anwendungsmöglichkeiten für das Geschäftsmodell Performance Contracting nicht nur bei Gebrauchsgütern, sondern auch bei Verbrauchsgütern bestehen und praktisch genutzt werden. Beide Grundformen des Performance Contracting – Leistungsverkauf und Leistungsergebnisverkauf – können zudem bei beiden Güterarten angeboten werden.

Im Rahmen des **vierten Kapitels** erfolgte eine Analyse des Entscheidungsprozesses eines Industriegüterherstellers im Hinblick auf den Eintritt in das Performance Contracting-Geschäftsmodell. Da es sich hierbei um eine komplexe Entscheidung handelt, wurde zuerst die Untersuchung vertieft, welche Kriterien dem Anbieter vor dem Eintritt in einen derartigen umfassenden Entscheidungsprozess einen Hinweis bieten, ob und wann attraktive Wertschöpfungspotenziale durch Performance Contracting-Angebote erschlossen werden können. Hierzu wurde der Ansatz der Downstream-Analyse in die Untersuchung einbezogen. Im Anschluß hieran wurden die im Rahmen der Entscheidung eines potenziellen Performance Contracting-Anbieters zu berücksichtigenden Dimensionen der Entscheidung abgeleitet. Das Ziel der Etablierung eines KKVs mit dem Performance Contracting-Angebot hat dabei zur Folge, daß sowohl die Kunden- als auch die Anbieter- und Konkurrenzperspektive als Entscheidungsdimensionen in den Entscheidungsprozeß einbezogen werden müssen. Die im Rahmen der Analyse dieser Entscheidungsdimensionen diskutierten Kriterien sowie die anschließende Verdichtung der Entscheidungskriterien in einem Entscheidungsmodell haben dabei die hohe Komplexität der Entscheidung verdeutlicht.

Am Anfang der Kundenanalyse steht eine Untersuchung der Kernkompetenzen der Kunden, da hierdurch determiniert wird, ob die Leistungen, die ein Performance Contracting-Angebot umfaßt, von den Kunden für eine Auslagerung in Betracht gezogen werden. Hierauf aufbauend muß eine Analyse der Kundenpräferenzen erfolgen, um zu überprüfen, ob für diese Leistungen auch eine Auslagerung in Form des Performance Contracting von den Kunden gewünscht wird. Im Rahmen der Anbieteranalyse wurde anschließend evident, daß das Performance Contracting-Konzept umfangreiche Anforderungen – z.B. im Bereich der Produktkonzeption – an den Anbieter stellt, die nicht kurzfristig umsetzbar sind. Die Anforderungen betreffen zudem Bereiche, die vielfach bisher nicht im Fokus der Industriegüterhersteller standen – wie das Administrations-/Controllingsystem – und in denen neue Kompetenzen geschaffen werden müssen. Die Realisierung eines derartigen Angebots erfordert somit eine langfristige Vorbereitung. Im Vergleich zum traditionellen Geschäftsmodell des Verkaufs von Produkten und produktbegleitenden Dienstleistungen ergeben sich somit wesentlich höhere Anforderungen. Dies unterbindet jedoch auch ein kurzfristiges Imitieren des Angebots durch Konkurrenzunternehmen und ermöglicht so die Erzielung dauerhafter KKVs. Durch eine langfristige Vorbereitung des Performance Contracting-Angebots kann zudem eine potenziell entstehende Abhängigkeit des Anbieters vom Kunden vorab begrenzt werden, indem etwa Dienstleister einbezogen werden oder eine entsprechende Produktkonzeption – z.B. in Form einer Modularisierung der Produkte – gewählt wird.

Die Konkurrenzanalyse darf sich beim Performance Contracting-Geschäftsmodell nicht auf die eigene Branche bzw. Wertschöpfungsstufe beschränken. Auch Hersteller aus anderen Wertschöpfungsstufen oder Dienstleistungsunternehmen können Performance Contracting anbieten oder beabsichtigen, dies zu tun. Diese Unternehmen übernehmen den Kunden gegenüber dann die Verantwortung für die gesamte Problemlösung und damit auch für die Produkte des betrachteten Herstellers. Dieser verliert dadurch den direkten Kundenkontakt und wird zum reinen Zulieferer. Soll dieser Effekt unterbunden werden, ist von einem Industriegüterhersteller ein eigenes Performance Contracting-Angebot zu etablieren, um so den direkten Kundenkontakt über das eigene Performance Contracting-Angebot aufrecht zu erhalten.

Die Voraussetzung für eine erfolgreiche Realisierung des Performance Contracting-Konzepts stellt die konzeptgerechte Gestaltung des Vermarktungsprozesses dar. Die konkrete Ausgestaltung des Leistungsangebots bildet hierfür die Grundlage. Die Analyse in **Kapitel fünf** hat gezeigt, daß auch in diesem Bereich neue und im Vergleich zum traditionellen Geschäftsmodell umfangreichere Anforderungen – etwa bei der Bestimmung der Zahlungsbereitschaften – für den Industriegüterhersteller entstehen. Auch die Implementierung des Performance Contracting-Angebots im Unternehmen verursacht mit der Schaffung neuer Organisationseinheiten und der notwendigen Veränderung der Unternehmenskultur einen erheblichen Aufwand.

Im Rahmen der Analyse der Struktur des Vermarktungsproblems wurde deutlich, daß beim Kunden bei Performance Contracting-Lösungen die Problematik auftritt, daß bestimmte Personen ihren angestammten Aufgabenbereich und ihre Macht verlieren, da Aufgaben und damit Kompetenzen auf den Anbieter verlagert werden. Die proaktive Berücksichtigung des Auftretens von Opponenten erlangt daher gerade bei Performance Contracting-Angeboten aufgrund deren weitreichender Konsequenzen im Kundenunternehmen eine große Bedeutung. Es konnte des weiteren die Dominanz von Erfahrungseigenschaften bei Performance Contracting-Angeboten herausgearbeitet werden. Die

Schaffung von Referenzen und Vertrauen erweist sich daher als wichtig. Innerhalb der Kommunikationspolitik ist eine Berücksichtigung entstehender Abhängigkeiten des Nachfragers erforderlich, da diese das Eingehen einer Geschäftsbeziehung durch den Nachfrager verhindern können. Dies kann etwa durch die Betonung der ebenfalls bestehenden Abhängigkeit des Anbieters vom Kunden geschehen.

Die Beurteilung von Performance Contracting-Angeboten stellt für den Nachfrager in der Regel eine neuartige Situation dar, so daß auf seiner Seite erhebliche Unsicherheit hinsichtlich der Vorteilhaftigkeit dieser gegenüber der bisher realisierten Form der Problemlösung besteht. Der Anbieter muß daher in der Lage sein, dem Kunden darzulegen, daß das Problem durch Performance Contracting besser – d.h. mit geringeren Auszahlungen und/oder besserem Ergebnis für den Kunden – als bisher gelöst werden kann. Der zentrale Ansatzpunkt des Vermarktungsprozesses liegt deshalb in der Vermarktung von Business Plänen, die die Vorteilhaftigkeit der Performance Contracting-Lösung aufzeigen. Anhand der Analyse konnte herausgearbeitet werden, daß dieser Vermarktungsansatz ausgeprägtes Know-how beim Anbieter verlangt und einen erheblichen Aufwand mit sich bringt. Bei der Formulierung des konkreten Problemlösungsvorschlags sind dabei neben den sich aus der Analyse der Kundensituation ergebenden Erfordernissen auch die Bedürfnisse des Anbieters zu berücksichtigen. So begründen spezifische Investitionen des Anbieters Abhängigkeiten vom Kunden, die wiederum aus Anbietersicht die Möglichkeiten bei der Ausgestaltung der Performance Contracting-Lösung beschränken. Eine mögliche Reaktion des Anbieters stellt die Absicherung der Abhängigkeit über eine längere Laufzeit der Performance Contracting-Vereinbarung dar.

Der hohe Stellenwert der Langfristigkeit einer Performance Contracting-Geschäftsbeziehung hat zur Folge, daß eine begleitende Kontrolle essentiell ist. Der Kontrolle der Kundenzufriedenheit kommt dabei eine wesentliche Rolle zu, denn bei einer zufriedenstellenden Geschäftsbeziehung besteht eine hohe Wahrscheinlichkeit für die weitere Fortführung. Dieser Effekt wird noch dadurch verstärkt, daß aufgrund der Dominanz von Erfahrungseigenschaften Konkurrenten des aktuellen Anbieters Nachteile hinsichtlich der Beurteilbarkeit ihrer Leistungsfähigkeit durch den Nachfrager besitzen. Die Schaffung von Kundenzufriedenheit ist darüber hinaus auch erforderlich, um Cross-Selling-Potenziale ausschöpfen zu können, denn im Vergleich zum traditionellen Geschäftsmodell besteht – durch die permanente Anwesenheit des Performance Contracting-Anbieters beim Kunden und die daraus resultierende bessere Kenntnis der Kundensituation – grundsätzlich ein größeres Cross-Selling-Potenzial.

Die vorliegende Untersuchung hat gezeigt, daß das Performance Contracting ein komplexes Geschäftsmodell darstellt und die Realisierung der Erfolgspotenziale dieses Geschäftsmodells den Aufbau umfangreicher neuer Kompetenzen voraussetzt. Eine erfolgreiche Etablierung des Performance Contracting-Geschäftsmodells erfordert daher eine langfristige Vorbereitung und eine vorherige sorgfältige Prüfung der Eintrittsentscheidung. Im Hinblick auf diese Entscheidung konnten dabei im Rahmen der Untersuchung wesentliche Kriterien aufgezeigt werden, die die Entscheidung über den Eintritt in das Geschäftsmodell Performance Contracting determinieren.

An dieser Stelle ergibt sich ein wichtiger Ansatzpunkt für zukünftige Forschungsprojekte. Aus Anbieterperspektive stellt sich bei der Entscheidung weiterführend die Frage, ab welchen Ausprägungen für die einzelnen Kriterien ein Eintritt in das Performance Contracting-Geschäftsmodell möglich, interessant oder u.U. sogar notwendig wird. Ein Beispiel hierfür stellt die verwendete Kennzahl „Anteil der Anschaffungskosten für das Produkt an den Lebenszykluskosten“ dar. Durch eine empirische Analyse, die sowohl Branchen, in denen das Performance Contracting-Geschäftsmodell angewendet wird, als auch Branchen, in denen dies nicht der Fall ist, beinhaltet, ist etwa zu überprüfen, ab welcher Kennzahlenausprägung ein Performance Contracting-Angebot ökonomisch interessant wird.

Die notwendige langfristige Vorbereitung eines Performance Contracting-Angebots bedingt, daß bei der Kundenanalyse die langfristige Entwicklung der Kundenbedürfnisse zu beachten ist, da ein kurzfristiges Reagieren seitens des Industriegüterherstellers angesichts der aufgezeigten Anforderungen nicht möglich ist. Aus der Perspektive eines potenziellen Performance Contracting-Anbieters stellt sich somit die Aufgabe, innovative Nachfrager zu identifizieren, die Bedürfnisse nach neuen Problemlösungen zu einem frühen Zeitpunkt erkennen und diese artikulieren. Es besteht daher ein Bedarf nach einer Untersuchung der bestehenden Möglichkeiten im Rahmen der Marktforschung. Ein Ansatzpunkt hierzu stellt die Vertiefung des Lead-User-Ansatzes und dessen Anwendung auf das Performance Contracting-Konzept dar.[502]

Grundsätzlich besteht bisher aus Anbieterperspektive das Problem, daß noch keine empirischen Untersuchungen vorliegen, inwiefern das durch das Performance Contracting-Geschäftsmodell aufgegriffene Kundenbedürfnis bereits auf Nachfragerseite verbreitet ist.[503] Die Durchführung empirischer Analysen in verschiedenen Branchen stellt daher ein wesentliches zukünftiges Aufgabenfeld dar, um so die Bedeutung des Performance Contracting-Geschäftsmodells für Industriegüterhersteller zu ermitteln.

Im Rahmen der Untersuchung ist deutlich geworden, daß bei Industriegütern – da sie zur Erstellung weiterer Leistungen beschafft werden – ein derivativer Nutzen vorliegt, wohingegen bei einem großen Teil der Konsumgüter die Nutzenstiftung originärer Art ist. Vor diesem Hintergrund besitzen Performance Contracting-Angebote eine höhere Relevanz für den Industriegüter- als für den Konsumgüterbereich, so daß sich die Untersuchung auf diesen Bereich fokussiert hat. Es stellt sich allerdings auch für Konsumgüterhersteller – insofern auf Kundenseite ein derivativer Nutzen gegeben ist – die Frage, ob ein Eintritt in das Performance Contracting-Geschäftsmodell erfolgen soll. Forschungsbedarf besteht hierbei im Hinblick auf die für einen Konsumgüterhersteller relevanten Entscheidungskriterien – etwa im Rahmen der Kundenanalyse – sowie die Besonderheiten der Vermarktung von Performance Contracting-Angeboten auf Konsumgütermärkten. Diese Fragestellungen erweisen sich auch für Industriegüterhersteller als relevant, die ihre Produkte auch auf Konsumgütermärkten anbieten, wie z.B. PKW-Hersteller oder Computerhersteller. Da durch das Anbieten von Performance Contracting-Lösungen auf beiden Märkten etwa weitere economies of scale realisiert werden

---

502 Mit diesem Forschungsgebiet hat sich insbesondere von Hippel seit Mitte der 1980er Jahre auseinandergesetzt. Vgl. *Herstatt, C.*, Suchfelder für Innovationen mit Marktforschung erschliessen: Lead-User-Forschung zur Erkennung von radikalen Innovatoren, in: io management, Heft 9, 2001, S. 19; *Hippel, E. v.*, Lead Users: A Source of Novel Product Concepts, in: Management Science, No. 7, 1986, S. 791ff.; *Hippel, E. v./Urban, G. L.*, Lead User Analysis for the Development of New Industrial Products, in: Management Science, No. 5, 1988, S. 569ff.; *Backhaus, K.*, Industriegütermarketing, 6. Aufl., München 1999, S. 38.

503 Vgl. Abschnitt 2.5; *Buse, C./Freiling, J./Weissenfels, S.*, Turning Product Business into Service Business: Performance Contracting as a Challenge of SME Customer/Supplier Networks, Arbeitsbericht des Instituts für Unternehmensführung und Unternehmensforschung, Nr. 89, Bochum 2001, S. 17.

können, kann es erforderlich werden, den Konsumgütermarkt in die Entscheidung über den Eintritt in das Performance Contracting-Geschäftsmodell auf dem Industriegütermarkt einzubeziehen. Vor diesem Hintergrund zeigt sich, daß durch zukünftige Forschungsprojekte die theoretische und praktische Auseinandersetzung mit dem Performance Contracting-Konzept weiter zu vertiefen ist. Der Forschungsbedarf geht dabei über den industriellen Bereich hinaus.

Literaturverzeichnis

Adam, D., Investitionscontrolling, 3. Aufl., München et al. 2000.

Ahlert, D./Backhaus, K./Meffert, H., Geschäftsmodelle im E-Business – Modethema oder mehr?, in: Absatzwirtschaft, Sondernummer zum Deutschen Marketing-Tag 2001, Oktober 2001, S. 32-44.

Amit, R./Zott, C., Value Creation in E-Business, in: Strategic Management Journal, Vol. 22, 2001, S. 493-520.

Backhaus, K., Innovative Geschäftsmodelle können für Unternehmen zum entscheidenden Wettbewerbsfaktor werden, in: *Franz Haniel & Cie. GmbH* (Hrsg.), Innovative Geschäftsmodelle als entscheidender Wettbewerbsfaktor, Duisburg 2001, S. 6-11.

Backhaus, K., Innovative Geschäftsmodelle können für Unternehmen zum entscheidenden Wettbewerbsfaktor werden, Vortrag auf dem Symposium „Innovative Geschäftsmodelle als entscheidender Wettbewerbsfaktor" der Franz Haniel & Cie. GmbH, Duisburg 2001.

Backhaus, K., Die Zahlungsbereitschaft des Kunden für produktbegleitende Dienstleistungen – Ergebnisse einer Kundenbefragung, in: *VDMA Verband Deutscher Maschinen- und Anlagenbau* (Hrsg.), Reihe Entscheidungshilfen Marktkommunikation, Heft 5, Frankfurt am Main 1999.

Backhaus, K., Industriegütermarketing, 6. Aufl., München 1999.

Backhaus, K., Investitionsgüter-Marketing – Theorieloses Konzept mit Allgemeinheitsanspruch, in: ZfbF, Heft 9, 1992, S. 771-791.

Backhaus, K./Erichson, B./Plinke, W./Weiber, R., Multivariate Analysemethoden – Eine anwendungsorientierte Einführung, 9. Aufl., Berlin et al. 2000, S. 564ff

Backhaus, K./Kleikamp, C., Marketing von investiven Dienstleistungen, in: *Bruhn, M./Meffert, H.* (Hrsg.), Handbuch Dienstleistungsmanagement, 2. Aufl., Wiesbaden 2001, S. 73-101.

Backhaus, K./Köhl, T./Behrens, H., Varianten der Projektfinanzierung – eine vergleichende Analyse hinsichtlich der Anwendungsmöglichkeiten im internationalen Anlagengeschäft, Arbeitspapier des Betriebswirtschaftlichen Instituts für Anlagen und Systemtechnologien, Nr. 22, 1997.

Balzer, F. H., Outsourcing aus der Perspektive des Personalmanagements, in: *Berg, J./Gräber, H.* (Hrsg.), Outsourcing in der Informationstechnologie, Frankfurt am Main et al. 1995, S. 82-94.

Barkowsky, P., Über Teleservice, Multimedia und Service-Portale, in: VDMA Maschinenbau-Nachrichten, Nr. 6, 2000, S. 26-27.

Bauer, M., Kundenzufriedenheit in industriellen Geschäftsbeziehungen: kritische Ereignisse, nichtlineare Zufriedenheitsbildung und Zufriedenheitsdynamik, Wiesbaden 2000.

Baur, C., Make-or-Buy-Entscheidungen in einem Unternehmen der Automobilindustrie: Empirische Analyse und Gestaltung der Fertigungstiefe aus transaktionskostentheoretischer Sicht, München 1990.

Becker, A., Neid und Missgunst für nur 99 Mark, in: impulse, Oktober 2000,S. 92-93.

Beer, M., Outsourcing unternehmensinterner Dienstleistungen: Optimierung des Outsourcing-Entscheidungsprozesses, Wiesbaden 1998.

Behrendt, S./Pfitzner, R./Kreibich, R., Wettbewerbsvorteile durch ökologische Dienstleistungen: Umsetzung in der Unternehmenspraxis, Berlin et al. 1999.

Beinlich, G., Geschäftsbeziehungen zur Vermarktung von Systemtechnologien, Aachen 1998.

Belz, C., Industrieunternehmen als internationale Dienstleister, in: *Belz, C./Bieger, T.* (Hrsg.), Dienstleistungskompetenz und innovative Geschäftsmodelle, St. Gallen 2000, S. 430-453.

Berger, R./Krüger, J./Neubert, A., Internet-basierter Teleservice, in: Industrie Management, H. 3, 1998, S. 37-40.

Bergheimer, M., Cross-Selling, in: Marketing Journal, Heft 3, 1991, S. 226-229.

Bierter,W., Die andere Rationalisierung – ökoeffiziente Dienstleistungen und Produkte, in: *Hoß, D./Schrick, G.* (Hrsg.), Wie rational ist Rationalisierung heute? Ein öffentlicher Diskurs, Stuttgart et al. 1996, S. 115-122.

Bierter, W., Öko-effiziente Dienstleistungen und zukunftsfähige Produkte, in: *Bullinger, H.-J.* (Hrsg.), Dienstleistungen für das 21. Jahrhundert – Gestaltung des Wandels und Aufbruch in die Zukunft, Stuttgart 1997, S. 557-585.

Bissig, F.-P./Schwander, P., Der Business Plan, in: Der Organisator, Heft 6, 1996, S. 10-12.

Bogaschewsky, R., Strategische Aspekte der Leistungstiefenoptimierung, in: *Koppelmann, U.* (Hrsg.), Outsourcing, Stuttgart 1996, S. 123-148.

Bogener, M., Neue Märkte gewinnen durch Kooperationen im Technischen Kundendienst, in: *Verband Deutscher Maschinen- und Anlagenbau* (Hrsg.),Wettbewerbsfaktor „Service“ im Maschinen- und Anlagenbau, Frankfurt am Main 1995, S. 55-64.

Bongard, S., Outsourcing-Entscheidungen in der Informationsverarbeitung: Entwicklung eines computergestützten Portfolio-Instrumentariums, Wiesbaden 1994.

Bonus, H./Weiland, R., Die Welt der Institutionen, in: *Dieckheuer, G.* (Hrsg.), Beiträge zur angewandten Mikroökonomik: Jochen Schumann zum 65. Geburtstag, Berlin et al. 1995, S. 29-52.

Brandt, D. R., How Service Marketers Can Identify Value-Enhancing Service Elements, in: Journal of Services Marketing, No. 3, 1988, S. 35-41.

Braungart, M., Servicekonzepte für die Chemische Industrie, in: *Hockerts, K./Petmecky, A./Hauch, S./Seuring, S./Schweitzer, R.* (Hrsg.), Kreislaufwirtschaft statt Abfallwirtschaft: optimierte Nutzung und Einsparung von Ressourcen durch Öko-Leasing und Servicekonzepte, Schriften der Bayreuther Initiative für Wirtschaftsökologie e.V., Band 1, Ulm 1994, S. 107-114.

Breu, S., Contracting als Instrument zur Umsetzung von Leistungssystemen im Energiebereich, in: *Belz, C./Schuh, G./Groos, S. A./Reinecke, S.* (Hrsg.), Industrie als Dienstleister, St. Gallen 1997, S. 216-219.

BT Deutschland GmbH, Handling Innovation, Ausgabe 8, Langenhagen 2000, S. 6.

Bullinger, H.-J./Korell, M./Rüger, M./Schloen, T., Management industrieller Dienstleistungen – Bausteine, Entwicklungen, Erfolgsfaktoren, Stuttgart 1998.

Bundesstelle für Außenhandelsinformationen, Betreibermodelle weltweit – Infrastruktur Europa, Köln 1999.

Busch, F., Flurförderzeug-Pool mit eigener Werkstatt oder Fremdservice („Make or Buy“) von Flurförderzeugleistungen, in: *VDI-Gesellschaft Fördertechnik, Materialfluss, Logistik* (Hrsg.), 11. Heidelberger Tagung der Flurföderzeugbetreiber, Düsseldorf 2001, S. 17-28.

Buse, C./Freiling, J./Weissenfels, S., Turning Product Business into Service Business: Performance Contracting as a Challenge of SME Customer/Supplier Networks, Arbeitsbericht des Instituts für Unternehmensführung und Unternehmensforschung, Nr. 89, Bochum 2001.

Camp, R. C., Benchmarking, München 1994.

Creutzburg, E., Internationaler Partner des Mittelstands, in: business global, Sonderausgabe Deutsche Leasing, 2001, S. 4-5.

Cunningham, P. A./Fröschl, F., Outsourcing: strategische Bewertung einer Informationsdienstleistung, Frankfurt am Main 1995.

Damerow, R., Mehrwert durch Zusatzleistungen, in: Handelsblatt, Nr. 79, 24.04.2001, S. B 13-B 14.

Demberg, G., Operatives Leasing kommt in Deutschland voran: Noch keine einheitliche Abgrenzung zwischen den Ländern, in: Handelsblatt, Nr. 79, 24.04.2001, S. B 10.

Denker, H., Der geschlossene Produktkreislauf, in: *Hockerts, K./Petmecky, A./Hauch, S./Seuring, S./Schweitzer, R.* (Hrsg.), Kreislaufwirtschaft statt Abfallwirtschaft: optimierte Nutzung und Einsparung von Ressourcen durch Öko-Leasing und Servicekonzepte, Schriften der Bayreuther Initiative für Wirtschaftsökologie e.V., Band 1, Ulm 1994, S. 143-146.

Deutsch, C., Abschied vom Wegwerfprinzip: die Wende zur Langlebigkeit in der industriellen Produktion, Stuttgart 1994.

Deutsche Auto-Leasing GmbH, Braucht Ihr Fuhrpark neue Ideen?, Bad Homburg 2001.

Deutsche Auto-Leasing GmbH, Unsere Ideen begleiten Sie in Europa und weltweit, Bad Homburg 2001.

Diederichs, C. J., Wirtschaftlichkeitsberechnungen und Nutzen-Kosten-Untersuchungen: Grundlagen und Anwendungen bei bauwirtschaftlichen Investitionsentscheidungen, Sindelfingen 1985.

Elbl, T./Wolfrum, B., Situative Determinanten für die Dimensionierung industrieller Dienstleistungen, in: Marketing ZFP, Heft 2, 2. Quartal 1994, S. 121-132.

Engelhardt, W. H., After-Sales-Services im Investitionsgütermarketing: Trends und Perspektiven, in: *Droege, W./Backhaus, K./Weiber, R.* (Hrsg.), Strategien für Investitionsgütermärkte, Landsberg am Lech 1993, S. 377-391.

Engelhardt, W. H./Günther, B., Investitionsgüter-Marketing, Stuttgart et al. 1981.

Engelhardt, W. H./Reckenfelderbäumer, M., Trägerschaft und organisatorische Gestaltung industrieller Dienstleistungen, in: *Simon, H.* (Hrsg.), Industrielle Dienstleistungen, Stuttgart 1993, S. 263-293.

Fassott, G., Dienstleistungspolitik industrieller Unternehmen: Sekundärdienstleistungen als Marketinginstrument bei Gebrauchsgütern, Wiesbaden 1995.

Fietzek, P. K. M., Vom Nutzfahrzeughersteller zum Systemanbieter: Dienstleistungen im Nutzfahrzeugmarketing, in: *Simon, H.* (Hrsg.), Industrielle Dienstleistungen, Stuttgart 1993, S. 99-107.

Fietzek, P. K. M., Vom Nutzfahrzeughersteller zum Systemanbieter – Dienstleistungen gewinnen im Nutzfahrzeugmarketing zunehmend an Bedeutung, in: *Droege, W.* (Hrsg.), Strategien für Investitionsgütermärkte, Landsberg/Lech 1993, S. 370-376.

Finken, T., Entscheidungskriterien für das Outsourcing der betrieblichen Datenverarbeitung, Düsseldorfer Schriften zum Controlling, Bd. 1, Düsseldorf 1996.

Fischer, M., Make-or-Buy-Entscheidungen im Marketing: neue Institutionenlehre und Distributionspolitik, Wiesbaden 1993.

Fleig, J., Kreislaufwirtschaft als Herausforderung und Chance für Unternehmen, in: *Fleig, J.*, Zukunftsfähige Kreislaufwirtschaft: mit Nutzenverkauf, Langlebigkeit und Aufarbeitung ökonomisch und ökologisch wirtschaften, Stuttgart 2000, S. 59-80.

Fleig, J., Strategische Planung im Unternehmen, in: *Fleig, J.*, Zukunftsfähige Kreislaufwirtschaft: mit Nutzenverkauf, Langlebigkeit und Aufarbeitung ökonomisch und ökologisch wirtschaften, Stuttgart 2000, S. 81-104.

Fleig, J., Produkte aufarbeiten, umbauen, modernisieren, in: *Fleig, J.*, Zukunftsfähige Kreislaufwirtschaft: mit Nutzenverkauf, Langlebigkeit und Aufarbeitung ökonomisch und ökologisch wirtschaften, Stuttgart 2000, S. 241-264.

Fleig, J./Schneider, R., Den Nutzen hat nicht nur der Kunde – Wie sich Unternehmen mit produktbegleitenden Dienstleistungen vom Wettbewerb abheben, in: Produktion, Heft 26, 1999, S. 3.

Fließ, S., Industrielles Kaufverhalten, in: *Kleinaltenkamp, M./Plinke, W.* (Hrsg.), Technischer Vertrieb: Grundlagen des Business-to-Business Marketing, 2. Aufl., Berlin et al. 2000, S. 251-369.

Franck, E./Bagschik, T., Marktaktives Unternehmertum und die Entstehung produktnaher Dienstleistungen – Eine ökonomische Betrachtung, Freiberger Arbeitspapiere, Nr. 18, 1998.

Franck, E./Bagschik, T./Opitz, C./Pudack, T., Strategien der Kreislaufwirtschaft und mikroökonomisches Kalkül, Stuttgart 1999.

Franze, F., Outsourcing: begriffliche und kostentheoretische Aspekte, Bern et al. 1998.

Freiling, J., Das Contracting als innovatives Instrument des Marketing industrieller Services und seine Implikationen bezüglich der Interaktionsgestaltung zwischen Anbieter- und Nachfragerseite, in: *Bruhn, M./Stauss, B.* (Hrsg.), Dienstleistungsmanagement Jahrbuch 2001: Interaktionen im Dienstleistungsbereich, Wiesbaden 2001, S. 457-477.

Freiling, J., Der Wandel vom industriellen Produkt- zum Dienstleistungsgeschäft – dargestellt am Beispiel der Umsetzung von Betreibermodellen im mitteleuropäischen Maschinenbau, in: *Mühlbacher, H./Thelen, E.* (Hrsg.), Neue Entwicklungen im Dienstleistungsmarketing, Wiesbaden 2002, S. 203-222.

Frenzel, M., Projektfinanzierung und Betreibermodelle – Möglichkeiten und Grenzen aus Sicht der Industrie, in: *Bundesverband der Deutschen Industrie e.V.* (Hrsg.), Projektfinanzierung und Betreibermodelle auf Auslandsmärkten: Das Geschäft der Zukunft?, Köln 1996, S. 13-24.

Friedrich, S. A., Ressourcen und Kompetenzen als Bezugspunkt strategischen Denkens und Handelns – zur Renaissance einer stärker potentialorientierten Führung, in: *Hinterhuber, H. H.* (Hrsg.), Die Herausforderungen der Zukunft meistern: Globalisierung, Potentialorientierung und Fokussierung, Frankfurt a.M. 1995, S. 319-354.

Fritsch, H., Was kostet eine Pumpe wirklich? – Pumpenauswahl nach den Lebenszykluskosten, http://www.lewa.de/ger/literature/article1.htm, v. 10.02.2002.

Garbe, B., Industrielle Dienstleistungen: Einfluß und Erfolgsfaktoren, Wiesbaden 1998.

Gerhardt, A., Produktbegleitende Dienstleistungen – eine notwendige Leistungsergänzung des Maschinen- und Anlagenbaus, in: Reihe VDMA-Endscheidungshilfen, Heft „Vom Lieferanten zum Wertschöpfungspartner – Diensteistung im Maschinenbau", 2000, S. 5-11.

Giarini, O./Stahel, W. R., The Limits to Certainty, 2nd Revised Edition, Dordrecht et al. 1993.

Gießmann, J./Dürr, S., Cost of Ownership – Reduktion der Lebenszykluskosten durch produktbegleitende Dienstleistungen, in: Reihe VDMA-Entscheidungshilfen, Heft „Vom Lieferanten zum Wertschöpfungspartner – Dienstleistung im Maschinenbau", 2000, S. 36-43.

GILLARDON financial software GmbH, KORFU: Investitionsanalyse und -beratung – sachlich, neutral und übersichtlich, Bretten 2001.

GILLARDON financial software GmbH, Leistungsübersicht der GILLARDON financial software GmbH, Bretten 2001.

Granthien, M./Höft, J./Schimmelpfeng, K., Lebenszyklusorientierte Kostenbetrachtung im Rahmen der industriellen Anlagenwirtschaft, in: krp, H. 4, 1999, S. 233-238.

Groothuis, U., Dienstleistungen – Grenzen sprengen: Die Industrie setzt zunehmend auf ein umfangreiches Serviceangebot, in: Wirtschaftswoche, Heft 5, 1999, S. 86-88.

Großmann, M., Möglichkeiten der Wiederverwendung bei Personal-Computern, in: *Fleig, J./Krause, U.* (Hrsg.), Innovative Marktkonzepte für die Kreislaufwirtschaft, Karlsruhe 1997, S. 67-80.

Häfner, W., Einsparpotenziale im Fuhrpark erkennen – Umfassendes Gesamtkonzept für die Optimierung der Unternehmensflotte, in: Handelsblatt, Nr. 79, 24.04.2001, S. B 12.

Hamel, G., Strategischer Kurswechsel: Wie Geschäftsmodelle revolutioniert werden, in: Absatzwirtschaft, Heft 4, 2001, S. 40-46.

Hamel, G., Leading the Revolution, Boston 2000.

Hamel, G., revolt or perish, in: CIO Magazine, October 1., 2000, S. 146-154.

Hamel, G., The Concept of Core Competence, in: *Hamel, G./ Heene, A.* (Hrsg.), Competence-based competition, Sussex 1994, S. 11-34.

Hamel, G./Prahalad, C. K., Competing for the future, Boston 1994.

Hansen, U./Schrader, U., „Leistungs- statt Produktabsatz" für einen ökologischeren Konsum ohne Eigentum, in: *Steger, U.* (Hrsg.), Handbuch des integrierten Umweltmanagements, München/Wien 1997, S. 87-110.

Hansen, U./Schrader, U., Öko-effiziente Dienstleistungen und der Wunsch nach Eigentum, in: Wirtschaftsökologische Perspektiven, Jahresbericht der Bayreuther Initiative für Wirtschaftsökologie, 1997, S. 18-20.

Hansen, U./Schrader, U., Über die Zukunft gemeinschaftlicher Nutzung, in: *Verbraucherzentrale Nordrhein-Westfalen* (Hrsg.), Herausforderung Sustainability – Konzepte für einen zukunftsfähigen Konsum, Dokumentation einer Fachtagung, Düsseldorf 1997, S. 117-124.

Hansen, U./Schrader, U., Nachhaltiger Konsum – Leerformel oder Leitprinzip?, in: *Hansen, U./Schrader, U.* (Hrsg.), Nachhaltiger Konsum - Forschung und Praxis im Dialog, Frankfurt am Main 2001, S. 33ff.

Hauschildt, J., Promotoren – Antriebkräfte der Innovation, in: Reihe BWL aktuell, Institut für Wirtschaftswissenschaften der Universität Klagenfurt, Nr.1, 1998.

Hauschildt, J., Promotoren – Erfolgsfaktoren für das Management von Innovationen, in: zfo, Heft 6, 2001, S. 332-337.

Hauschildt, J./Schewe, G., Gatekeeper und Prozeßpromotoren, in: *Hauschildt, J./Gemünden, H. G.* (Hrsg.), Promotoren: Champions der innovation, 2. Aufl., Wiesbaden 1999, S. 159-178.

Hellinger, C., Kernkompetenzbasiertes Outsourcing in Kreditgenossenschaften – Eine transaktionskostenökonomische Analyse unter besonderer Berücksichtigung von Netzwerkstrukturen, Münster 1999.

Hellwig, A., Business Initiative – Der Geschäftsplan: Geplant zum großen Geld, in: IT-Business Magazin, Heft 11, 1999, S. 100-106.

Hermann, H.-P., Leasing als Leistungsangebot im Dienstleistungs-Marketing, Frankfurt am Main 1984.

Herstatt, C., Suchfelder für Innovationen mit Marktforschung erschliesen: Lead-User-Forschung zur Erkennung von radikalen Innovatoren, in: io management, Heft 9, 2001, S. 16-25.

Herzog, B. O., Fuhrpark-Management, Berlin et al. 1997.

Hiessl, H./Meyer-Krahmer, F./Schön, M., Auf dem Weg zu einer ökologischen Stoffwirtschaft – Teil II: Die Rolle einer ganzheitlichen Produktpolitik, in: GAIA, H. 2, 1995, S. 89-99.

Hippel, E. v., Lead-Users: A source of Novel Product Concepts, in: Management Science, Heft 7, 1986, S. 791-805.

Hippel, E. v./Urban, G. L., Lead User Analysis for the Development of New Industrial Products, in: Management Science, No. 5, 1988, S. 569-582.

Hoch, B./Nusser, J., Fahrzeug und Fahrer aus einer Hand: Mehr Flexibilität durch Gesamtlösungen – Ein Kooperationspartner ergänzt das Angebot, in: Handelsblatt, Nr. 79, 24.04.2001, S. B 14.

Hofmeister, R., Business Plan – Erfolgreiches Umsetzen von Geschäftsideen, Wien 1996.

Homburg, C./Fassnacht, M./Guenther, C., The Role of Soft Factors in Implementing a Service-Oriented Strategy in Industrial Marketing Companies, Arbeitspapier des Institute for the Study of Business Markets, The Pennsylvania State University, ISBM Report 18, 2000.

Homburg, C./Garbe, B., Gestaltung und Management industrieller Dienstleistungen, in: *Belz, C.* (Hrsg.), Kompetenz für Marketing-Innovationen (Schrift 2): Leistungs- und Kundensysteme, St. Gallen 1997, S. 40-53.

Homburg, C./Garbe, B., Industrielle Dienstleistungen – lukrativ, aber schwer zu meistern, in: HBM, Nr. 1, 1996, S. 68-76.

Homburg, C./Garbe, B., Industrielle Dienstleistungen: Bestandsaufnahme und Entwicklungsrichtungen, in: ZfB, Heft 3, 1996, S. 253-282.

Homburg, C./Schäfer, H., Cross-Selling: Aus der Kundenbeziehung mehr herausholen, in: HBM, Heft 6, 2000, S. 35-44.

http://www.bundesregierung.de/top/dokumente/Artikel/ix_64365.htm, v. 24.06.02.

http://www.car-professional.de, v. 31.03.01.

http://www.charterway.co.uk, v. 31.03.01.

http://www.debiscarfleet.de/angebot/cosourcing.htm, v. 16.03.02.

http://www.debiscarfleet.de/angebot/index.htm, v. 16.03.02.

http://www.debiscarfleet.de/wir/kunden.htm. v. 16.11.01.

http://www.deutsche-Leasing.de/dl-auto/index.html, v. 16.03.01.

http://www.deutsche-leasing-ag.de/dl-equip/body_kooperationen.html, v. 02.04.01.

http://www.lex-harvey.co.uk/explorer.htm, v. 28.12.01.

http:// www.mercedes-benz.com /d/service/cpool/detail.htm, v. 03.11.01

http://www.mercedes-benz.com/d/service/cpool/overview.htm, v. 03.11.01

http://www.mercedes-benz.de/mbd/t03/0,1316,C48D,00.html?, v. 26.03.02.

http://www.mercedesbenz.de/mbd/TG06/1,3530,test_Ko_Bsp,00.html?, v. 30.11.01.

http://www.mercedesbenz.de/mbd/TG06/1,3530,test_Ko_Bsp_Ziel,00.html?, v. 30.11.01

http://www.spiegel.de/auto/news/0,1518,171338,00.html, v. 05.12.01.

Hudetz, W./Harnischfeger, M./Michler, T./Hermes, P./Hillebrand, S./Quast, H., Teleservice für die industrielle Produktion – Potentiale und Umsetzungshilfen – Leituntersuchung innerhalb des Rahmenkonzepts „Produktion 2000", Wissenschaftliche Berichte FZKA-PFT 186, Karlsruhe 1997.

Hungenberg, H., Strategisches Management in Unternehmen: Ziel – Prozesse – Verfahren, 2. Aufl., Wiesbaden 2001.

Hunger, U., German Machine Tool Service in China – Ein Service-Modell für die Zukunft, in: Thema Kundendienst, Heft 1, 1997, S. 18-21.

Hüttner, M., Grundzüge der Marktforschung, 5. Aufl., München et al. 1997.

Jantsch, E., Unternehmung und Umweltsysteme, in: *Hentsch, B./Malik, F.* (Hrsg.), Systemorientiertes Management, Bern et al. 1973, S. 27-46.

Jaschinski, C./Spieß, M., Teleservice – Eine Einführung, Sonderdurck Forschungsinstitut für Rationalisierung an der RWTH Aachen, 5. Aufl., Aachen 1998.

Jungheinrich AG, Jungheinrich: Stapeln – Transportieren – Lagern - Kommissionieren, Hamburg 2000.

Jungheinrich AG, Mietstapler und Mietfahrer, Hamburg 1999.

Jürgens, H./Lay, G./Rainfurth, C./Schneider, R., Wie stelle ich produktbegleitende Dienstleistungen her?, in: *Fraunhofer Institut für Systemtechnik und Innovationsforschung* (Hrsg.), ProService – Den Wettbewerb aktiv gestalten: Ein Leitfaden für Unternehmen zum Ausbau produktbegleitender Dienstleistungen, Karlsruhe 1999, S. 51-67.

Kaas, K./Runow, H., Wie befriedigend sind die Ergebnisse der Forschung zur Verbraucherzufriedenheit?, in: Die Betriebswirtschaft, H. 3, 1984, S. 451-460.

Kemminer, J., Lebenszyklusorientiertes Kosten-und Erlösmanagement, Wiesbaden 1999.

Kepper, G., Methoden der Qualitativen Marktforschung, in: *Herrmann, A./Homburg, C.*, Marktforschung: Methoden, Anwendungen, Praxisbeispiele, Wiesbaden 1999, S. 159-202.

Kimmel, G., Finanzwirtschaftliche Beratungsleistungen der KFZ-Hersteller: alternative KFZ-Finanzierungsformen aus der Sicht des Kunden, Idstein 1993.

Kinkel, S./Schneider, R./Wengel, J., Regionale Vernetzung und produktbegleitende Dienstleistungen im Zeichen der Globalisierung, in: Zeitschrift für Unternehmensentwicklung und Industrial Engineering, Heft 5, 1998, S. 274-280.

Kirchgeorg, M., Marktstrategisches Kreislaufmanagement: Ziele, Strategien und Strukturkonzepte, Wiesbaden 1999.

Kleikamp, C., Strategieoptionen beim Marketing von investiven Dienstleistungen, Arbeitspapier des Betriebswirtschaftlichen Instituts für Anlagen und Systemtechnologien, Nr. 28, Münster 2000.

Klein, B./Crawford, R. G./Alchian, A. A., Vertical Integration, Appropriable Rents, And The Competitive Contracting Process, in: The Journal of law and economics, No. 2, 1978, S. 297-326.

Kleinaltenkamp, M., Einführung in das Business-to-Business-Marketing, in: *Kleinaltenkamp, M./Plinke, W.* (Hrsg.), Technischer Vertrieb: Grundlagen des Business-to-Business Marketing, 2. Aufl., Berlin et al. 2000, S.171-247.

Klöter, R., Widerstände gegen innovative Beschaffungsentscheidungen, in: *Kleinaltenkamp, M.* (Hrsg.), Berliner Reihe, Arbeitspapier Nr. 7, Business to Business Marketing, Berlin 1995.

Knapp, F. D., Determinanten der Verkehrsmittelwahl, Berlin 1998.

Köberlein, C., Kompendium der Verkehrspolitik, München et al. 1997.

Koch, M., Eine neue Software der Deutsche Auto-Leasing bringt Licht in die tatsächlichen Kosten der Fuhrparkverwaltung, in: Spektrum, Heft 3, 2000, S. 6-7.

Köhl, T., Claim-Management im internationalen Anlagengeschäft: Nachforderungspotentiale und deren Realisierung in unterschiedlichen Vertragsverhältnissen, Wiesbaden 2000.

Kotler, P., Grundlagen des Marketing, 2. Aufl., London et al. 1999.

Kriegbaum, H., Produktbegleitende Dienstleistungen – Eine Chance für den deutschen Maschinenbau, in: Maschinenbau-Nachrichten, Nr. 5, 1996, S. 10-11.

Kruschwitz, L., Wirtschaftlichkeitsrechnung als Grundlage industrieller Beschaffungsentscheidungen, in: *Kleinaltenkamp, M./Plinke, W.* (Hrsg.), Technischer Vertrieb: Grundlagen des Business-to-Business Marketing, 2. Aufl., Berlin et al. 2000, S. 451-522.

Kulick, B., Kostenreduzierung beim Einsatz von Flurförderzeugen, in: Reihe VDMA-Entscheidungshilfen, Heft „Vom Lieferanten zum Wertschöpfungspartner – Dienstleistung im Maschinenbau", 2000, S. 17-23.

Kulick, B., Kostenreduzierung beim Einsatz von Flurförderzeugen, in: *VDI-Gesellschaft Fördertechnik, Materialfluss, Logistik* (Hrsg.), 10. Heidelberger Tagung der Flurföderzeugbetreiber, Düsseldorf 1999, S. 17-26.

Laakmann, K., Value-Added-Services als Profilierungsinstrument im Wettbewerb, in: *Meffert, H.* (Hrsg.), Schriften zu Marketing und Management, Bd. 27, Fanrkfurt am Main 1995.

Landesanstalt für Umweltschutz Baden-Württemberg, Allgemeine Kreislauf- und Rückstandswirtschaft: Beispielband, Handbuch Abfall 1, Karlsruhe 1996.

Landesanstalt für Umweltschutz Baden-Württemberg, Allgemeine Kreislauf- und Rückstandswirtschaft: Intelligente Produktionsweisen und Nutzungskonzepte, Handbuch Abfall 1, Karlsruhe 1996.

Lansing Linde LTD., Lower your materials handling costs with Lansing Linde, Basingstoke 1998.

Lansing Linde LTD., MIDAS – STRATOS, Lansing Linde makes IT better, in: Lansing Linde in focus, summer 1999, S. 6.

Lansing Linde LTD., service express – new technology produces improved customer service, Basingstoke 1999.

Lansing Linde LTD., STRATOS – Warehouse planning and simulation system, Basingstoke 1998.

Lay, G., Dienstleistungen in der Investitionsgüterindustrie – Der weite Weg vom Sachguthersteller zum Problemlöser, in: Mitteilungen aus der Produktionsinnovationserhebung, Nr. 9, 1998, S. 1-12.

Lay, G., Dienstleistungen in der Investitionsgüterindustrie – Konsequenzen für Betriebsorganisation und Personal, in: Arbeit, Heft 4, 1998, S. 316-337.

Lay, G., Integration von Produktherstellung und Dienstleistung als Strategie zur Sicherung der Wettbewerbsfähigkeit in einer globalisierten Wirtschaft, in: *Hoß, D./Schrick, G.* (Hrsg.), Wie rational ist Rationalisierung heute? Ein öffentlicher Diskurs, Stuttgart et al. 1996, S.57-67.

Lay, G./Schneider, R., Wenn Hersteller zu Serviceleistern werden, in: HBM, Heft 2, 2001, S. 16-24.

Leibfried, K. H. J./McNair, C. J., Benchmarking: Von der Konkurrenz lernen, die Konkurrenz überholen, Freiburg i. Br. 1993.

Lein, G., Prozessentwicklung – ein Schlüssel zur Partnerschaft in der Kunden-/ Lieferantenbeziehung, in: Reihe VDMA-Endscheidungshilfen, Heft „Vom Lieferanten zum Wertschöpfungspartner – Diensteistung im Maschinenbau", 2000, S. 29-35.

Leonard-Barton, D., Core Capabilities and Core Rogodities: A Paradox in Managing New producr Development, in: Strategic Management Journal, Vol. 13, 1992, S. 111-125.

Luczak, H., Servicemanagement mit System: erfolgreiche Methoden für die Investitionsgüterindustrie, Berlin et al. 1999.

Martinek, M., McLaw`s – Franchising in der Anwaltschaft?, in: Anwaltsblatt, Nr. 1, 2001, S. 3-12.

Maßberg, W./Hermsen, M., Globale Nähe: Dienstleistungen über Datenautobahnen, in: Rubin, H. 2, 1998, S. 39-44.

Meckl, R., Orientierung an Kernkompetenzen, in: Personalwirtschaft, H. 1, 1997, S. 16-20.

Meffert, H., Marketing – Grundlagen marktorientierter Unternehmensführung: Konzepte – Instrumente – Praxisbeispiele, 9. Aufl., Wiesbaden 2000.

Meffert, H., Kundendienstpolitik – Eine Bestandsaufnahme zu einem komplexen Marketinginstrument, in: Marketing ZFP, Nr. 2, 1987, S. 93-102.

Meffert, H./Bruhn, M., Dienstleistungsmarketing: Grundlagen – Konzepte – Methoden, 3. Aufl., Wiesbaden 2000.

Meffert, H./Kirchgeorg, M., Marktorientiertes Umweltmanagement: Konzeption – Strategie – Implementierung mit Praxisfällen, 3. Aufl., Stuttgart 1998.

Mercedes-Benz CharterWay, Grenzenlose Partnerschaft – damit Sie effizient in Fahrt bleiben, Stuttgart 2001.

Müller, A., Preisbildung bei Serviceleistungen im Investitionsgüterbereich – dargestellt am Beispiel der Chemischen Industrie, Arbeitspapier des Lehrstuhls für Angewandte BWL IV der Ruhr-Universität Bochum, Nr. 40, 2000.

Müller, R., Kommerzialisierung industrieller Dienstleistungen – dargestellt am Beispiel der Schweizer Werkzeugmaschinenindustrie, St. Gallen 1998.

Nagengast, J., Outsourcing von Dienstleistungen industrieller Unternehmen: eine theoretische und empirische Analyse, Hamburg 1997.

Niemand, S., Target Costing für industrielle Dienstleistungen, München 1996.

Noch, R., Dienstleistungen im Investitionsgüter-Marketing: Strategien und Umsetzung, München 1995.

o.V., CharterWay Miet und Fahr, in: Mercedes-Benz Transport Magazin, Nr. 2, 2001, S. II-III.

o.V., Das Geschäft mit Gebrauchtmaschinen gewinnt in aller Welt an Bedeutung, in: FAZ, Nr. 278, 29.11.1999, S. 26.

o.V., Der totale Durchblick, in: Mercedes-Benz Transport Magazin, Nr. 2, 2001, S. 24-26.

o.V., Europas größtes Gebrauchtwagencenter für Nutzfahrzeuge, in: DaimlerChrysler Global Transport Review, Nr. 3, 2001, S. 8.

o.V., Frage der Woche, in: Deutsche Verkehrs-Zeitung, Nr. 93, 2001, S. 1.

o.V., Frisch verliebt – BMW und Sixt rühren einen starken Mann zu Tränen, in: W&V, Nr. 50, 2000, S. 37.

o.V., Lastzug mit dem Fahrer mieten, in: Dekra Solutions, Nr. 1, 2001, S. 7.

o.V., Maschinen aus zweiter Hand beliebter, in: FAZ, Nr. 100, 30.04.2001, S. 19.

o.V., Schrottautos kostenlos zurück, in: Westfälische Nachrichten, Nr. 185, 11./ 12.08.2001, S. 1.

Oppermann, R., Marktorientierte Dienstleistungsinnovation: Besonderheiten von Dienstleistungen und ihre Auswirkungen auf eine abnehmerorientierte Innovationsgestaltung, Göttingen 1998.

Ossadnik, W./Dorenkamp, A./Ellinghorst, A., Transaktionskosten bei Zulieferbeziehungen in der Automobilindustrie, in: ZfB, H. 8, 2001, S. 869-891.

Pässler, K./Brumby, L., Benchmarking von industriellen Dienstleistungsunternehmen, in: io management, Heft 9, 2001, S. 56-61.

Pfohl, H.-C./Wübbenhorst, K. L., Lebenszykluskosten: Ursprung, Begriff und Gestaltungsvariablen, in: JfB, H. 3, 1983, S. 142-155.

Picot, A., Ein neuer Ansatz zur Gestaltung der Leistungstiefe, in: ZfbF, H. 4, 1991, S. 337-357.

Picot, A./Hardt, P., Make-or-Buy-Entscheidungen, in: *Meyer, A.* (Hrsg.), Handbuch Dienstleistungs-Marketing, Bd. 1, Stuttgart 1998, S. 625-646.

Plinke, W., Grundlagen des Geschäftsbeziehungsmanagements, in: *Kleinaltenkamp, M./Plinke, W.* (Hrsg.), Geschäftsbeziehungsmanagement, Berlin 1997, S. 3-61.

Plinke, W., Grundlagen des Marktprozesses, in: *Kleinaltenkamp, M./Plinke, W.* (Hrsg.), Technischer Vertrieb: Grundlagen des Business-to-Business Marketing, 2. Aufl., Berlin et al. 2000, S. 3-99.

Plinke, W./Söllner, A., Kundenbindung und Abhängigkeitsbeziehungen, in: *Bruhn, M./Homburg, C.* (Hrsg.), Handbuch Kundenbindungsmanagement, 2. Aufl., Wiesbaden 1998, S. 55-79.

Porter, M. E., Wettbewerbsstrategie: Methoden zur Analyse von Branchen und Konkurrenten, 10. Aufl., Frankfurt am Main/New York 1999, S. 87ff.

Prahalad, C. K./Hamel, G., The Core Competence of the Corporation, in: HBR, No. 3, May-June, 1990, S. 79-91.

Rainfurth, C./Lay, G./Hunger, K., Strategien produktbegleitender Dienstleistungen marktorientiert gestalten, in: *Gersten, K.* (Hrsg.), Arbeit und Technik in den neuen Bundesländern: Ergebnisse der Dresdner Innovationsgespräche 1998 „Von der Idee zum Martkt", Bautzen 1998, S. 700-709.

Rainfurth, C., Nutzungsintensivierung von Produkten durch Dienstleistung, Miete, Leasing und Parallelwirtschaft, in: *Fleig, J.*, Zukunftsfähige Kreislaufwirtschaft: mit Nutzenverkauf, Langlebigkeit und Aufarbeitung ökonomisch und ökologisch wirtschaften, Stuttgart 2000, S. 201-216.

Reinecke, S., Marketing für komplexe Informationstechnologie-Dienstleistungen: Management von IT-Outsourcing-Kooperationen aus Anbietersicht, St. Gallen 1996.

Reiss, M.lPräuer, A., Solutions Providing: Was ist Vision – was Wirklichkeit?, in: Absatzwirtschaft, Heft 7, 2001, S. 48-53.

Rennings, K./Fonger, M./Meyer, H., Make or Buy: Transaktionskostentheorie als Entscheidungshilfe für die Verkehrswirtschaft, Göttingen 1992.

Rich, S. R./Gumpert, D. E., How to write a winning business plan, in: HBR, No. 3, May-June, 1985, S. 157-166.

Rick, J., Vom Dienstleistungsangebot zum Performance Contracting, Vortrag auf dem Symposium „Vom Hersteller zum Dienstleister" des Betriebswirtschaftlichen Instituts für Anlagen und Systemtechnologien, Münster 2000.

Riener, H., Betreibermodelle – ein lohnendes Konzept für Kommunen?, in: Kreditwesen, Nr. 14, 1996, S. 662-665.

Rifkin, J., Access – Das Verschwinden des Eigentums, Frankfurt am Main 2000.

SafeChem Umwelt Service GmbH, CKW – mit Sicherheit eine saubere Problemlösung, Düsseldorf 2001.

SafeChem Umwelt Service GmbH, Der geschlossene Produktkreislauf, Düsseldorf 2001.

SafeChem Umwelt Service GmbH, Wir sind auf Kurs, Düsseldorf 1996.

Scania Deutschland GmbH, Scania OptiMile: Königliches Fuhrparkmanagement ganz nach Ihrem Geschmack, Koblenz 2001.

Schätzer, S., Unternehmerische Outsourcing-Entscheidungen: eine transaktionskostentheoretische Analyse, Wiesbaden 1999.

Schierenbeck, H., Grundzüge der Betriebswirtschaftslehre, 15. Aufl., München et al. 2000.

Schimpf, A., Strategisches Outsourcing im Kontext des Transformationsprozesses vom Massenproduzenten zur virtuellen Unternehmung, St. Gallen 1996.

Schirrmeister, E., Produktgestaltung und Produktentwicklung, in: *Fleig, J.*, Zukunftsfähige Kreislaufwirtschaft: mit Nutzenverkauf, Langlebigkeit und Aufarbeitung ökonomisch und ökologisch wirtschaften, Stuttgart 2000, S. 135-158..

Schleusener, M., Wettbewerbsorientierte Nutzenpreise: Preisbestimmung bei substituierbaren Verkehrsdienstleistungen, Wiesbaden 2001.

Schmidt, F., Strategisches Benchmarking: Gestaltungskonzeptionen aus der Markt- und der Ressourcenperspektive, Lohmar et al. 2000.

Schmohl, H.-P., Die weltweite Konzentration der Flurförderzeuge-Hersteller geht weiter, in: *VDI-Gesellschaft Fördertechnik, Materialfluss, Logistik* (Hrsg.), 11. Heidelberger Tagung der Flurföderzeugbetreiber, Düsseldorf 2001, S. 1-15.

Schneider, D., Investition, Finanzierung und Besteuerung, 7. Aufl., Wiesbaden 1992.

Scholl, G./Zundel, S., Neue Nutzungskonzepte für Produkte – Entwicklungsperspektiven von Strategien zur Nutzungsdauerverlängerung und Nutzungsintensivierung, in: Zeitschrift für angewandte Umweltforschung, Heft 4, Jg. 12, 1999, S. 517-531.

Schopp, H., Vorbemerkung § 535 Rn 34a, in: *Erman, W.* (Hrsg.), Handkommentar zum Bürgerlichen Gesetzbuch.

Schrader, U., Empirische Einsichten in die Konsumentenakzeptanz öko-effizienter Dienstleistungen, Lehr- und Forschungsbericht des Lehrstuhls Markt und Konsum, Nr. 42, Hannover 1998.

Schrader, U./Koch, P.-S., Kundenorientierte Gestaltung von Verfügungsrechten und -pflichten – Das Beispiel VW-Mietermobil, in: *Hansen, U./Schrader, U.* (Hrsg.), Nachhaltiger Konsum - Forschung und Praxis im Dialog, Frankfurt am Main 2001, S. 269-290.

Schweizerischer Bankverein, Wirtschaftliche Strategie der Dauerhaftigkeit: Betrachtungen über die Verlängerung der Lebensdauer von Produkten als Beitrag zur Vermeidung von Abfällen, in: Bankverein-Heft, Nr. 32, 1987.

Seely Brown, J./v. Oetinger, B., Ergebnis Innovation: die Welt mit anderen Augen sehen, München et al. 1998.

Seicht, G., Investition und Finanzierung, 10. Aufl., Wien 2001.

Seuring, S., Ertragsversicherungen statt Pestizidverkauf, in: *Hockerts, K./Petmecky, A./Hauch, S./Seuring, S./Schweitzer, R.* (Hrsg.), Kreislaufwirtschaft statt Abfallwirtschaft: optimierte Nutzung und Einsparung von Ressourcen durch Öko-Leasing und Servicekonzepte, Schriften der Bayreuther Initiative für Wirtschaftsökologie e.V., Band 1, Ulm 1994, S. 217-218.

Simon, H., Industrielle Dienstleistungen und Wettbewerbsstrategie, in: *Simon, H.* (Hrsg.), Industrielle Dienstleistungen, Stuttgart 1993, S. 3-22.

Simon, H., Preismanagement: Analyse, Strategie, Umsetzung, 2. Aufl., Wiesbaden 1992.

Simon, H., Preispolitik für industrielle Dienstleistungen, in: DBW, Heft 6, 1994, S. 719-737.

Simon, H., Preispolitik für industrielle Dienstleistungen, in: *Simon, H.* (Hrsg.), Industrielle Dienstleistungen, Stuttgart 1993, S. 187-218.

Simon, H./Sebastian, K.-H., Service-Management, Fragen & Antworten: Was guten Service ausmacht, in: Gablers Magazin, Heft 1, 1995, S. 16-19.

Sixt, E., Carefree Motoring, Vortrag auf der Schmalenbach-Tagung 2001 „Service: Vom Produkt zur Performance“, Köln 2001.

Slywotzky, A. J./Morrison, D. J./Andelman, B., The profit zone: how strategic business design will lead you to tomorrow´s profits, New York et al. 1997.

Slywotzky, A. J./Morrison, D. J./Moser, T:/Mundt, T. M./Quella, J. A., Profit patterns: 30 ways to anticipate and profit from strategic forces reshaping your business, New York et al. 1999.

Sontow, K./Spieß, M./May, S., Teleservice – Wirtschaftlichkeitsbetrachtung, Sonderdurck Forschungsinstitut für Rationalisierung an der RWTH Aachen, 3. Aufl., Aachen 2000.

Spekman, R. E., A Commentary on Business Marketing: A Twenty Year Review and an Invitation for Continued Dialogue, in: Journal of Business-to-Business Marketing, Vol. 7 (4), 2000, S. 11-32.

Stahel, W. R., Langlebigkeit und Materialrecycling – Strategien zur Vermeidung von Abfällen im Bereich der Produkte, Essen 1991.

Stahel, W. R., Erkenntnisse der Studie: Vermeidung von Abfällen im Bereich der Produkte, Vertiefungsstudie zur Langlebigkeit und zum Materialrecycling, in: Ministerium für Umwelt Baden-Württemberg (Hrsg.), Tagungsbericht Wirtschaft und Staat: Zusammen Lösungen zur Abfallvermeidung anpacken, Reihe Luft-Boden-Abfall, H. 16, Stuttgart 1991, S. 45-68.

Stahel, W. R., Innovation für Nachhaltigkeit braucht Langsamkeit, in: *Backhaus, K./Bonus,H.* (Hrsg.), Die Beschleunigungsfalle oder der Triumph der Schildkröte, Stuttgart 1998, S. 149-177.

Stahel, W. R., Produkt-Design und Ressourcen-Effizienz, in: *Zoche, P.* (Hrsg.), Herausforderungen für die Informationstechnik, Heidelberg 1994, S. 361-383.

Stahel, W. R., The Product-Life Factor, in: *Grinton Orr, S.* (Hrsg.), An Inquiry Into the Nature of Sustainable Societies: The Role of the Private Sector, Houston 1984, S. 72-104.

Stahel, W. R.., Verkauf von Nutzen statt von Produkten: Die Strategie der Dauerhaftigkeit in einer nachhaltigen (Dienstleistungs-)Gesellschaft, in: *Internationales Forum für Gestaltung Ulm* (Hrsg.), Im Namen des Nutzers, Ulm 1991, S. 68-71.

Stähler, P., Geschäftsmodelle in der digitalen Ökonomie, Köln 2001.

Stauch, V., Produktbegleitende Dienstleistungen – Anspruch und Wirklichkeit, in: Reihe VDMA-Entscheidungshilfen, Heft „Vom Lieferanten zum Wertschöpfungspartner – Dienstleistung im Maschinenbau“, 2000, S. 24-28.

Stauss, B., Internes Marketing als personalorientierte Qualitätspolitik, in: *Bruhn, M./Stauss, B.* (Hrsg.), Dienstleistungsqualität: Konzepte, Methoden, Erfahrungen, 2. Aufl. Wiesbaden 1995, S. 257-276.

Stauss, B., TQM im industriellen Service, in: Absatzwirtschaft, Nr. 9, 1993, S. 112-119.

Stauss, B./Schulze, H. S., Internes Marketing, in: Marketing ZFP, Heft 3, 1990, S. 149-158.

Still GmbH, Erfolg kann man planen: mit dem Partner-Plan – Innovative Dienstleistungsprodukte made by Still, Hamburg 2001.

Stoll, V., Technologische Trends für die Überwachung und Diagnose komplexer Systeme, in: *Westkämper, E./Sihn, W./Stender, S.* (Hrsg.), Instandhaltungsmanagement in neuen Organisationsformen, Berlin et al. 1999, S. 121-141.

Stremersch, S./Wuyts, S./Frambach, R. T., The Purchasing of Full-Service Contracts: An Exploratory Study within the Industrial Maintenance Market, in: Industrial Marketing Management, No. 30, 2001, S. 1-12.

Strothmann, K.-H., Kommunikationsdefizite bei Investitionsentscheidungen, in: *VDMA Verband Deutscher Maschinen- und Anlagenbau* (Hrsg.), Reihe Entscheidungshilfen Marktkommunikation, Heft 2, Frankfurt am Main 1996, S. 19.

Timmers, P., Electronic Commerce: Strategies and Models for Business-to-Business Trading, Chichester 1999.

Timmers, P., Business Models for Electronic Markets, in: Electronic Markets, No. 2, 1998, S. 3-8.

Tomczak, T./Rudolf-Sipötz, E., Bestimmungsfaktoren des Kundenwerts: Ergebnisse einer branchenübergreifenden Studie, in: *Günter, B./Helm, S.* (Hrsg.), Kundenwert: Grundlagen – Innovative Konzepte – Praktische Umsetzungen, Wiesbaden 2001, S. 127-154.

Töpfer, A., Kernfragen des Benchmarking, in: *Töpfer, A.* (Hrsg.), Benchmarking: Der Weg zu Best Practice, Berlin et al. 1997, S. 3-14.

Trachsler, S., Verrechenbarkeit industrieller Dienstleistungen, St. Gallen 1996.

Tytko, D., Grundlagen der Projektfinanzierung, Stuttgart 1999.

Ulrich, P., Organisationales Lernen durch Benchmarking, Wiesbaden 1998.

VDMA Verband Deutscher Maschinen- und Anlagenbau, Ergebnisse der Tendenzbefragung `98 – Produktbegleitende Dienstleistungen im Maschinenbau, Abteilung Statistik und Konjunktur, Frankfurt am Main 1998.

Volz, T., Management ergänzender Dienstleistungen für Sachgüter: Der schwierige Weg vom Sachgut-Hersteller zum Problemlöser, Göttingen 1997.

Wagner, P.-J., Flottenmanagement von Nutzfahrzeugen, in: *Fleig, J./Krause, U.* (Hrsg.), Innovative Marktkonzepte für die Kreislaufwirtschaft, Karlsruhe 1997, S. 58-66.

Walter, S., Global wettbewerbsfähig mit produktbegleitenden Dienstleistungen, Frankfurt am Main 2000, http://www2.vdma.de/VDMA_Root/ siteinvoke.cfm?method=display&objectid=7436B07C-03E7-11D4-AF23000629385290, v. 12.02.02.

Weise, H., Wie von Geisterhand: Fernsteuern und Selbststeuern von LKW ist dank moderner Elektronik kein Hexenwerk mehr – und die Logistik profitiert davon, in: TransGlobal – DaimlerChrysler Global Transport Review, Nr. 2, 2001, S. 16-19.

Welge, M. K./Amshoff, B., Neuorientierung der Kostenrechnung zur Unterstützung der strategischen Planung, in: *Franz, K.-P./Kajüter, P.* (Hrsg.), Wettbewerbsvorteile durch systematische Kostensteuerung, Stuttgart 1997, S. 59-80.

Westkämper/ E./Wieland, J., Neue Chancen durch Teleservice, in: Werkstatt und Betrieb, H. 6, 1998, S. 598-601.

Westkämper/ E./Wieland, J., Neue Konzepte für Teleservice und Telemanufacturing: Der Maschinen- und Anlagenbau bietet seinen Kunden zunehmend Mehrwertdienste an, in: Industrie Management, H. 3, 1998, S.9-12.

Willeke, R., Mobilität, Verkehrmarktforschung, externe Kosten und Nutzen des Verkehrs, in: *Verband der Automobilindustrie e.V.* (Hrsg.) Schriftenreihe des Verbands der Automobilindustrie e. V., Nr. 81, Köln 1996.

Williamson, O. E., The Economic Institutions of Capitalism: Firms, Markets, Relational Contracting, New York 1985.

Wise, R./Baumgartner, P., Go Downstream – The New Profit Imperative in Manufacturing, in: HBR, No. 5, September-October, 1999, S. 133-141.

Wißkirchen, F., Beurteilung der Vorteilhaftigkeit von Outsourcing unter Berücksichtigung von Prozeßkosten und Transaktionskosten, in: *Wißkirchen, F.* (Hrsg.), Outsourcing-Projekte erfolgreich realisieren: Strategie, Konzept, Partnerauswahl, Stuttgart 1999, S. 283-313.

Witte, E., Kraft und Gegenkraft im Entscheidungsprozeß, in: ZfB, Heft 46, 1976, S. 319-326.

Witte, E., Das Promotoren-Modell, in: *Hauschildt, J./Gemünden, H. G.* (Hrsg.), Promotoren: Champions der Innovation, 2. Aufl., Wiesbaden 1999, S. 9-42.

wysiwyg://35/http://www.debiscarfleet.de/aktuelles/meinung.htm, v. 11.05.01.

Band 7
Markus Groß-Engelmann
Kundenzufriedenheit als psychologisches Konstrukt – Bestandsaufnahme und emotionstheoretische Erweiterung bestehender Erklärungs- und Meßmodelle
Lohmar – Köln 1999 • 356 S. • € 48,- (D) • ISBN 3-89012-675-8

Band 8
Andreas Erdmann
Verminderung des Produkteinführungsrisikos durch Virtual Reality-unterstützte Konzepttests
Lohmar – Köln 1999 • 188 S. • € 38,- (D) • ISBN 3-89012-682-0

Band 9
Myriam Roth
Die Analyse der Markenentwicklung auf der Grundlage der Systemtheorie
Lohmar – Köln 1999 • 344 S. • € 45,- (D) • ISBN 3-89012-686-3

Band 10
Heribert Gierl
Übungsaufgaben Marketing
2., überarbeitete Auflage
Lohmar – Köln 2000 • 336 S. • € 18,- (D) • ISBN 3-89012-770-3

Band 11
Daniel Hoch
Dynamische Einstellungsmessung – Eine methodenorientierte Analyse von Einstellungsänderungen mit empirischer Anwendung
Lohmar – Köln 2000 • 276 S. • € 42,- (D) • ISBN 3-89012-738-X

Band 12
Anne Christin Kemper
Strategische Markenpolitik im Investitionsgüterbereich
Lohmar – Köln 2000 • 496 S. • € 54,- (D) • ISBN 3-89012-793-2

Band 13
Stefan Stumpp
Ersatzkaufverhalten bei langlebigen Konsumgütern – Eine verhaltenswissenschaftliche Erklärung der Entstehung und anbieterbezogene Möglichkeiten zur Beeinflussung der Ersatzkaufabsicht
Lohmar – Köln 2000 • 272 S. • € 42,- (D) • ISBN 3-89012-802-5

Band 14
Marcus Meyer
Emerging Markets – Markteintrittsstrategien für den Mittelstand – Das Beispiel Lateinamerika
Lohmar – Köln 2000 • 516 S. • € 53,- (D) • ISBN 3-89012-808-4

Band 15
Sabine Winkler
Der Aufbau von Qualitätssignalen durch Werbung – Eine empirische Studie am Beispiel eines neuen Gütezeichens
Lohmar – Köln 2000 • 280 S. • € 43,- (D) • ISBN 3-89012-819-X

Band 16
Stefan Schwanenberg
Neuronale Netze als Segmentierungsverfahren für die Marktforschung – Ein Vergleich mit traditionellen Segmentierungsansätzen auf der Basis von Daten aus Monte-Carlo-Simulationen
Lohmar – Köln 2001 • 204 S. • € 39,- (D) • ISBN 3-89012-838-6

Band 17
Michael Liebert
Methodische Entscheidungsunterstützung in der strategischen Marketingplanung – Ein systemdynamischer Ansatz am Beispiel der Automobilindustrie
Lohmar – Köln 2001 • 256 S. • € 42,- (D) • ISBN 3-89012-877-7

Band 18
Michaela Satzinger
Aktivierung von Normen durch Werbeappelle – Möglichkeiten der Aufwertung von Fast-Moving-Consumergoods durch die Kommunikation sozialer Zusatznutzen
Lohmar – Köln 2001 • 382 S. • € 49,- (D) • ISBN 3-89012-892-0

Band 19
Boris Bartikowski
Kundenzufriedenheit – Verfahren zur Messung der Indifferenzzone
Lohmar – Köln 2002 • 206 S. • € 39,- (D) • ISBN 3-89012-942-0

Band 20
Claudia Bornemeyer
Erfolgskontrolle im Stadtmarketing
Lohmar – Köln 2002 • 292 S. • € 44,- (D) • ISBN 3-89012-964-1

Band 21
Thorsten Temme
Integrierte Entscheidungsfindung in der Marketingforschung – Ein Multi-Methoden-Ansatz zur Analyse a priori definierter Gruppen
Lohmar – Köln 2002 • 338 S. • € 46,- (D) • ISBN 3-89012-968-4

Band 22
Beatrix Esser
Smart Shopping – Eine theoretische und empirische Analyse des preisleistungsorientierten Einkaufsverhaltens von Konsumenten
Lohmar – Köln 2002 • 314 S. • € 48,- (D) • ISBN 3-89936-030-3

Band 23
Christian Kleikamp
Performance Contracting auf Industriegütermärkten: Eine Analyse der Eintrittsentscheidung und des Vermarktungsprozesses
Lohmar – Köln 2002 • 256 S. • € 45,- (D) • ISBN 3-89936-035-4

PLANUNG, ORGANISATION UND UNTERNEHMUNGSFÜHRUNG

Herausgegeben von Prof. Dr. Dr. h. c. Norbert Szyperski, Köln, Prof. Dr. Winfried Matthes, Wuppertal, Prof. Dr. Udo Winand, Kassel, Prof. (em.) Dr. Joachim Griese, Bern, Dr. Harald von Kortzfleisch, Kassel, Prof. Dr. Ludwig Theuvsen, Göttingen, und PD Dr. Andreas Al-Laham, Dortmund

Band 78
Mathias Luhn
Flexible Prozeßrechnung für ein Geschäftsprozeßmanagement
Lohmar – Köln 2002 • 350 S. • € 48,- (D) • ISBN 3-89012-927-7

Band 79
Martin Hermesch
Die Gestaltung von Interorganisationsbeziehungen – Theoretische sowie empirische Analysen und Erklärungen
Lohmar – Köln 2002 • 322 S. • € 46,- (D) • ISBN 3-89012-928-5

Band 80
Achim Korten
Wirkung kompetenzorientierter Strategien auf den Unternehmenswert – Eine simulationsbasierte Analyse mit System Dynamics
Lohmar – Köln 2002 • 334 S. • € 47,- (D) • ISBN 3-89012-937-4

Band 81
Thorsten Peske
Eignung des Realoptionsansatzes für die Unternehmensführung
Lohmar – Köln 2002 • 278 S. • € 43,- (D) • ISBN 3-89012-941-2

Band 82
Clemens Odendahl
Cooperation Resource Planning – Planung und Steuerung dynamischer Kooperationsnetzwerke
Lohmar – Köln 2002 • 228 S. • € 41,- (D) • ISBN 3-89012-962-5

Band 83
Yven Schmidt
Verbesserungsprozeßmanagement – Entwicklung eines Werkzeuges für die koordinierte Verbesserung von Geschäftsprozessen
Lohmar – Köln 2002 • 232 S. • € 44,- (D) • ISBN 3-89012-975-7

Band 84
Gerrit Andreas Marx
Wertorientiertes Management einer Region – Regional Resident Value und Corporate Shareholder Value als Management-Missionen einer Public-Private-Partnership auf Aktien
Lohmar – Köln 2002 • 304 S. • € 48,- (D) • ISBN 3-89012-982-X

TELEKOMMUNIKATION @ MEDIENWIRTSCHAFT

Herausgegeben von Prof. Dr. Dr. h. c. Norbert Szyperski, Köln, Prof. Dr. Udo Winand, Kassel, Prof. Dr. Dietrich Seibt, Köln, Prof. Dr. Rainer Kuhlen, Konstanz, Dr. Rudolf Pospischil, Bonn, Prof. Dr. Claudia Löbbecke, Köln, und Prof. Dr. Christoph Zacharias, Köln

Band 13
Anette Köcher
Controlling der werbefinanzierten Medienunternehmung
Lohmar – Köln 2002 • 294 S. • € 44,- (D) • ISBN 3-89012-948-X

Band 14
Martin Engelien/Jens Homann (Hrsg.)
Virtuelle Organisation und Neue Medien 2002 – Workshop GeNeMe2002 – Gemeinschaften in Neuen Medien – TU Dresden, 26. und 27. September 2002
Lohmar – Köln 2002 • 658 S. • € 72,- (D) • ISBN 3-89936-007-9

Band 15
Markus Geiger
Internetstrategien für Printmedienunternehmungen – Neue Geschäftsmöglichkeiten aus der Perspektive traditioneller Anbieter von Wirtschafts- und Finanzinhalten
Lohmar – Köln 2002 • 424 S. • € 56,- (D) • ISBN 3-89936-010-9

ELECTRONIC COMMERCE

Herausgegeben von Prof. Dr. Dr. h. c. Norbert Szyperski, Köln, Prof. Dr. Beat F. Schmid, St. Gallen, Prof. Dr. Dr. h. c. August-Wilhelm Scheer, Saarbrücken, Prof. Dr. Günther Pernul, Regensburg, und Prof. Dr. Stefan Klein, Münster

Band 7
Patrick Stähler
Geschäftsmodelle in der digitalen Ökonomie – Merkmale, Strategien und Auswirkungen
2. Auflage
Lohmar – Köln 2002 • 364 S. • € 53,- (D) • ISBN 3-89936-013-3

Band 8
Volker Herwig
E-Government – Distribution von Leistungen öffentlicher Institutionen über das Internet
Lohmar – Köln 2001 • 340 S. • € 48,- (D) • ISBN 3-89012-889-0

Band 9
Jana Buchwalter
Elektronische Ausschreibungen in der Beschaffung – Referenzprozeßmodell und prototypische Realisierung
Lohmar – Köln 2001 • 252 S. • € 42,- (D) • ISBN 3-89012-922-6

Band 10
Torsten Költzsch
Geschlossene Public-Key-Infrastruktur-Lösungen
Lohmar – Köln 2002 • 242 S. • € 42,- (D) • ISBN 3-89012-923-4

Band 11
Emanuel Marti
Electronic Commerce im Reisemarkt – Handlungsempfehlungen für den Reisemittler
Lohmar – Köln 2002 ♦ 408 S. ♦ € 49,- (D) ♦ ISBN 3-89012-930-7

Band 12
Horst Tripp
Electronic Procurement Services
Lohmar – Köln 2002 ♦ 394 S. ♦ € 49,- (D) ♦ ISBN 3-89012-935-8

Band 13
Elmar-Marius Licharz
Vertrauen in B2C
Lohmar – Köln 2002 ♦ 294 S. ♦ € 44,- (D) ♦ ISBN 3-89012-945-5

Band 14
Karin Dittewig
Managing Partnerships for Maximum Performance – Best Practice Evidence from the Information Technology Industry
Lohmar – Köln 2002 ♦ 318 S. ♦ € 45,- (D) ♦ ISBN 3-89012-953-6

Band 15
Ursula Markus
Integration der virtuellen Community in das CRM – Konzeption, Rahmenmodell, Realisierung
Lohmar – Köln 2002 ♦ 270 S. ♦ € 46,- (D) ♦ ISBN 3-89012-973-0

Band 16
Ulrike Geißler
Lobbying im E-Business
Lohmar – Köln 2002 ♦ 314 S. ♦ € 48,- (D) ♦ ISBN 3-89012-995-1

Band 17
Ernest Kosilek/Wolfgang Uhr
Public Electronic Procurement – Eine empirische Untersuchung
Lohmar – Köln 2002 ♦ 222 S. ♦ € 44,- (D) ♦ ISBN 3-89936-017-6

WIRTSCHAFTSINFORMATIK

Herausgegeben von Prof. Dr. Dietrich Seibt, Köln, Prof. Dr. Hans-Georg Kemper, Stuttgart, Prof. Dr. Georg Herzwurm, Dresden, und Prof. Dr. Dirk Stelzer, Ilmenau

Band 39
Matthias Lohse
Intranets – Konzept und Wege zur Realisierung
Lohmar – Köln 2002 ♦ 270 S. ♦ € 46,- (D) ♦ ISBN 3-89012-970-6

Band 40
Christian Seel
Visuelle Simulation von Dienstleistungsprozessen
Lohmar – Köln 2002 ♦ 262 S. ♦ € 46,- (D) ♦ ISBN 3-89012-998-6
